全球生產網路

營運設計和管理

Ander Errasti 主編

Global Production Networks
Operations Design and Management

余坤東、林泰誠、陳秀育
蔡豐明、盧華安
譯
（依姓氏筆畫排序）

五南圖書出版公司 印行

前言

這本《全球生產網路：營運設計與管理》，旨在對企業於設計及推行其全球製造與物流網路時所面對的新問題與挑戰提供解答。在愈來愈趨動態及變動的市場環境中，生產網路需要隨著時間及各地區市場而有所演變、而且也必須與其全球的營運架構進行整合與協調。

因爲東歐市場邊界的開放及有些其他國家突然在全球貿易經濟體系中出現，全球化的現象在過去數十年內愈來愈趨明顯。在過去十年內展開國際化流程的企業，它們開始對於跨越不同國家區域的跨國多位址製造網路及相對應的管理體系進行價值鏈的設計，以期改善它們企業本身的營運效率及營運有效性。

國際化的流程是許多中小型企業（SMEs）與某一產業內的事業單位（Business Units）需要面對與執行的複雜決策之一，且這些企業或事業單位在設計及管理某一營運策略時，需要在其所面對的機會與威脅中取得一平衡點。因爲上述企業或單位所擁有的經濟資源及獲取克服這些新挑戰的能力之可能性是有一定的限制的，所以如何進行有效率的決策變得愈來愈爲重要。與多國籍企業不一樣，中小型企業（SMEs）比較不熟悉如何對於散布在世界各地的生產活動進行協調與整合。

GlobOpe（全球營運）架構與進路圖包含了不同的作者在其全球營運所累積的實務經驗與貢獻，因此可以協助中小企業或事業單位的經理人員及實務業界的工作人員進行推動營運全球化的流程，並增加這些企業與單位的成功機率。

本書的宗旨目標爲何？

- 蒐集全球營運與國際化流程領域的研究人員所提出的最佳相關學理、工具及技術並進行介紹，藉此能協助經理人員及實務工作人員能處理全球製造及物流網路的設計規劃與管理的事項。
- 藉由案例研究的方式呈現該領域的許多最佳案例與未來發展趨勢，此將有助於企業評估及取捨是否將這些案例的做法併入它們企業的營運策略推動進路圖內。
- 將本書的所有作者所提供的文章內容整埋成一個架構，並將其稱爲GlobOpe（全球營運），以便成爲能協助產業界的中小型企業與事業單位的有用營運指南。

本書的目標讀者群

本書設定的讀者包括需要有一本可以分析、評估、設定及推行企業營運策略參考指南的企業經理人員與營運長。

本書各個作者所貢獻的主要文章內容對於需要深化其尖端創新工具與技術知識的顧問人員及研究人員也是非常有助益的。

最後，需要藉由典型的案例分析以更進一步了解及體會全球營運的教師人員及碩士班學生，也會發現本書對他們是具有難以衡量之價值的。

致謝

我從事營運管理的研究與寫作已跨越數年，很榮幸地我要感謝所有的同事、朋友、家人和導師們，因爲他們在各方面的協助，我才能出版這本書。

首先，我第一個要感謝是我的父母，Jose Luis和Mirentxu，謝謝他們用正確的價值觀伴隨愛心和耐心來教育我。同時也感謝我的姐妹、表兄弟姐妹們、侄子們，尤其是來自Sonia, Jon和 Matie令人驚嘆的家庭生活支持，使得所有努力和犧牲變得有意義。

再者，我想感謝FAGOR家電、Mondragon工程學院、ULMA處理系統、TECNUN工程學院和NATRA集團對我產業上與學術生涯的支持。

在我擔任顧問的公司裡，我遇到了許多來自不同公司中極爲優秀與傑出的管理者，例如ULMA集團、URSSA、EROSKI、ORONA、Lanik、Bosch Siemens（博世西門子）、Indar Ingeteam、Corrugados Azpeitia、CIE Recyde、UVESCO、ASTORE、TERNUA和NATRA集團。非常感謝你們讓我擔任顧問工作並作出貢獻。

對這本書有貢獻的人，我也非常感恩。尤其是TECNUN全球營運部門的研究人員以及相關公司的管理者，如IRIZAR、DANOBAT、CAF等等，有了你們專業的協助使得此書內容更加的豐富。

最後，但並非不重要，我要感謝TECNUN和O’CLOCK語言學校所提供之語言服務，充分表現對此專案計畫的支持和承諾。

我希望這一本書會對管理者在進行全球營運時所遭遇到的挑戰有所助益。

Non gogoa Itan zaitgoa

（巴斯克諺語， 西班牙TERNUA’s地區的意涵是指：思想引領行動）

Ander Errasti

緒論

由於過去經濟不景氣的影響，世界上許多國家目前的經濟狀況仍受到明顯影響，驅使我們思考何種策略最適合去面對新的挑戰。如金磚四國（巴西、俄羅斯、印度、中國）和其他新興國家擴展他們的影響力，並且開始重新思考國際金融系統。

面對這樣新的景象，公司需要方法協助他們做決定以獲得更多保證且避免風險。因此，《全球生產網路：營運設計和管理》這本書針對公司在設計和建構他們的全球海外營運做出決策。本書關注國際化的營運，考量當產業面對全球市場新的問題及挑戰時，應如何做出適當的回應。

全球市場的國際化過程通常從商業觀點解決，但是很少由生產及物流系統的角度進行分析。在這本書中，我們深入的探討生產和物流營運的策略，並設法去引導那些公司管理者進行分析、處理、定義及部署營運策略。

本書探討國際化營運的趨勢及該程序開始的原因。同時，決定生產工廠的區位因素是經過深思熟慮的，藉由研究方法以分析該自行進行或是轉包部分的生產過程，並分析供應鏈應在地發展或是全球佈局的策略。

本書亦探討一個製造工廠可能發展的角色或策略性功能，以及發展達成這些功能的價值鏈特色。此外，使用在實際工廠的設計方法與分析新生產工廠的特異性問題與母公司的關係都必須被納入考慮。

除此之外，本書處理有關在地／全球的供應商網路應如何設計和發展策略性的購買功能，因此介紹一些研究方法作爲評估購買政策及建立制度以改善供應商的整體成本。

本書亦會包括到一些基本區塊，例如人力管理，它也是海外計畫成功的基本條件。

整本書綜合了全球營運模型，毫無疑問的，對公司專注在國際化過程是非常有用的。

原文編輯與作者簡介

編輯

Ander Errasti 博士為西班牙Navarra大學TECNUN分校供應鏈與作業管理的資深講師與研究學者。過去曾經任職於FAGOR家電公司採購工程部門以及西班牙Mondragon大學。Errasti畢業於TECNUN分校，專攻中小企業供應鏈策略診斷與精進領域，隨後進入ULMA公司企業諮詢部門擔任業務經理。期間，Errasti的工作為提供重要客戶（包括：ULMA集團、ARCELOR架橋機公司、Cie Recyde集團、EROSKI集團、Maier、URSSA、Lanik等公司）供應鏈相關議題的管理諮詢，重要的產業資歷包括：物流、汽車、機械設備等產業。在教學領域，Errasti主要講授課程為MBA與EMBA的作業管理。同時，Errasti也積極參與研究議題相關的研究計畫。Errasti也發表不少論文以及參與國際學術或實務研討會。最近出版一本專業書籍：《倉棧設計管理與採購管理》（Warehouse Design and Management and Purchasing Management）。Errasti目前也是NATRA集團的作業副執行官。

作者

Tim Baines

Baines為英格蘭Aston商學院作業策略教授。他自Cranfield大學獲得生產系統工程碩士與生產策略博士學位，擅長於將競爭性生產作業導入實際場域中。Baines對於碩士與產學合作教學十分積極，也曾經跟許多知名的企業（Rolls-Royce, Caterpillar, Alstom, MAN, and Xerox等）進行工業工程領域的產學合作。Baines擔任過技工，產業與學術的資歷十分豐富完整，也曾經在麻省理工學院（MIT）之科技政策與工業發展中心擔任訪問學者。目前他也是EPSRC學院，機械工程以及科技與工程兩個學院的成員。

Claudia Chackelson

Chackelson爲工業工程師，並且於2009年進入西班牙Navarra大學TECNUN分校的工業管理研究所攻讀博士學位，研究專長爲倉棧管理。曾經參與Montevideo大學科技創新中心的運輸、成本控制等相關研究計畫。

Donatella Corti

Corti爲義大利Milano大學生產與工程管理碩士，經濟、管理與工業工程博士。目前爲Milano大學經濟、管理與工業工程系的助理教授，講授生產系統管理、作業管理與品質管理等課程。研究興趣爲全球運籌、製造業服務化以及大量客製化等議題。Corti曾參與國家經費贊助的研究計畫，也在國際期刊與研討會發表論文。

Migel Mari Egaña

Egaña畢業於西班牙Mondragon大學理工學院，主修工業管理工程。目前協助整合許多MBA課程，同時也積極參與歐盟地區關於製造系統最佳化的研究計畫。Egaña也是重要的產業顧問，協助ARCELOR、CEGASA等公司進行6個標準差以及精益生產系統的推動。

Jose Alberto Eguren

Eguren爲西班牙Mondragon大學理工學院的產業組織工程師，並且以中小企業永續發展改善方案爲研究主題，獲得博士學位。他也是Mondragon大學的資深講師，研究興趣爲品管與品質持續改善方案。Eguren曾經擔任Torunsa公司的品管經理，同時也曾經擔任汽車零組件、家電公司的製程顧問，這些公司包括：ORKLI、FAGOREDERLAN等。

Carmen Jaca

Jaca是西班牙納瓦熱大學（TECNUN, University of Navarra, Spain）的講師，她先前就讀該校之工業工程，研究領域爲持續改善和團隊合作（Continuous Improvement and Teamwork）。Jaca的博士學位也是在納瓦熱學校的工業工程取得。來到那瓦熱大學之前，她曾在多家產業公司服務擔任品質經理，她是國際品質委員會（QMOD-ICQSS International Conference on Quality Committee）的董事會成員。

Bart Kamp

Kemp從瑞德邦大學（Radbound University）取得科學政治（Sciences Politics）學位和提爾柏格大學（Tilburg University）獲得管理學位，兩校都在荷蘭。他曾主持許多與商業和區域競爭之研究計畫，Kemp目前擔任西班牙巴士魁競爭學院（Basque Institute of Competitiveness）策略系（Strategy Department）的主任。

Sandra Martínez

Martínez於2009年從西班牙納瓦熱大學（TECNUN）工程學院取得產業管理工程的學士學位，目前正在該校產業組織系（Industrial Organization Department）攻讀博士學位。她是國際生產物流網路和物流作業研究小組（International Production and Logistic Networks and Logistics Operations Research Group）的成員，她的研究鎖定在利用模擬技術進行作業策略分析、新設施之產能擴充程序、和全球生產與物流網路的設計和構成程序。

Miguel Mediavilla

Mediavilla具有西班牙蒙卓根理工學校之工業工程學士學位，目前正在攻讀國際作業管理的博士學位。Mediavilla的職業生涯都在博世和西門子家用電器集團（BSH Bosch and Siemens Home Appliances Group），並擔任西班牙和德國公司不同工作的職位，包括供應商品質、工業工程、六個標準差和生產等部門。目前則擔任生產力改善和敏捷管理的專案經理，在這之前也曾在歐洲亞洲和美洲工作過。

Kepa Mendibil

Mendibil目前是蘇格蘭史崔克勒德大學（University of Stratchclyde）史崔克勒德研究所的講師，他主導過許多國際和國內的研究和顧問專案，也爲產業組織致力於業務改善、流程再造、企業資源規劃執行專案。Mendibil的研究興趣包含高價值製造和創新系統，他的工作成果也都在學術期刊和研討論文集中發表。

Torjorn Netland

Netland是位於挪威崇德漢（Trondheim, Norway）的挪威科技大學（Norwegian University of Science and Technology, NTNU）之博士候選人，他曾在2011-2012學年度獲得美國傅爾布萊特獎學金（Fulbright scholarship），前往美國華盛頓特區之喬治城大學（Georgetown University）擔任訪問學者，他的專長領域是全球改善計畫和大型製造公司之特定生產系統的應用。在攻讀博士學位之前，Netland曾多年擔任挪威崇德漢的SINTEF研究中心的研究科學家和專案經理，進而與多家國際公司進行研究，如Volvo Aero, Knongberg Defence & Aerospace, Norsk Hydro和Pipelife。

Raul Poler

Poler是西班牙Universidad Politecnica of Valencia作業管理和作業研究的教授，他是生產管理和工程研究中心（Research Centre on Production Management and Engineering, CIGIP）的副主任。Poler曾帶領許多歐洲研究專案，並在知名期刊與國際會議上，發表百篇以上研究論文。他是Spain Pole of the INTEROP-VLab （INTERVAL）的代表，也是許多研究組織的成員，如EurOMA, POMS, IFIP WG 5.8 Enterprise Interoperability和ADINGOR。他的主要研究主題包括企業建模、知識管理、生產規劃與控制和供應鏈管理。

Martin Rudberg

Rudberg是瑞典Linkoping University科技系建構管理與物流的LE Lundberg教授，他在Linkoping科技學院獲得工業工程管理的碩士學位，以及生產經濟的博士學位。之前Rudberg經營瑞典生產策略中心（Swedish Production Strategy Centre），以及領導一些產業作業管理、供應鏈管理中的先進規劃與排程系統等大型研究案。這些都必須和許多大型瑞典當地公司一起工作，像Alfa Laval, AstraZeneca, Ericsson, IKEA和Toyota MHE。他的主要研究興趣包含作業策略、先進規劃系統和建構部門的供應鏈管理，他例常性在著名期刊發表他的研究。

Javier Santos

Santos是西班牙納瓦熱大學（TECNUN）工程學院工業管理工程的作業管理教授兼主任，他在該校取得工業工程博士學位。他擔任產業顧問許久時間，也指導超過200篇碩士論文，這些敏捷製造和生產規劃排程的論文，都與他主要研究興趣有關。Santos出版了一本書：《Improving Production with Lean Thinking》，已被翻譯成四種語言。

譯者簡介

余坤東

台灣大學商學博士，主修領域為人力資源管理、組織理論，曾經任職於工研院、資策會市場情報中心等單位，從事產業研究工作，目前為國立台灣海洋大學航運管理系教授。研究興趣，除了學術領域之人力資源管理之外，近年來亦參與臺灣港務公司國際物流策略、臺灣承攬產業、自由貿易港區等議題的產學研究計畫。

林泰誠

國立台灣海洋大學航運管理學系專任副教授，並曾任中央警察大學水上警察系兼任教師。

陳秀育

國立臺灣海洋大學航運管理系副教授，國立臺灣大學國際企業學系博士。曾擔任崇右技術學院國貿系副教授、中華海運研究協會研究委員、台灣港務公司人才培育委員會委員。專長領域在於供應鏈管理與港埠經營策略，主要授課課程包括供應鏈管理、物流策略管理與國際貿易實務。

蔡豐明

自美國New Jersey Institute of Technology取得運輸管理博士，現任國立臺灣海洋大學航運管理系助理教授及海洋觀光管理系合聘，經歷國立高雄第一科技大學運籌管理系助理教授及國際交流組組長及臺灣高速鐵路股份有限公司營運策略部，研究領域與專長為航運管理、航運物流管理、郵輪產業經營與管理及運輸系統分析。

盧華安

國立臺灣海洋大學航運管理學系教授，大學任教近廿年，研究領域包含航空運輸、海洋運輸和物流作業管理，專長乃在利用數學規劃技巧建立作業系統之特性，求得系統分析之最佳化結果。其學習歷程從在學之航運技術，業界之航空運輸經歷，及至最後於成大交通管理科學系獲得博士學位。

譯者序

出版本書的動機來自於推動卓越教學計畫過程中，爲了提升教學品質以及教學內容的創新，往往需要補充新的觀念與知識。在計畫成員（盧華安老師、陳秀育老師、林泰誠老師、蔡豐明老師、余坤東老師）關於課程內容的例行討論中，有機會接觸本書，大家都認爲這一教材，對於國際供應鏈管理教學的深化有相當大的幫助。同時，國內也欠缺類似內容的課本，於是著手翻譯此一教材，希望作爲國內運輸物流、供應鏈管理等領域教學的補充資料。

感謝譯者任職的臺灣海洋大學教學中心，對本小組所提之卓越教學計劃的補助，透過執行本計畫，一方面收集相關資料，一方面可以結合一群人，專注於書籍的翻譯工作。特別一提的是，書籍翻譯過程中，透過教學卓越計畫，募集了對本書內容有興趣的五位同學，一起共同研讀內容、收集資料並進行翻譯，在此也對海洋大學航管系所的吳則逸、蔡幸玲、李柔瑾、許珺崴、辛毓萍和林芷萱等六位同學致上謝意，感謝你們的協助與付出。

本書從著手翻譯到校對出版，大約歷時一年，此一過程中，五位老師就本書的內容，多次進行討論及協調，希望能夠忠實呈現作者的想法，內容與翻譯品質倘仍有不盡理想之處，尚祈讀者指教。

目錄

第一章　國際營運的當代趨勢

Migel Mari Egaña, Bart Kamp, and Ander Errasti

陳秀育　譯

夢想成眞的可能性讓生活更有趣！

It's the possibility of having a dream come true
that makes life interesting.

——Paulo Coelho

- 緒論
- 國際營運的相關概念
  - 全球化
  - 國際化
  - 銷售與境內／國際生產
  - 企業總部和國外公司所創造的就業機會
- 全球化營運的驅動力
  - 嶄新的科技
  - 貿易法規
  - 文化
  - 經濟因素
- 走向國際化歷程的重要成因
- 中小企業的國際化
- 企業國際化的觀點與趨勢
  - 商業重心的地域轉移：從三大經濟強權到金磚四國的引力
  - 境外企業功能的改變：從生產、銷售到創新與研究發展
  - 管理模式和進入海外市場時機的改變：從國際化進程成多國籍企業到天生全球化的崛起
  - 全球產業霸權的改變：從西方霸主到成為市場龍頭的新興經濟巨人
- 案例：Fabricacion de Automoviles S.A.與Renault全球汽車生產網路的整合

緒論

本章節包含：

- 本書內容與目的
- 國際營運的相關概念
- 貿易全球化的驅使動力
- 啓動國際化進程的主要原因
- 中小企業的國際化
- 未來展望與趨勢

由於東歐邊界的開放以及其他國家國際貿易的快速成長，使得過去數十年全球化現象急速發生。無疑地，歐盟的成長是其中一個驅動全球化的力量，但最主要的力量還是因爲亞洲海關邊境（主要爲中國）對全球市場經濟的開放及生產區位的重置，有利於廠商進入如北美自由貿易協定（NAFTA）這樣新的貿易集團。

過去數十年來，競爭環境的演進推動了製造業和物流網路的國際化。事實上，許多製造業早已增加自身在國際上的參與來維持競爭力。

國際營運可以採取不同的形式，包括發展新佈局，例如：國際配送系統、全球供應商網路和多位址式及（或）分散式製造網路。

企業是否該進行國際化，對所有企業而言都是一個相當困難的決策，因爲國際化決策牽涉許多風險，不僅對跨國企業有影響，特別是對那些資源、市場知識、網路的使用及創業者的國際經驗相對有限的中小企業而言，影響更是巨大。

現今，分散式的生產流程和多區位的活動之間產生很大的關連。受惠於價值鏈的延伸配置跨越了國界，企業越來越國際化。因此，在國際間和生產營運相關的生產作業會被拿來進行交換，但資產卻不會，這些變化交換影響了採用多區位生產流程的經濟體。

啓動國際化進程是一個很困難的決策，如前所述其包含許多風險，不僅對跨國企業如此，對資源相對有限的中小企業和工業部門之事業單位更是如此。

許多在國內市場成功的中小企業及工業部門之事業單位，在進入外國市場通常會遭遇困難。他們之中許多企業都是處於國際化進程中的初始階段，無論是在新興市場或是在轉型中的國家，這些中小企業都還需要為新市場經濟帶來的挑戰做準備（Szabó, 2002）。因此，在不同國家中進行生產物流網路的管理是一巨大的挑戰，其需要完善的規劃佈局及協調以達到生產品質、彈性及成本的最佳化水準（De Meyer et al., 1989）。

本書以GlobOpe（全球營運）框架作為填補全球營運進程執行之文獻缺口。為此，本書採用兩種觀點：其一，工廠生產水準法（production plant-level approach）；其二，生產網路法（production network approach）。本書將探討：

- 全球生產網路的**設計與配置**：協助區位、設計、設計配置、採購、製造配送活動的框架、工具及技術。
- **可加速**新設施的**輔助**工具、供應商網路的發展及多位址生產網路配置的**流程**；設立新海外生產工廠的風險分析、替代方案的選擇方法、製造策略角色的定義及提升、世界級製造方法、工具與最佳實務等的適應。

這本書利用GlobOpe框架來管理與配置全球生產與物流網路的下列三個關鍵議題（圖1.1）：

- 成立新的海外設施（工廠層次）。
- 全球供應商網路的配置（工廠及網路層次）。
- 多位址式生產的配置（網路層次）。

GlobOpe框架是設計來當作輔助工具，協助管理者與實業家執行企業營運國際化的進程。

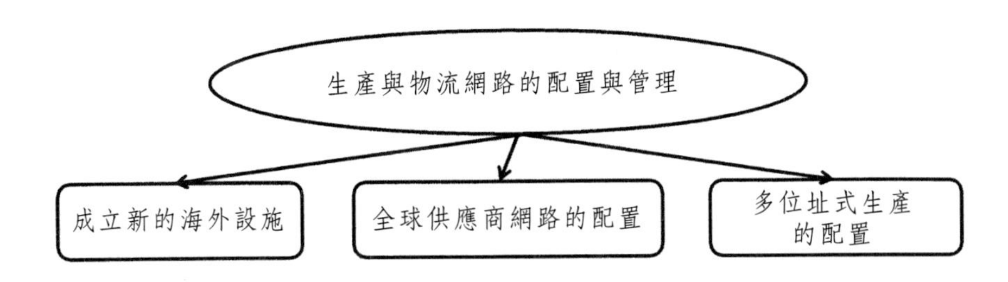

圖1.1　GlobOpe框架的簡化基模

國際營運的相關概念

直至近期，生產作業管理探討的主軸範圍都侷限在國內市場和區域內。大部分的生產流程也侷限於國境之內。儘管有些生產者會從國外進口所需的原物料，但所有相關的生產與成品作業流程還是在同一個國家境內完成。此外，大多數的產品也是於境內消費，這表示管理者很少涉入國境之外的其他流程。

近數十年來，此種情況有了劇烈的改變。生產及物流程序的分散趨勢加劇，使得許多企業遭遇到困難。也就是說，如今工程、採購、製造及裝配等不同附加價值活動多位在不同區位，甚或位於不同國家。

一般而言，運輸成本的減少及通訊技術的進步促使了製造流程的國際化。某些新進工業化國家提供比已開發國家相對低成本的資源，特別是低成本勞動力資源。其中一個成因可能是生產設施和專業勞動力的易於移動，除此之外，可能還有市場間貿易與金融障礙解除的原因。

以下章節介紹幾個與國際營運相關的術語：

全球化

全球化（Globalization）這個名詞早已有許多不同的定義，最被廣爲採用的定義爲以下二者：

1. 全球化指的是一種進程，為企業或組織發展其國際影響力或開始以**國際性規模**進行**營運**的流程（牛津字典）。

2. 全球化指的是全球經濟整合的加速，特別是跨國間貨物、服務、資本的移動。有時候也指跨國間人力資本及知識科技的流動。更廣義而言還意指包含文化、政治與環境面向的全球化（國際貨幣基金）。

因此，我們可以大略地說，全球化是指企業能在母國以外的不同區域來從事開發和製造產品的能力。

全球化的目標是企業利用其規模與知識所產生的優勢，在國際新市場中獲取額外附加的銷售。由於產品從母國運送至海外市場其運送成本會因距離而加劇，因此企業傾向於在消費地市場生產就近供應市場所需，而不在自己的國家生產。

▌國際化

西班牙皇家學院（Real Academia Española）對國際化（Internationalization）的定義為：

企業打破過去傳統的地理市場，執行經濟性與創業性活動。

因此，企業國際化程度取決於其在外部市場中進行的活動數量與比例。國際化的目標不僅是想使企業規模更加龐大，也使其愈加進步並更具競爭力。

就以上原因，在著手進行國際化的進程前，必須有一段分析與思索的時間。

特別記住，國際化只是手段並不是終點，因此，本書的作者建議，企業若想透過製造國際化以提升競爭優勢，對於未來生產與供應網路則應該投注更深層的策略性考量。

▌銷售與境內／國際生產

Luzarraga（2008）提出，根據國際銷售量和國際生產量，企業可以被區分為當地（local）企業、境外（offshore）企業、出口（export）企業和全球化（global）企業四種（圖1.2）。

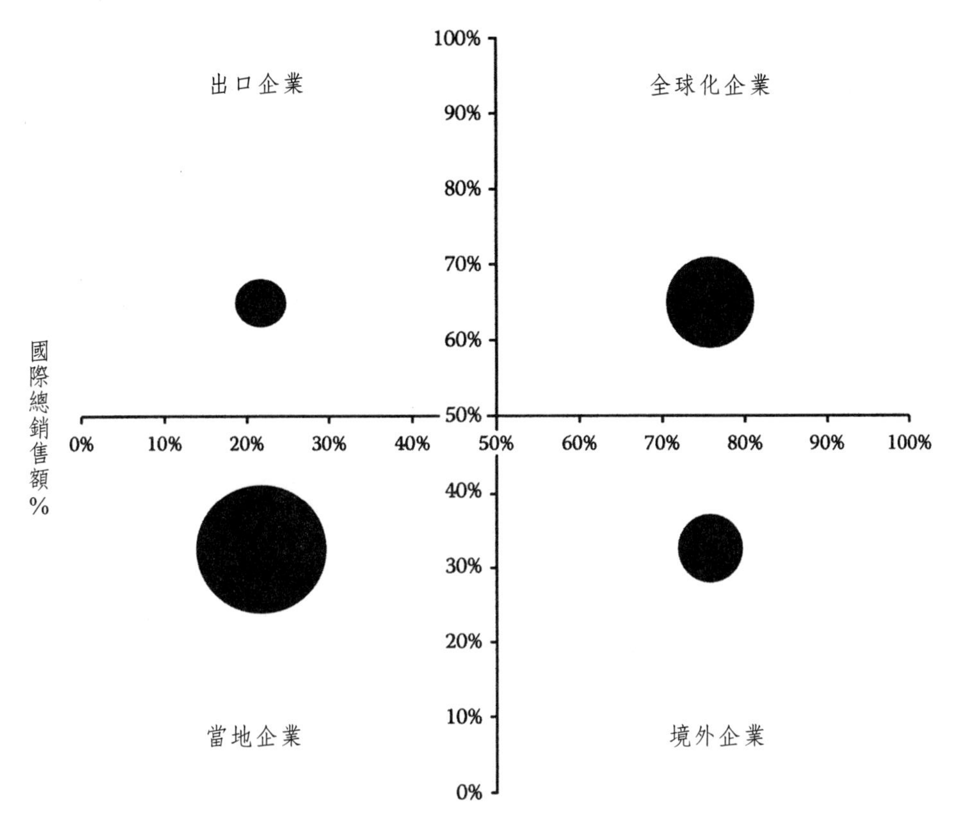

圖1.2　國際化策略情境：銷售和生產的比較

（取材自Luzarraga Monasterion, J. M. 2008, Mondragon Multi-Location Strategy-Innoratinga Human Centred Globalisation. Mondragon University. Onati, Spain）

- **當地**（local）**企業**：主要銷售重點擺在當地或本國市場，其國際總銷售額占總銷收額低於50%，且境外勞動力占總勞動力也低於50%。對大多數企業而言，這是進行國際化進程的起始點。

- **境外**（offshore）**企業**：此策略以本國市場爲基礎，擁有低於總銷售額一半的國際銷售量，但50%以上的勞動力位於境外。這個策略的形成，係由於工業部門特色下，在低勞力成本國家出現競爭者致使國際銷售缺乏競爭力，或是經由境外生產，使得在本國市場成本降低且邊際利潤上升。

- **出口**（export）**企業**：擁有全球化的銷售活動，在國際銷售中的比例超過總銷售額的一半，但其在境外的勞動力不超過總勞動力的一半。使用此一策略的公司在國際市場中擁有高績效。此爲一個公司國際化歷程的第二個階段。

- **全球化（global）企業**：該策略中，公司的國際銷售額與境外勞動力都超過總銷售額與總勞動力的一半。此類公司已達成全球市場銷售與生產戰略地位的佈局。因此，全球市場被視爲單一市場，公司可以更有效率地營運並將管理生產足跡決策（如供應網路和生產基地）管理得更好的。

企業總部和國外公司所創造的就業機會

在企業國際化的歷程中，有些作者（如：Luzarraga, 2008）主張應該考量員工僱用成長率在企業總部和國外公司的分布狀況（圖1.3）。

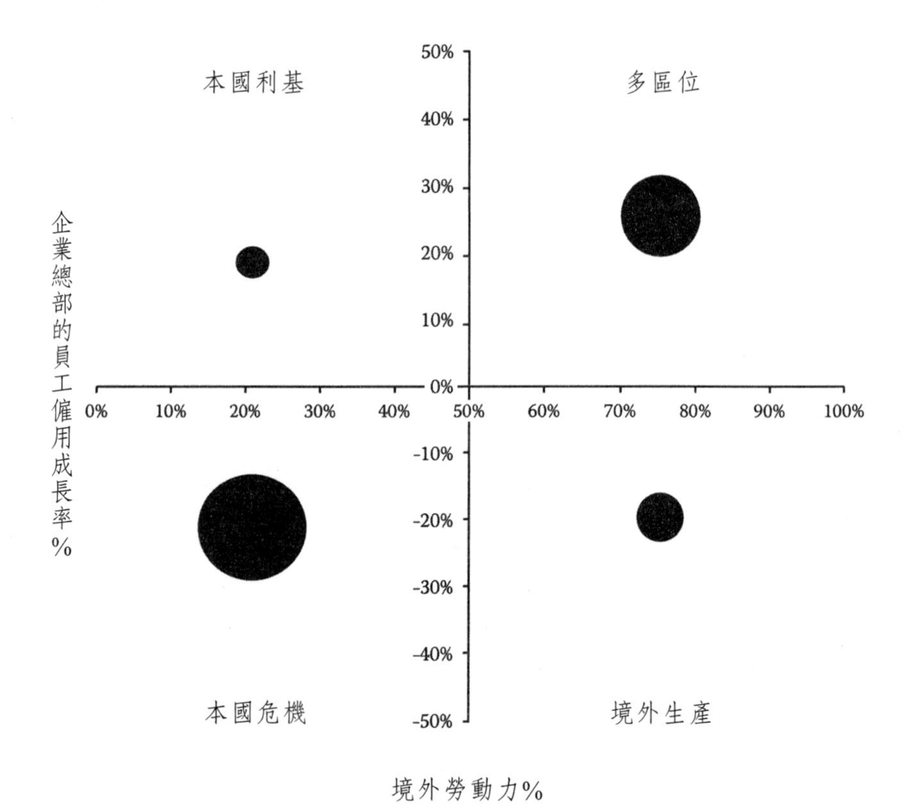

圖1.3　國際化策略：全球性生產和就業成長率的比較

（取材自Luzarraga Monasterion, J. M. 2008, Mondragon Multi-Location Strategy-Innoratinga Human Centred Globalisation. Mondragon University. Onati, Spain）

根據Luzarraga（2008）所提到的標準，一家企業的員工僱用策略可分爲：

• **多區位**（Multilocation）：全球化的歷程不僅增加境外員工的僱用，同時也在本國企業總部增加員工的僱用，尤其是針對擁有技能的員工。此策略與同時增加國際銷售與本國銷售策略一致。

• **境外生產**（Offshoring）：此一全球化的歷程增加境外員工的僱用，同時減少了本國企業總部員工僱用的數量。這個策略是境外生產的結果，並且與前述缺乏國際銷售與生產外包（外部化）的政策一致，境外生產主要成因於境外成本下降或境外技術的仰賴。

• **本國利基**（Local niche）：此種形式的企業不會增加境外員工的僱用，以本國生產利基爲基礎，也就是說在本國企業總部增加員工的僱用。這些公司的競爭優勢並非來自生產成本具競爭性，而是透過提供顧客更具全球化競爭優勢的產品及服務來獲取收益。

• **本國危機**（In local crisis）：此一類型的公司無法僱用境外的員工，也幾乎無法維持本國企業總部的員工僱用量，如此棘手的狀態乃缺乏國際化策略所造成。倘若再不採行國際化策略，公司會遭遇到社會經濟性的難題。

全球化營運的驅動力

雖然自羅馬帝國時期就存在著全球化的營運，現代的全球化仍有了新的趨動力。然而，自1980年代以來，已開發經濟體的反工業化受到了巨大矚目。

當前對於全球化的評論，存在著許多對於全球化現象演變歷程的激烈爭議。諾貝爾經濟學獎得主Amartya Sen（2002）認爲全球化現象在數千年前早已存在，早期西方文明則扮演著微不足道的角色。他反對一般大眾將全球化與西方化進行聯結的認知。相反地，另一派學者認爲全球化是一次世界大戰後的現象。其他的學者則認爲全球化是第二次世界大戰後的現象。二戰後經濟全球化的現象急遽發展乃是受到關稅暨貿易總協定（GATT）——世界貿易組織（WTO）的前身，所進行的一系列貿易自由化協議的刺激造成。

有些對於全球化持懷疑觀點者認爲工業革命時期促使全球化的誕生。然而其他人則指出全球化的發展始自1492年哥倫布（Christopher Columbus）首次到達美洲，歐洲殖民主義盛行之時期。

全球化恰巧與資本主義同時出現。舉例來說，由荷蘭和大英帝國所組成的第一個全球貿易網路的建立和擴張，如果沒有資本的再投入、所有權的私有化及商業的保險制度存在，將是不可能達成的事情。

因此，在全球化發展前階段以兩個重要的里程碑爲分野：

- 探險家抵達美洲新大陸乃代表殖民主義的出現。
- 第一個多國籍企業的出現。

此外，科技的創新尤其是交通運輸及溝通通訊的技術進步爲全球化的發展打下第二個根基。據Langhorne（2001）所述，全球化起源於工業革命的第二個階段，也就是1765年James Watt改良蒸氣引擎時。Langhorne以科技創新的三個階段來區分全球化的歷程：

- 第一階段：以應用蒸氣引擎於陸地與海上運輸和發明電報機爲特色。蒸氣船和蒸氣火車頭大幅地減少運輸時間並提高運輸量。科技的進步擴大了工業活動的範圍，同時提高產品生產量，貨物可以運送至距離更遠的地方，人們得以旅行至其他地方。科技的進步也使得資訊流動更快速，成本更低。1830年至1850年間，Gauss、Weber和Morse對電報機的發明與改進，乃是歷史上首度將通訊速度與傳統的運輸做了切割隔離因爲空間與時間距離明顯地降低，此後者（運輸）乃代表著全球化發展歷史的轉捩點。

- 第二階段：始於二戰時期，V-2計畫中的德國工程師研發有關火箭推進技術。二戰後，美國與蘇聯的技術競賽更加速了火箭和人造衛星技術的發展。因此，一套眞正全球性且可靠的通訊系統在人類史上首次被建立。

- 第三階段：此階段代表爲電腦的發明。雖然電腦早在1942年即就爲發明出來，第一代電腦的功能幾乎僅微幅勝過今日的手持計算機。直至1971年Intel所發明的積體電路片提升了速度、資訊處理量及電腦的效率，這才算是電腦發明時期。此積體電路片的發明與電報的發明相似，都被視爲全球化發展歷史上的主要轉捩點。

另一個重要的科技發展是運輸技術的創新，例如貨櫃運輸的出現和客機的發明。自二戰結束後，國際間人員的移動、國際貿易的種類及貨物的數量急劇增加。儘管過去國際旅客航班和運輸是呈現長期的成長，但仍能察覺出1970年代的成長速率是特別驚人的。

嶄新的科技

現今科技的進步是由於網際網路及資訊和通訊技術（ICT）的發展，許多分析家認爲資訊和通訊技術（ICT）及其基礎設施（如有線網路、人造衛星等）創造出一個新的技術經濟典範（techno-economic Paradigm），如Kondratiev（2002）指出此嶄新科技已使得經濟體進入第五個成長循環期。

資訊和通訊技術（ICT）的應用範例包含：

- 電子數據交換（EDI）允許其他企業管理系統（如企業資源規劃、客戶關係管理等）相互連結，讓在公司間資訊的分享可以免於人爲干擾，加速全球產業訊息交流和貿易文件、金融、醫療、行政，生產或其他數據，如發票，採購訂單，海關報關單等訊息的交換。

- 企業對企業（B2B）、企業對顧客（B2C）以及企業對員工（B2E）是與企業、顧客及組織成員進行溝通及維持關係的相關概念。除了透過自動化運作、錯誤排除和增快速度來改善傳統的營運外，電子商務還爲企業的營運模式提供嶄新的方式。

海外物流的發展，尤其是海上的貨物運輸，十分有助於全球化。海運運輸的特色包含：

- **多功能和高產能**（Versatility and capacity）：船舶可根據貨物的性質提供高度專業化的運輸（散雜貨，貨櫃等），尺寸也很周全，從100載重噸（DWT）至30萬載重噸（DWT）的船舶都有。

- **國際的擴展**（International spread）：航運運輸在遙遠地理距離間運送大量貨物上具有最低的平均成本。

- 在追蹤貨物上**追蹤能力缺乏**（Poor traceability）。

- **相對低速**（low speed）。
- 需要陸地端的**基礎設施與海關服務支援**以改善營運週期。
- **能耐**（Competence）：儘管仍存有貿易保護主義傾向，根據國際貨運市場的律法，國際運輸市場仍是自由競爭的市場，運費就是提供運送服務的價格。

對海上運輸業而言，其經歷了產業集中化的過程，並在主要港口與軸心港持續成長。這些港口通常擁有大型的港埠設施，用於儲存和卸載貨物並連結陸地運輸，如此一來也促使船舶大型化與運能成長。

標準化的裝卸單位（貨櫃）促使可運送到海外的商品種類激增（圖1.4）。

許多港口會因爲不夠大或容納大型貨櫃船的基礎設施不足，而輕易地被淘汰。

規模經濟的影響下使得船舶日趨大型化。圖1.5可見規模經濟影響船舶大型化的現象。

圖1.4　港口的貨櫃場站

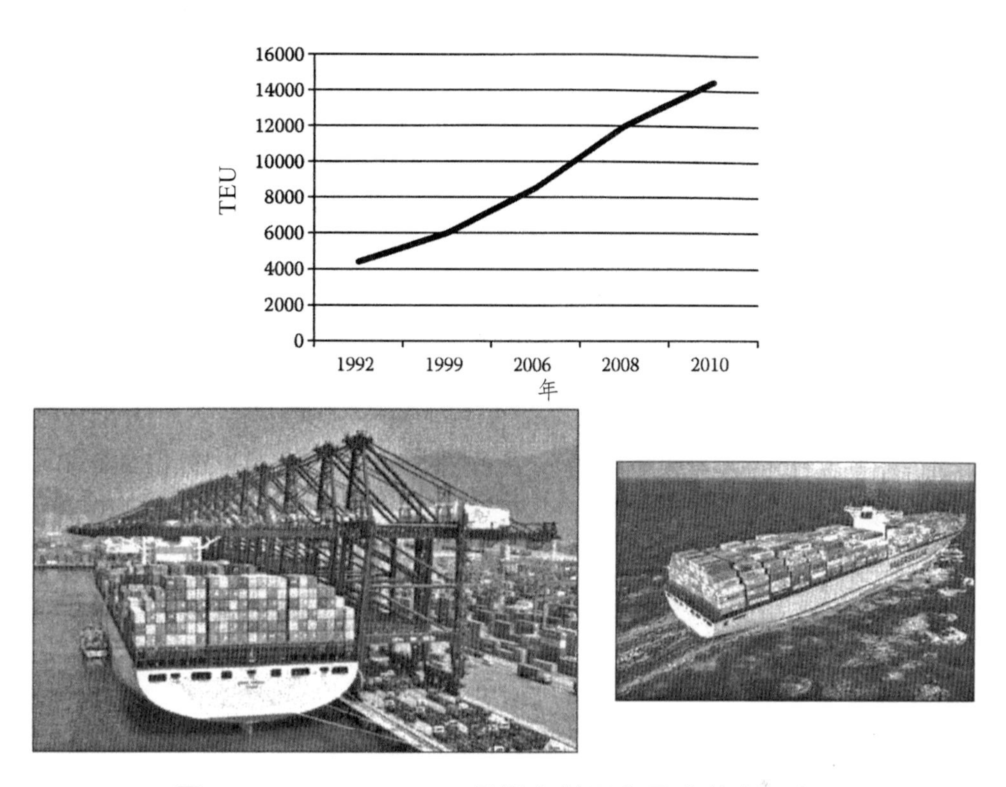

圖1.5　Emma Maersk是當今世界上最大的貨櫃船

貿易法規

近來貿易法規的轉變影響國際化的歷程。最重要的轉變包含：

- 1993年制定的歐洲經濟聯盟馬斯垂克條約，其允許商務自由。1999年採用歐元爲歐盟國間單一貨幣，及藉由納入更多國家以擴張歐洲共同體，尤其是東歐國家的加入。
- 1990年代歐洲共產主義的衰敗是影響全球秩序的重大變革之一。造成的影響包含德國的統一和資本主義在東歐各國的擴張。某些東歐國家已經（或迅速地）和西方政治制度整合成爲一體（如歐洲共和體、北大西洋公約組織）。東歐各國具有高成長預期與低勞動力成本優勢，導致許多新公司蜂擁而至，如波蘭和捷克即吸引許多企業進駐。

- 此外，世界其他地區也紛紛設立自由貿易區：美國、加拿大與墨西哥間簽訂的北美自由貿易協定（NAFTA），亞洲自由貿易協定（AFTA），東南亞國家之間的協議，類似的協定也在南美洲發生。由於自由貿易區能提供勞力成本、原物料成本等的優勢，其有助於企業在區內建設立生產基地。

在現今國際貿易扮演重要角色的國家——中國，已經從中央計劃經濟轉變成至市場經濟。中國龐大的潛能及作爲一新市場（其提供的採購量）使其成爲最大的對外直接投資國（FDI）。

在中國和其他低勞力成本國家中，其中央或地方政府對於私有財產、都市化、汙染、就業的穩定抱持不同的態度。政府當局在某個地方所做出的決策，並無法保證其決策會持續很久。此外，企業的管理階層將會發現政策態度常會受到政黨或單一個人所左右（此即政治風險）。

文化

上個世紀末到這個世紀初，人類的活動範圍增大遍及整個世界。國際旅行的便利和邊界的開放，造就了合法與非法移民人口的大量增加。因此人們移動距離更遠，並前往更多具有異國情調的地方從事觀光旅遊。許多年輕人選擇到國外留學，或在找到穩定的工作前，在國外停留一段時間。網路的發達和衛星電視的普及有助於人們學習各式各樣的生活型態。

人們想要享用由先進經濟體所提供產品和服務的慾望，促進使用全球性產品的潮流。這些全球性的產品都具有相同品質水準，不因其生產與消費的地方不同而有差異。也就是說，市場需求已趨近同質化。不同市場接受同樣的產品或低差異化產品的數量正在增加。大前研一（1985）稱這種現象加州化（Californization），其允許如可口可樂、麥當勞和豐田的企業，幾乎在世界上任一國家都賣同樣的產品。

員工的態度可能會因爲不同國家、不同地區或不同城市而有所不同。員工對於績效，工會和曠職的看法都是與文化態度攸關的因素。

經濟因素

自第二次世界大戰結束後，已開發國家（如美國、歐洲、日本及其他受影響的地區）持續保持穩定的經濟成長，而在過去數十年一連串的事件大規模地影響這些國家的發展。舉例來說：

- **新興工業經濟體的出現**：重要代表為亞洲虎（南韓、台灣、新加坡、香港、馬來西亞、泰國、菲律賓和印尼）、拉丁美洲（特別是巴西與墨西哥）、以及印度。2005年，BBC指出中國早已被視為世界工廠，且成為世界第四大的經濟強權。

- 隨著**共產國家**（如東歐與亞洲）市場**的開放**，使其市場深具吸引力，一來因為充滿發展機會，二來則因為其提供相較於已開發國家較低成本的資源。

- **全球化多國籍企業所扮演的角色**。某些全球性的組織受益於現行的金融及銀行業務系統，系統可一天24小時以電子化不停地運作，無論資金在地球哪個角落都可以不受限制地被立即移轉。多國籍企業可依據營運所在地特色制定決策，這些決策會影響當地潛在供應商和當地政府的經濟政策。因此，多國籍企業扮演強有力的經濟驅動力，其一舉一動常常對許多企業的政策與策略產生影響（也包括政府）。

經濟學家通常採用平均國民所得作為衡量一個國家繁榮的指標，其中經濟成長率取決於就業率，工作小時數和生產力。

生產力有其重要性，因其是衡量每名員工的生產價值，或者每小時的產量，這個指標是具備競爭力的重要關鍵。一個國家的總體經濟表現取決於就業的人數以及是否具有堅強的硬體設備、技術、與人力資本等而使得工作更有效率地完成。

從營運管理（Operations Management）的角度來看，以上這些因素都轉換成企業個體層次的要素，其對企業生產力影響甚鉅。

此外，由於製造業爲追求生產上規模經濟，往往導致產量高過於當地市場的需求，這樣的生產典範造就了向外尋求新市場的驅動力。

區域繁榮和生活水準的提升使新市場需求增加，外商因而抓住機會趁機打入新市場。

企業在選擇生產區位時，通常會考慮下列因素（與影響生產力因素相同）：

• 時薪（Hourly Rate）（歐元／小時）：圖1.6顯示不同國家中的平均月薪（每月最低薪資）迴異，資料來源爲2009年一月份歐盟統計處（Eurostat）研究提供。第一群最低薪資低於400歐元，第二群薪資介於400到800歐元間，第三群薪資則超過800歐元。圖1.7代表不同國家每小時工資率（€／小時）。國家間的差異是顯而易見的。例如，德國和捷克間差異甚是顯著，德國每小時時薪爲37.67歐元，而在捷克該國只有10歐元。

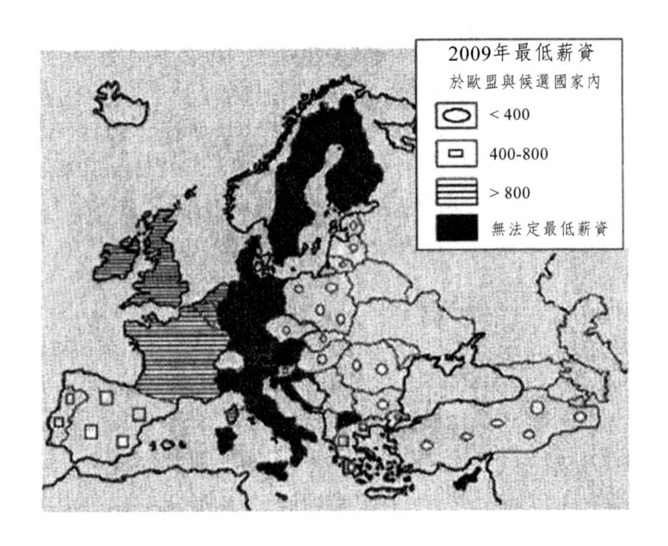

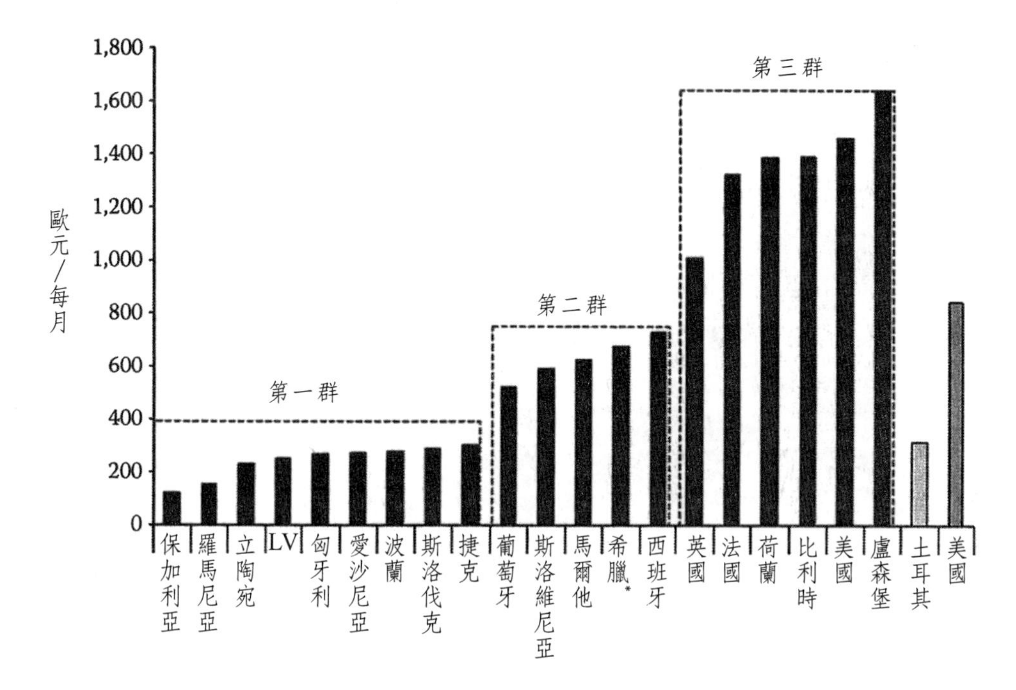

圖1.6 最低薪資（歐元）

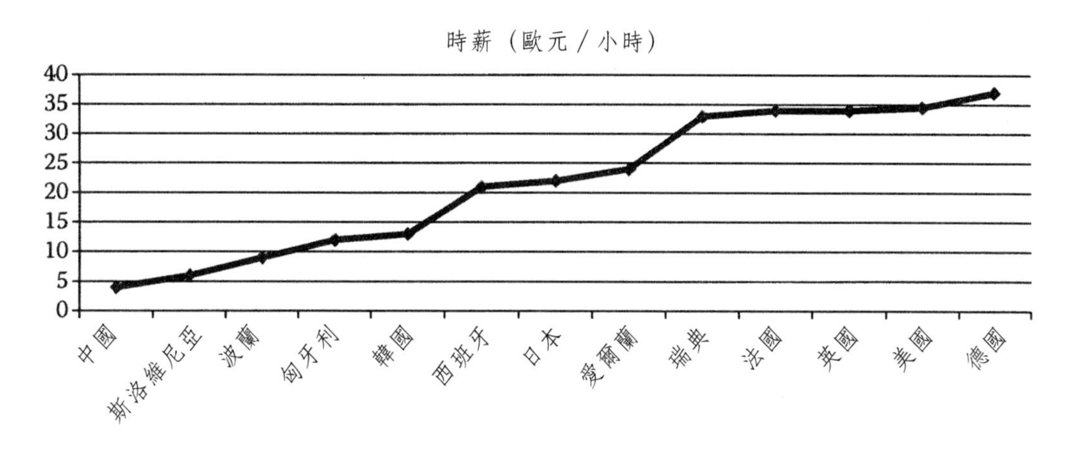

圖1.7 時薪相關的研究

• 工作的時數（Hours of work）：每個國家工作時數亦不相同。2011年，經濟合作暨發展組織（OECD）發布2008年每個工作者每年平均工作時數，並顯示工作者勞動時數最多的國家（圖1.8和圖1.9）。觀察經濟水平，某些特定因素影響著生產力，也時常被監測著；然而存在著其他因素影響生產效率，但卻未在學術界被深度探討（Barnes, 2002）。這些因素，每小時產出或工作效率，共同影響設計、生產和物流程序。此外，人力資本也和其他因素一樣能影響工作效率，有時其影響力還更大。

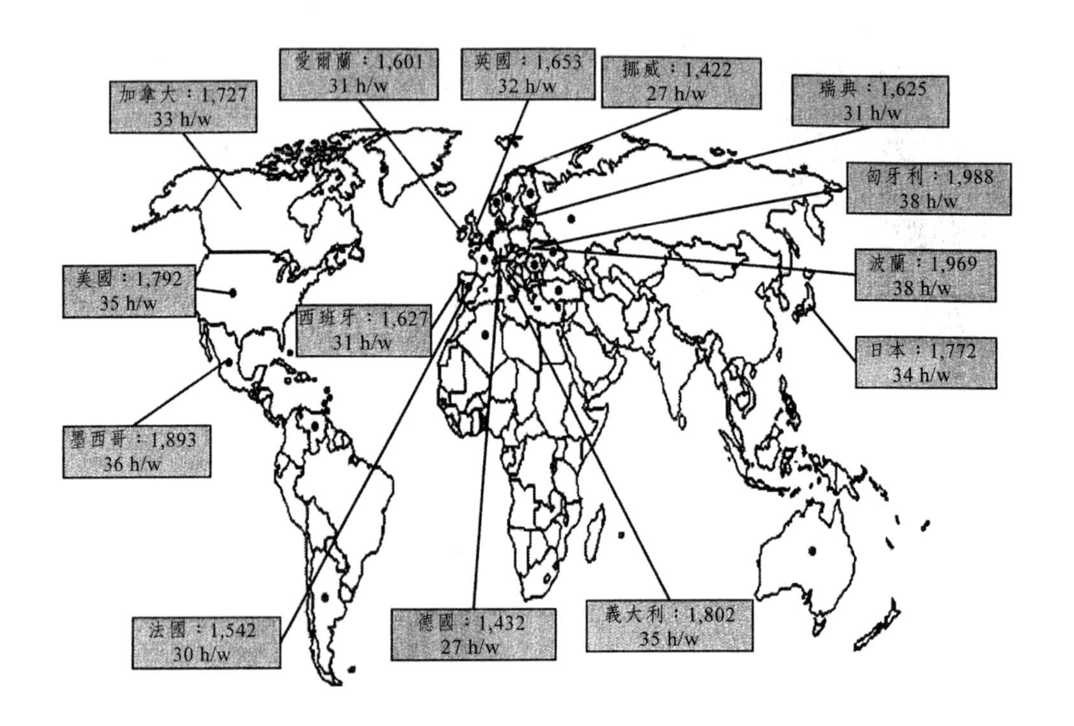

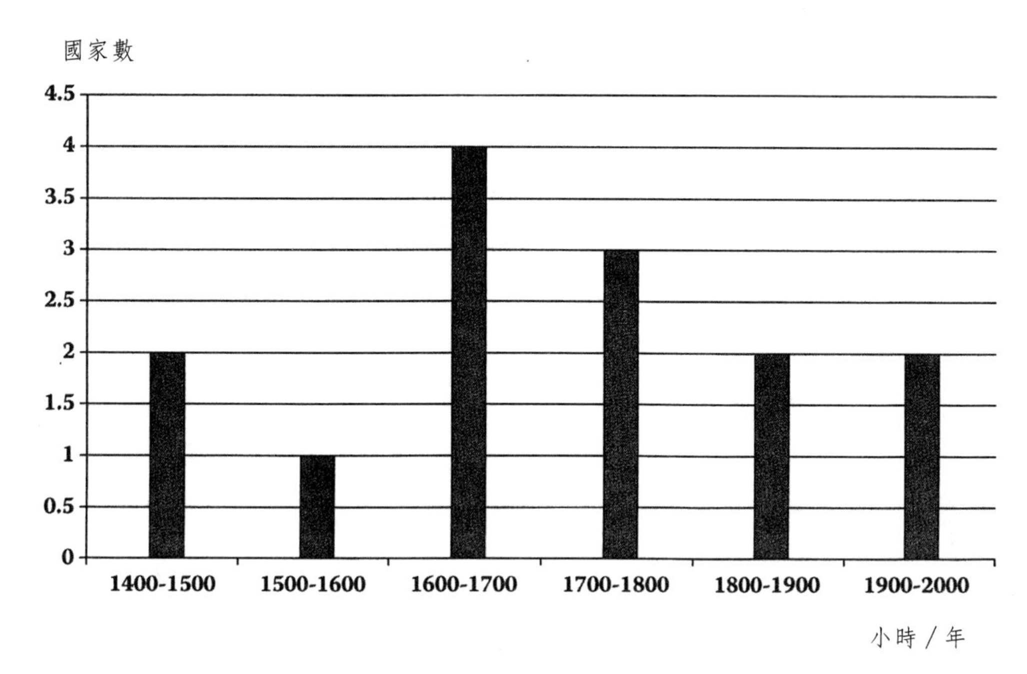

圖1.8　每年和每週工作時數的顯示地圖

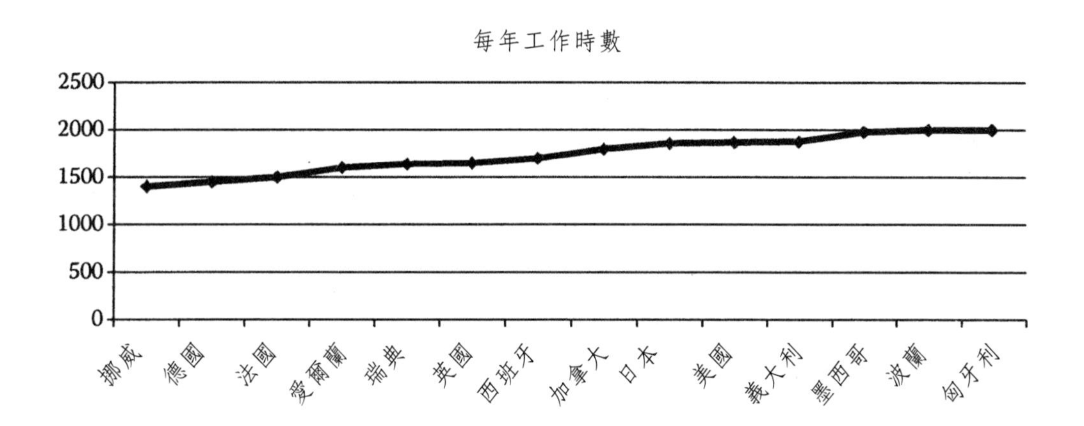

圖1.9　每年工作時數的顯示圖表

走向國際化歷程的重要成因

企業爲何想要走向國際化，Ferdows（1997）和Farrell（2006）等學者提出了四個主要的理由來解釋：

- **建立海外或境外生產基地**：將整個生產流程建置在新的境外地點，新設施的競爭優勢主要在於成本，供應商從新的據點出口產品到舊市場與新的潛在市場，許多製造成本低廉的國家已具備完善的科技發展，使其工業部門可以建立完整的生產供應鏈。然而，不僅要仔細評估生產的成本，更應該比較生產地的製造成本與出口市場的產品價格間的差異。此一差異比起單看勞動成本更有意義。別忘了還有其他成本要素，例如土地成本、稅賦等因素也是相當重要的。

- **進入新的市場**：企業爲拓展市場需求及客源而進入新的市場，此時在新市場建立生產設施是必要的，因爲國際間仍存在著貿易障礙或產品運輸／物流的前置時間，都限制著產品自母國生產後運送到新市場的模式。新市場的生產模式傾向於複製母國的生產模式。儘管在其他市場銷售不斷成長，企業進入新市場仍面臨高度的進入障礙，例如：關稅、距離和成本效益等（Jarillo and Echezarraga, 1991）。對任一企業而言，最佳競爭位置是指能在持續改變與演化的主要市場中沒有競爭對手，並能以較少限制接觸到其他市場（Lafay and Herzog, 1989）。因此，企業的生產與物流活動在某一特定經濟區域整合程度愈深，在某些情況下，愈有機會利用本身的服務以及快速回應（敏捷供應鏈）的特性來提高生產率或建構回應式的附加價值鏈。所以，不同國家和主要地區間的貿易動態和對外投資，對於企業績效與企業網路佈局有決定性地影響。

- **解構與重建價值鏈**：供應鏈是片斷零碎的，且集中或分散地座落於不同地區或區域。藉由重新設計製造和供應網路任務和流程，來充分利用每一個單獨的設施（Ferdows, 1997），並透過網路的協同合作獲得綜效（Mediavilla and Errasti, 2010）。

• **開發新的產品和市場**：透過擷取全球性活動的所有價值和發揮製造網路的能力，企業可以極低的價格提供新產品，滲透新的市場區隔。此一概念應包括生產和管理流程的科學基礎，研究和發展（R&D），技術創新的人力資源，及新技術的適當採用等之重要性，並且要重視其在整個經濟互動網路中擴散的程度。換句話說，技術能力不僅是數個不同要素的整合，同時也是在設計生產與物流系統裡的一重要屬性。此處指的是將科學、技術、管理和生產完美地結合在一套互補系統中，該系統的水平取決於教育系統能否提供優質與充足數量的人力資源。經濟合作暨發展組織（OECD）認爲國家的競爭力由各個部門的技術水準來決定。同樣地，一個國家在國際經濟體系中的競爭力也直接與自身的科技潛能有關。

有些作者則指出還有其他的因素，可以驅使國際化歷程的展開，其包括：

• **分散風險**於不同國家間（Thompson and Strickland, 2004），利用獲利的區域來補償短暫損失的區域。

• 在生產活動、研究與開發（R&D）、配送和採購中**達到規模經濟**，可以使得成本降低（Deresky, 2000）。

• 自**主要投資中獲利**（Jarillo and Echezarraga, 1991）利用市場同質性的特色，進行大規模的生產來補償產品生命週期日益縮短。

• **獲取聲望**，持續進行全球性成長並藉此獲取競爭力（Jarillo and Echezarraga, 1991）。

還有其他驅使企業走向國際化的因素，見圖1.10。

圖1.10　為何走向國際化

中小企業的國際化

有關中小企業國際化的研究開始於1970年代初期，研究對象是北歐國家並發展出漸進式的中小企業國際化模式（Cavusgil, 1980; Johanson and Vahlne, 1977）。最具代表的研究成果爲烏普薩拉模型（Uppsala model，U-Model）（Johanson and Vahlne, 1977, 1990, 2003）。Uppsala model假設國際化歷程起始於對相關市場的經驗性知識，通常中小企業國際化先從零星的海外業務開始，然後逐漸擴大海外銷售的規模。在國際化歷程中，經驗性知識學習愈多，企業逐步增加市場投入，投入資源愈多，經驗性知識學習愈多。烏普薩拉模型（Uppsala model）的另一特色是企業通常會挑選與本國市場相類似的市場當作首次進入的海外市場。由於企業進入海外市場具有天生的不利因素（Hymer, 1976; Zaheer, 1995），企業在逐漸進入其他市場前，會首先選擇文化、經濟和地理上與本國市場相近的市場當作國際化第一站（Johanson and

Vahlne, 2009）。啓動海外生產通常需要深度了解當地市場狀況。

隨後，1990年代研究發現，部分中小企業的國際化進程比漸進式模型的預測來的更迅速（Oviatt and McDougall, 1994, 2005）。因此，國際新創企業（International New Venture）理論，「天生全球化」（born global）或「全球化再生」（born-again global）的企業陸續出現。前述第一類型的企業自草創初期或成立後不久即積極爭取海外商機進行國際化，並有計畫地在短時間內（3年，5年，或6年）達到一定程度的國際化（Bell et al., 2003）。另一類型，全球化再生（born-again）型企業僅在單一國家的基礎下營運數年，由於關鍵性事件的發生改變了既有的策略並迅速發展國際化。

市場知識和國際化網路是促使國際化進程迅速發展的兩個主要原因（Oviatt and McDougall, 2005）。

- 具備**較高市場知識**（如創業家的國際經驗）的企業較傾向於（或較具學習能力）蒐集海外市場的知識（Oviatt and McDougall, 2005），知識密集發展有助於學習技能的養成，使得企業更容易適應新的市場環境（Autio et al., 2000）。
- **國際化網路**幫助創業家發掘機會，建立國際關係，並取得有效資訊。

表1.1描述並比較漸進式與國際新創企業兩種模式之間的差異，並著重於2005年Rialp等學者對國際化途徑所發展出的框架。

近來，Johanson和Vahlne（2003, 2009）在重新檢視他們的模型的同時，也提到了國際化網路的重要性。他們認爲國際化的主要障礙不再是 「企業置身海外的不利因素」，取而代之的是「外來者劣勢」（liability of outsidership）。換言之，企業是否爲國際網路中的成員影響很大。然而，2011年Kalinic和Forza研究發現中小企業可以在國際化歷程中，透過整合意料之外的利害關係人，來發展國際化的網路，以克服「外來者劣勢」（liability of outsidership）（Sarasvathy, 2008）。換句話說，國際化網路在國際化進程中，並不是必要的先決條件，而是可以事後慢慢建立。

此外，Kalinic和Forza主張中小企業可以加快國際化進程的速度。他們建議特定策略焦點（而非知識強度、國際化網路和國際經驗）是在國際化進程中決定能否成功改變的決定性因素，策略聚焦可以讓傳統中小企業在未知市場中迅速地國際化。更具體而言，努力不懈地建立當地關係，積極主動冒險精神，及以異質的期望來彈性調整策略焦點，將分別對企業在地主國資源投入的程度、範圍與發展產生正向影響。

企業國際化的觀點與趨勢

在接下來的章節中，我們將強調一些在過去與未來數年中影響企業國際化的重要的趨勢。

表1.1 天生全球化（born-global）／國際新創企業（INV）理論與漸進式模型企業之間的差異比較

關鍵構面	屬性	天生全球化（born-global）／國際新創企業（INV）理論	漸進式模型企業
創立者（及／或創立團隊）的特性	管理的遠見	草創時期即進行全球化	在國內市場建立一定基礎後，逐漸地發展國際市場
	事先的國際經驗	創業家與管理者事先擁有高度的國際經驗	在國際事務上沒有或僅有少許經驗
	管理者的承諾	邁向國際化的早期就投入高度專屬的資源承諾來面對挑戰	對組織的目標和任務投入一般性地資源承諾，但與國際化無直接相關
	網路	在當地和國際市場中，密集運用個人與企業網路 網路對於企業能早期、快速且成功的接觸國際市場是相當重要的	鬆散的個人與事業夥伴網路；只有與海外配銷商的網路關係對於企業的國際化途徑與速度較有關聯
組織能力	市場知識與市場資源承諾	企業草創時期就擁有豐富的國際市場知識，導致初期資源投入也較多	累積的國內和國外市場知識均呈現緩慢成長
	無形資產	獨特的無形資產（奠基於知識管理流程）對於早期國際化至為重要	對漸進式的國際化，無形資產的可獲得性與扮演的角色都顯得相對不重要
	創造價值的來源	透過產品差異化、先進的科技產品、技術的創新和品質領導地位來創造高附加價值	產品缺乏創新性與領先性，導致所創造的價值是有限的

關鍵構面	屬性	天生全球化（born-global）／國際新創企業（INV）理論	漸進式模型企業
策略的重點	國際化策略程度與範圍	企業草創時期就積極地在世界各地的主要市場中發展利基-聚焦型的國際化策略	被動以及低度利基-聚焦型的國際化策略 國際市場最好按照心理距離（psychic distance）的順序來進展
	海外顧客的挑選、導向和關係	以強烈的顧客導向定義目標顧客群，建立緊密或直接的顧客／客戶關係	國際化的早期階段都是經由中間商與顧客做連結
	策略的彈性	以高度策略彈性用以適應外在的情勢與快速改變的環境	以有限的策略彈性來適應外在情勢與環境快速地改變

資料來源：Rialp et al., (2005). The born-global phenomenon: A comparative case study research. *Journal of International Entrepreneurship 3*(2): 133-171. With permission

商業重心的地域轉移：從三大經濟強權到金磚四國的引力

1980年代的末期，70%的世界國內生產毛額（GDP）和75%的貿易集中於三大經濟強權國家（歐洲、美國和日本）中（Ohmae, 1987）。但在過去三十年中，這樣的經濟版圖劇烈轉移，巴西、俄羅斯、印度和中國金磚四國（BRIC），在全球的國內生產毛額中所占比例持續快速地增加。在這些國家發展帶動下，有許多的國家（如香港、新加坡、南韓和台灣）在全球貿易上也迅速且持續地加快腳步。金磚四國（BRIC）的國內生產毛額（GDP）已由1990年的11%（約占整個新興市場的30%）提高至2000年的16%（約占整個新興市場的37%），至目前約維持在25%（約占整個新興市場的50%）左右。此外，這樣的趨勢預期會延續到2050年，屆時BRIC的GDP將達到全球GDP的40%（約占整個新興市場的73%）。再者，2010年時，中國早已成爲全球第二大的經濟體，巴西排名第七，印度列第十，俄羅斯則爲第十一。2011年，Wilson等學者預測2050年時，金磚四國（BRIC）是組成世界五大經濟體系中的四個經濟體：中國列居首位、印度排名第三、巴西占第四位、俄羅斯屈居第五，而與排名第二的美國組成世界前五大經濟體。另外，金磚四國（BRIC）在全球貿易往來中也逐漸扮演重要的角色。2000年時，這些國家約占全球貿易量6%，2010年時，則增加到15%（Goldman Sachs, 2011）。在此情勢之下，這些國家不僅逐漸成爲過去傳統經濟強權國家（三大經濟強權）重要的貿易夥伴，隨著亞洲、拉丁美洲和非洲彼此間的貿易關係漸趨緊密，新興大陸與新興國家間的經濟鏈結也漸次明朗，這些變動都重新形塑了全球貿易關係的進程（King, 2011）。在國際化進程帶動下，國際貿易的重要樞紐點也隨之移轉，上海港和新加坡港的崛起逐漸成爲全球的轉運中心。最後，對外直接投資地理性佈局正在逐漸改變中。2010年，發生歷史上首次發展中經濟體吸引世界上半數的對外直接投資（FDI）流量（UNCTAD, 2011）。同年亦創造出空前的對外直接投資（FDI）流出量紀錄，該數量占全球對外直接投資（FDI）流出量的29%，其大部分的流量多在南半球的國家間發生。[+]

[*] Goldman Sachs 2011. The BRICs 10 years on: Halfway through the great transformation. Global Economics Paper No. 208

[+] UNCTAD 2011, World Investment Report 2011. Non-equity modes of international production and development. United Nations, New York and Geneva. Online at: http：//www.unctad-docs.org/files/UNCTAD-WIR2011-Full-en.pdf

▌境外企業功能的改變：從生產、銷售到創新與研究發展

企業原本從不曾離開自己國家，到現在爲了降低生產成本或因國外市場快速成長的吸引，而將業務轉移到境外的情況越來越普遍。除此之外，越來越多的企業將海外市場當跳板，目的是爲了尋求創新。這樣的情況特別容易發生在某些國家，其建立豐富資源平台以滋養新產品概念或創新方法來構思與傳遞產品到市場端。值得注意的是，他們擁有許多足智多謀且充滿好奇的消費者，儘管這些國家的購買力水準不高，正因爲如此更能啓動破壞性創新（disruptive innovation）的需求，檢修歐美的產品設計和市場滲透的基模，這些國家只對新產品的開發有興趣。

然而，在西方國家中，新產品通常會先推薦給早期採用者嚐鮮（這些消費者屬於實驗性或需求最少的一群），等到產品打入主流市場產品生命週期已位處第二階段。在許多新興國家中，大多數的實驗性消費者在市場金字塔中多處於較低的階層，而這些消費者族群最能歸納出創新的想法。

在另外一層意義上，這群消費者能提供像彈簧床一般的功能，我們將之稱爲逆向創新（reverse innovation）（Govindarajan and Ramamurti, 2011）。逆向所指的是發展中的創新和新產品先給一般入門的消費者使用，而後再經過調整給予精明老練的消費者使用。逆向同樣也指先在新興國家發布新產品，而後才引入所謂的先進經濟體。逆向的思維也違反古典國際產品生命週期的概念（Vernon, 1996），其主張新產品應首先引進西方市場，俟西方市場需求飽和之後，再將產品引介到低度開發國家。

奇異（GE）公司在印度研發掌上型心電圖儀器，沃達豐（Vodafone）公司在肯亞領先設計出手機交易的應用程式，兩者都是逆向創新的成功代表案例。如同在非洲推進的實踐，印度技術發展也像「蛙跳」（leapfrog）一般，從沒有有線電話直接進步至擁有涵蓋整個領土的無線通訊技術。這樣的技術進步使得印度在農村或其周邊實施無線銀行業務操作，使原本居住離銀行遙遠的居民得以受益。

這些例子說明了公司進入海外市場，不僅是爲了尋求生產基地，也爲了可以在當地進行創新研發活動。一方面，可能由於擁有優秀的工程師、低成本誘因以及智慧創意，使當地市場成爲資源豐富的平台。另一方面，針對非商品化或非大量生產的標準化產品，其對於客製化與當地回應特殊性需求較強的產品，導致企業到當地建立專屬某大陸特殊性之創新／研發中心等的組織結構。

這也隱含整個價值鏈已深植於新興國家中，而西方國家的工業發展基礎逐漸鬆散的風險也趨於增加（對比2011年2月時賈伯斯與歐巴馬的爭論，賈伯斯說：那些工作回不來了！）。藉由前述的說明，開創性的科技和破壞性創新（disruptive innovation）爲新產品或現存產品線的徹底改造提供了一條平坦道路。如果新的發明和創新率先在海外當地市場產生，此舉將爲海外當地的生產工廠在發展與進行新技術改良上帶來優於其他地區的優勢。相同地，這樣的思維可能增加企業在其它國家中建立試驗性質的生產工廠以獲取此一相對優勢。通常企業的創新技術與後續的改良，都需要緊密連結的研究與發展（R&D）部門（研發部門僅進行小規模的測試）與生產部門（負責接手試驗後的生產）。同時，研發部門裡研究人員也是推動新科技與新技術發展企劃之團隊成員。隨著將創新與研發（R&D）功能移轉至海外，更加強化將生產基地外移的趨勢（參見Evonik and Degussa, 2012，化學業的經驗一例）。

管理模式和進入海外市場時機的改變：從國際化進程成多國籍企業到天生全球化的崛起

現存的國際化進程理論和多國籍企業（multinational enterprises, MNE）的崛起，都主張能進行國際化的企業是大規模與垂直整合的企業，其透過內部化能耐管理橫越國際的資產來進行海外市場的擴展（例如：Dunning, 1980, 1988a, 1988b, 1992）。

同樣地，企業如何進行國際化的主流觀點是：企業首先會選擇在地理上、和／或文化上／語言上與母國相近的國家*發展，然後取得某種程度海外市場經驗性知識，才會前進至較遠的海外市場（Davidson, 1980）。也就是說，企業首次會採取低股權／低承諾的國際化化進入模式（出口、授權／特許）；之後在第二階段才轉型爲資源較密集的進入模式（例如合資企業、海外併購、獨資子公司以及新創事業投資（greenfield Investment））。這些理論著重在逐步與漸進地進入海外市場，企業通過收購、整合並利用海外當地市場的知識一步步增加對海外市場的資源投入。

* 有些作者介紹心理距離（psychological distance）的概念，係指在如語言、文化、政策、教育水準或工業發展的差異程度（如Johanson and Vahlne, 1977; 1990）。

然而，資料顯示愈來愈多技術導向的小型企業（由積極主動的創業家所創立（通常是在特定流程或是某技術領域有突破性的進展： McKinsey & Co.,

1993; Madsen and Servais, 1997; Gassmann and Keupp, 2007），從新創時期後不久（創立後三年內出口超過銷售量的25%）就開始走向國際化。此種新創業公司自創業開始就走向國際化的例子在全球比比皆是。其中一例就是建立於2001年並致力於智慧鎖的Basque公司Salto 系統。該公司發現他們的市場利基被強而有力的跨國公司所主導著。儘管如此，Basque公司在設立的五年後，已經在60個國家中建立據點。目前，公司超過90%的收益來自海外市場，並在英國、美國、加拿大、墨西哥、葡萄牙、澳大利亞、荷蘭、阿拉伯聯合大公國和馬來西亞都設有辦公室。這些所謂的天生全球化（born-global）的存在說明了，Johanson和Vahlne（1977, 1990）所描繪的現象已廣泛地被現實狀況所超越或至少不能一體適用於全球各地了（Chetty and Campbell-Hunt, 2003）。

根據Knight和Cavusgil（1996），許多因素有助於天生全球化（born-global）企業崛起和成功。例如，小企業可以透過專業化輕易地在利基市場打響名聲，在全球經濟舞台上扮演著愈來愈重要的角色，同時此利基也允許且迫使企業從跨國市場中群聚顧客。其次，製程技術（process technology）的進步提升了增加了小規模生產的利潤，同時也提高了針對來自不同地區買方的偏好進行產品客製化以達成成本效益的可能性。第三，通訊技術（communications technology）的進步使得小企業的管理者可以在不同國境間進行更有效率地管理。最後，創業家具有全球化與國際化的遠見，都有利於天生全球化（born-global）企業的崛起。（如：Andersson and Wictor, 2003）。

全球產業霸權的改變：從西方霸主到成為市場龍頭的新興經濟巨人

全球化為先進富有國家的企業開闢了新的市場，同時也孕育了一群來自貧窮國家、快速變遷以及觀察力敏銳的多國籍企業*。

* Globalisation's offspring. 2007. The Economist April 4.

新興國家新企業勢力的興起，大部分是與這些新興國家消費與生產活動增加有高度相關，然而部分案例顯示，也可歸因於科技的創新。其中兩例，

Mittal（盧森堡）和Tata Steel（印度）已成爲全球鋼鐵工業的領導者。因爲他們從事研發創新與電爐煉鋼（minimill technology）技術的精通，能從廢金屬提煉出高品質的鋼鐵，因而在產業取得領導的地位，這就是所謂的破壞性創新（disruptive innovation）（Christwnsen, 1997）。當電爐煉鋼技術在生產成本上超越以鐵礦石爲基礎的鋼鐵生產方式，同時又能在品質上精進，電爐煉鋼技術便成了主流，此技術與其後追隨者改變了原來整個鋼鐵產業的權力平衡狀態。因此，Mittal接管了Arbed/Arcelor，Tata則併購了British Steel和Hoogovens。

各地從新興國家中採購產品數量的累積也造就了許多當地企業賺進大把鈔票。如此一來，有些西方企業因爲財務上調度的困難而被金磚四國（BRIC）中的企業所收購，像是Jaguar和Land Rover即被Tata吸收，Volvo則爲中國的吉利（Geely）汽車所控制。

前述的例子是描繪新興國家企業的興起，這並不是鳳毛麟角的現象而是在全球廣泛進行的活動。試想，1995年來自新興國家的企業進入全球前500大（fortune global 500）僅占5%。10年之後，此一數字已變成兩倍，再5年，數字將到達20%。2010年時，500強中有92家企業來自巴西、印度、墨西哥、俄羅斯、南韓、台灣或中國。*在全球500強中規模排名前幾的公司大多來自後面的國家。尤其是在石化產業，中國的企業（和巴西的Petrobras公司）就在500強中占據強有力的地位。例如，中國的Sinopec公司就是第一個進到500強前十名，打破長久以來前10名總是爲西方國家占據的局面，於2009年時排名第9，2011年則前進至世界第5名。同時，China National Petroleum和Chinese State Grid也進入前10，證實了中國在策略性部門如能源部門的競爭實力。另一個主導地位改變的是銀行業。探究造成如此轉變的原因，+應可歸因於此兩大型銀行（中國的工商銀行與建設銀行）自2010年末所進行的市場資本化。除中國和印度的例子外，在南美有愈來愈多的巨型企業（megacompanies）開始利用在全球的策略性產業中建立自己的獨特定位。例如，2010年巴西的 Petrobras以市場資本化進入排名第7。¯此外，若以2010年財富雜誌全球評估收益成長排名來看，巴西淡水河谷公司（採礦和能源）和JBS（零售）分別占據了第4

位和第8位。

* Fortune Global 500: http://money.cnn.com/magazins/fortune/global500/2011/index.html

+ Source: Financial Times Global 500.

¯ Business and Boston Consulting Group, 2009

如同上述提到，尚有其他因素影響全球製造業的脈絡（Christodoulou等，2007）：

- **對於環境永續的企業責任提高：企業重視**環境的情況在理論上會導致反向境外投資與生產。由於直接燃料成本的增加、稅賦和消費者權力皆使全球採購和洲際運輸愈來愈不具吸引力。
- **分散式製造（distributed manufacturing）技術的出現**：有愈來愈多研究聚焦在探討能生產小規模批量的彈性生產方式，這種生產方式批量愈小，運輸成本愈高，到達一臨界點之後，當地生產會變得比較有吸引力。
- **製造服務化**：愈來愈多企業提供產品銷售後的一整套相關服務，並致力提供產品終生支援服務以追求與顧客關係更加緊密並獲取更高的利潤邊際。製造服務化使得供應鏈愈發客製化與複雜化，顧客更進一步要求新的生產能力，其能快速回應顧客需求的供應鏈模式。
- **逐漸稀少的世界資源**：重要原物料和其他關鍵資源的保存量已逐年遞減，例如水資源的減少，預測將對全球企業的經營環境產生重大的影養。因爲資源的稀少導致了產品整修或再造（remanufacturing）活動增加，並明確地衝擊到新產品生產活動的網路。

案例：Fabricacion de Automoviles S.A.與Renault全球汽車生產網路的整合

二次世界大戰後，西班牙決定發展國內汽車工業，他們必須尋求擁有專業技術與財務資源豐富的國外企業協助才能使國內汽車產業步上軌道。在當時獨裁政權統治下，並不允許外國企業獨資在西班牙設立生產工廠，和／或僅能進口零組件進行組裝。因此，西班牙實施嚴格的本國自製率規則（local content rule），且有意讓國外汽車公司和當地的企業家（如Barreiros、Huarte）或工業組織（如SEAT）合作。其中一家國外汽車公司，法國雷諾（Renault）因而被吸引到西班牙與 Fabricacion de Automoviles Sociedad Anonima（FASA）在Valladolid合資成立公司。

在公司新創期，暫時允許該合資公司自法國進口大份額組裝汽車所需要的零組件。緊接著，FASA也開始快速地建立內部能耐以自行生產所需之零組件。

藉由雷諾的協助，FASA工廠的內部化能耐已經能生產相當大量的零組件，因此停止自法國接收過多的供給。 在1960年代後期（當時西班牙對自製率規則採更寬鬆自由的政策），FASA逐漸被雷諾（Renault）集團整合在其組織層級中。整合的過程從1965年FASA改名爲FASA- Renault開始。不久之後，自1970年代末期開始，雷諾（Renault）的國外資產進行更進一步的整合，使法國雷諾（Renault）的設備廠和國外的子公司間，以合資生產規劃以及交易彼此的零組件方式增加互動，使彼此間關係更爲緊密。

因此，從地理上的觀點來看，FASA供應關係的特色可以區分爲數個發展階段。最初的階段，FASA主要仰賴自法國輸入零組件，而Valladolid的工廠僅扮演獨立生產的角色。而後，FASA爲了遵守本國自製率的規定，一方面企圖提升內部自行生產零組件的能力與範圍，另一方面選擇性地搭配採購自西班牙的供應商——當零組件具有策略重要性，則以併購方式取得，（如塞維利亞的ISA）。最終結果成爲一高度整合的設備生產企業，搭配選擇性的蒐源，即自第三方供應商採購。就空間面而言，FASA的生產和蒐源都延著以Seville-Valladolid-Euskadi（西班牙伊比利半島與法國西部間的巴斯克地區）到Cantabria（大量零組件供應商的所在地）的軸心擴張。因爲FASA依賴現存的企業，而這些企業大多位於擁有長久發展金屬和機械的傳統地區（西班牙的北部），因此，存在很長一段時間FASA（-Renault）都未曾在附近地區生產汽車輔助性的副產品。事實上，只要供應商設立地區與FASA所在的地區相同，這些供應商大部分專注於低階科技零組件的生產。

後來，當FASA- Renault整合成整個集團後，有很大一部分的西班牙零組件獨立供應商，被有著優越規模經濟的其他雷諾（Renault）工廠所取代。與此同時，在雷諾採購策略的推動下，逐步進行削弱整體供應商基礎，到以雷諾（Renault）的工廠供應爲主，轉向偏好法國供應商的投入。FASA爲加強供應商的物流效率，也誘導法國供應商接管傳統的供應商，如此才足以配合FASA的裝配廠。這樣的做法確實幫助整合了FASA在西班牙部分的供應商基地，然而同時這也表示西班牙的供應關係持續的擴展，而在Castillay Leon（Valladolid所在地）地區裡，卻缺乏集中的供應商基地。

第二章　全球營運架構

Sandra Martínez, Miguel Mediavilla, and Ander Errasti

林泰誠　譯

持續準備很重要的，能持續保持等待更爲重要，但如何掌握對的時機做對的事情則代表一切。

Being prepared means much, being able to wait means more, but to make use of the right moment means everything.

—— Arthur Schnitzler

假使你想成功，別總凝視著通往成功的階梯。
起身吧，一步接著一步，直到你達到了頂端。

If you want to succeed, don't stand looking at the stairs.
Start climbing, step by step, until you reach the top.

緒論

本章將探討：

- 企業在國際化營運的過程中所需考量的階段
- 各階段下所需考量之因素
- 為因應全球營運生產模式，興起生產與物流系統的重新配置之需要
- 全球營運架構

國際化初期萌芽階段

就追求全球化的角度而言，全球營運架構（GlobOpe framework）的開發都是集中在公司進階發展時期。然而，一個企業在商業及營運上的國際化成熟度可能會較為低些。從前面章節的敘述得知（詳見第一章），公司依類別大抵可分為全球性公司、本土公司、海外公司與出口公司。在公司的整個生命週期中，公司通常毋須受牽制於僅僅採用組織內部所制定的其中一項策略而已。因此，公司可以適時調整與採用適合目前情勢之策略。依據此策略，共有三種路徑（Luzarraga, 2008）促使公司成為全球競爭者（圖2.1）。

上述之各個路徑並非完全擁有相同的成功機率或相同的投入成本。

• 虛線代表銷售之成長率。Johansson與Vahlne（1977）指出，成為一出口商的過程可分為：

- 零星出口。
- 透過獨立代理行或公司自有之銷售營業據點辦理出口事宜。

• 間斷的線條代表的是藉由併購異國公司以取得市場通路的全球化過程。此過程需要公司更為積極地參與、即時針對市場做反應並且持續地投資。有些公司會透過併購或創立合資生產單位（又稱合資（Joint Venture））以便與目前存在特定市場的其中一員產生關聯性。

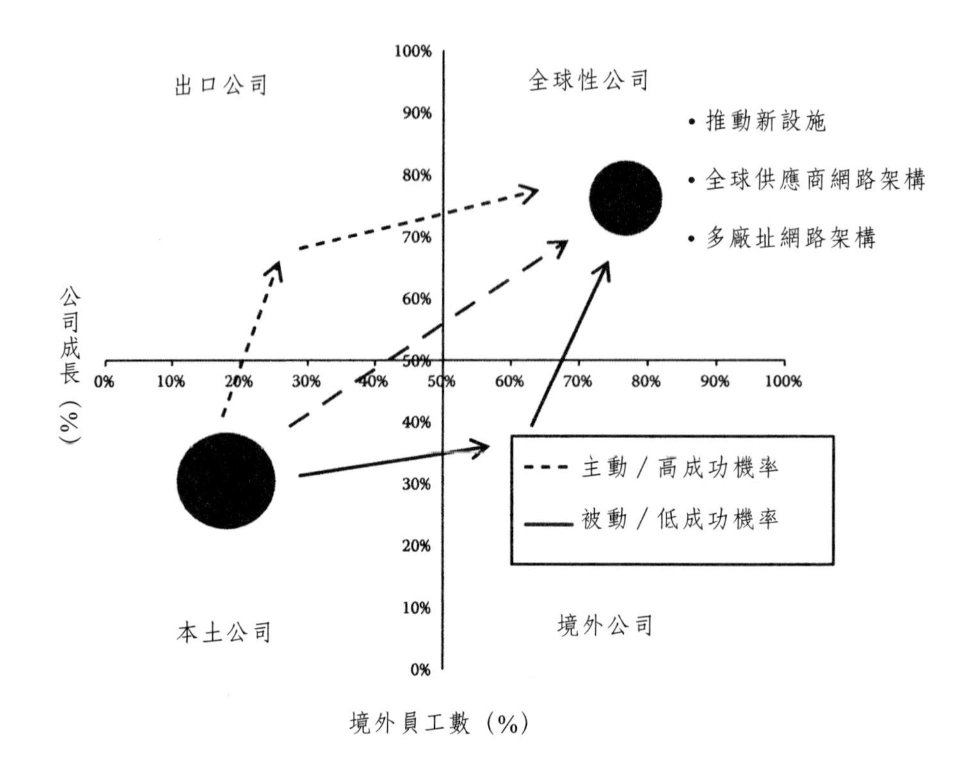

圖2.1 全球化策略的三種途徑

• 連續的實心線條乃與回應式的企業策略相對應，此種回應策略原本是用以提升公司的生產競爭力，但通常公司並無法藉由採用此種策略而使自己達到成為全球性公司的地位。

一旦本土公司、出口公司或海外公司成為全球公司時，最後它們多少都將會具有生產部門。

在全球化的每一個階段皆需要在廠房、倉庫與公司內部組織的配置做一改變。有鑑於此，本書作者及引用的文獻報告都認為透過全球營運架構的使用，不僅可鼓勵公司對於未來之生產與供應網路的配置進行深度的策略思考，更可為公司取得更佳的競爭優勢。

零星出口與進口；透過獨立代理行所為之出口與進口；營業據點／購置自有營業所

企業遷移的策略通常是遵循較低的勞工薪資與降低其他成本等而做決定。通常企業在遷移的第一步是去建置一個採購辦公室或營業據點，促使公司了解當地有哪些供應商是未來的可能合作夥伴，以便建立、創造當地的物流網路。最後，企業通常會依據當地情形選擇併購當地工廠或於當地獨立出資成立工廠。

進口

當企業欲進駐生產成本較低的國家時，物流網路的複雜性與供應商品質與財務狀況等管理相關議題皆是公司進入他國所可能面臨到的進駐障礙。這也是爲什麼有些企業在進入他國市場時不採用併購一途，而是與當地代理行或進口貿易商合作。其最主要的原因在於它們可以協助公司管理貨物進出海關流程與運輸物流流動等議題。除此之外，因爲亦需要針對某些重要層面（例如品管作業）進行管理，因而促使原先的進、出口商轉變爲整合性的貿易商。

出口

產品配銷的議題爲公司進駐他國可能遭遇的一個主要進入障礙。發展公司自有的配銷網路不僅將花費許多時間也需大量資金的投資。因此，公司需尋找幾個替代性方案來降低進入當地市場所需的時間以及規避某些市場進入障礙，尤其是在要跨入多樣性顧客的市場環境時。Waters（2003）在檢視亞洲市場時，了解到不同於西方消費者市場進入的新路徑模式。這些新模式會把企業自身在境外銷售網路發展時所會面臨的困難、成本、時間等因素皆納入考量。因此，這些新提出的模式將有助於公司進入新市場（表2.1）。

表2.1 當在一個新的國度進行分銷時可用的配銷模式

配銷模式	負責貿易銷售者	備註
自有零售商		罕見、不常見
聯合營運		適合擁有強而有力且購買一定數量的零售商
公司擁有其物流資源以提供零售商使用	品牌擁有者	適合特定的品牌
全部委託經銷商進行產品配銷（full agency distributor）	經銷商	適合初進入市場的公司；但並不全然適合品牌擁有者
經由當地配銷商直接出口至主要與其他零售商	該品牌的主要客户	
全部經由當地配銷商	通常為配銷商負責	適合銷售數量較少的品牌
直接進行銷售	進出口代理商	
批發商	視情況而定	適合大品牌公司，其主要乃經由經銷商及其倉儲與運輸設施來服務較小客户

資料來源：Waters, D. (2003) Global logistics and distribution planning strategies for management. Kogan Page, London.

亞洲涵蓋廣大的面積，擁有超過世界60%總人口數，且占有世界25%的貿易量。東南亞地區在整個亞洲區域中占有經濟主導的地位，尤其是加入東南亞國協組織（Association of South East Asian Nations, ASEAN）的國家，這些國家也包含由香港、印尼、馬來西亞、新加坡、南韓、台灣與泰國組成的亞洲老虎經濟體。根據表2.1所示，歐美的品牌擁有者如果期望透過上述國家的當地零售商協助以便進入亞洲當地市場，他們將會發現並沒有太多的門路可以通行。

當在跨入開發中地區或國家的市場時，情況就變得有些不同。對準備進入這些國家以取得成功的西方品牌來說，了解各種不同狀況是非常重要的。在此必須強調的是除了香港與新加坡地區之外，前述地區的其他國度很少有物流公司具有與西方物流公司類似的服務能量。

在西方世界，一家公司在評估是否進駐其他國家與地區時，乃將公司是否能與當地主要零售商合作做爲主要考量因素。但在東南亞，這評估項目只有在香港、新加坡，以及少許程度在台灣，會被納入考量。

企業若要進入亞洲市場都常是高度依賴許多第三方配銷公司來完成，且首先需決定是在當地區或當地國度進行製造或是藉由進口產品來服務當地市場。

來自西方的品牌擁有者，通常會犯下三個策略性的錯誤，亦會造成企業在中國的發展表現不如預期。

• 高估市場規模：截至目前爲止，他們依據全民全體的花費比率來進行市場預測。

• 低估在行銷與推廣上所需的鉅額支出規模：公司的行銷與推廣不僅是要驅使消費者有購買的慾望，更要轉換當地消費者對當地傳統商品根深蒂固的偏好。例如在西方將不同穀物混合烹煮是很稀鬆平常的事，但在中國卻是十分新奇的烹飪方式。

• 西方企業在中國南方設置工廠：但該區位卻距離對品牌接受度較高且具有控制市場潮流的消費市場（如北京、上海）遙遠。

另外一個負面因素爲版權的保護。某些公司發現他們的產品發生被仿冒的情況，且大多數的公司卻無法針對此被仿冒現象進行補救。針對此一現象產生的可能眞正原因乃是反應出中國對於正規品牌產品配銷上的效率欠佳。所以當地企業家可藉由採行較有效率的市場配銷途徑，以協助國外正規品牌廠商進入當地市場。

然而，配銷不僅對企業來說是一個使其能在中國市場上成功的最重要因素，亦爲企業成功進入中國的最重要挑戰。自從中國加入世貿組織（WTO）後，對製造者而言，「在何處生產製造」已經由管制上的議題變爲財務上的議題。最簡單的原因乃是沒有任何一個單一的配銷商或配銷通路可以去支撐所有生產成品的運送，其理由分別如下：

• 中國根據其省制度可分爲24個不同的區域。跨省間的運輸通常需承受物流與官方行政管理的挑戰，運輸模式的選擇也十分複雜，包含公路與鐵路、內水運輸與沿岸船舶的水面運輸，如果想採取空運，則航空運輸的途徑選擇有限。

• 目前只有少數幾家大型西方類型的配銷公司，其營運範圍有含括中國幾個大城市，而且還能同時具有立即提供專業物流服務能量給予大型的新客戶之能力。

• 找尋具有支配許多零售據點（outlet）及具高市場占有率之批發商網路很困難——也就是說在需要建立大型且複雜的關係網路時候，這些關係網路通常會因為地理區位不同而有所不同。

這些困難再再的說明海外品牌擁有者有需要對於中國消費者提供非常強而有力的承諾，但是對目前已經進入中國市場的公司來說，多數業者已經有幾年的虧損，且這些虧損都是無法被容許的，除非它們擁有非常樂觀的想法且認為再繼續往前即可見到令人振奮的成果（因而忽略該區域目前的經濟蕭條情勢）——因為中國在不久的將來可能會成長為世界最大的經濟體，而值得注意的是，改善後的物流將在轉型的階段扮演重要的角色（Waters, 2003）。

共同營運生產設施（合資營運）

國內公司與國外公司間經常會簽訂許多協議以作為該國內公司全球化的佈局之所需。這些協議主要有兩個參與者：國內公司總部（追求全球化）與目前座落於國外的公司，且其參與協議中的外國公司通常是一間或一間以上的。

基本上，公司總部擁有強大的產品生產製造技術；但它必須克服將產品從起點運送並分銷至其他地區的經濟上不利因素。

在目的地國家的商業夥伴通常要具備某一項的專業技能以及將產品調適至當地合適規格的責任。通常會在當地尋找的合作夥伴，除需要具有適當的生產能量外，也同時必須是能以較低成本來進行該商品的生產。在與企業總部簽訂合作之後，對那些當地的商業合作夥伴而言，將可受惠於國外總部對於產品的整體知識轉移、製造流程知識分享、及因公司總部的鉅額貿易能量而降低單位生產成本。

合資企業中的成員也會是重要的供應商。在該他國地區已有營運經驗的供應商對合資夥伴而言是最為理想的。當供應商的經營項目與公司總部的外部營運項目有所重疊時，供應商通常被視爲策略性供應商與全球供應商，這是因爲供應商不僅提供製造產品的原料，更提供整體生產流程中所會使用的設備。**作爲全球化計畫的一環，當地供應商的經營管理經常遵循著海外公司總部的經營策略而訂定。**

逐漸地，供應商可以對產品提出改善建議，尤其是在科技技術、生產或製造上。在過去的幾年中，國內廠商逐漸大量使用供應商，供應商在延伸提供產品重要功能或重組產品的過程上扮演著更爲重要的角色。在評選供應商時，愈來愈多公司重視供應商在製造、加工等活動的過程中所產生之總成本。

近年，已有作者開始深入探討獨資企業與合資企業的優缺點。

表2.2　獨資企業與合資企業的優點與缺點

獨資企業的優點與缺點	
優點	缺點
全盤監管內外部因素	缺乏對市場與法令的關注
在突發狀況時，可及時做出決定	在當地缺乏對外聯絡窗口
享有技術、知識的控管保護	從無到有之方式開辦新企業時屬於高風險狀態
合資企業的優點與缺點	
充分了解市場知識與訊息	發生內部管理衝突與內部競爭情形
企業夥伴在當地擁有對外聯絡窗口	面對問題無法迅速做決定
完善的供應網路	無法針對所有的供應商進行控管
較少的風險與投資	分散企業獲利
舒緩經營管理的問題	過度依賴當地的企業夥伴
	無法與企業夥伴進行深入溝通與了解

導入新型生產設施

公司的營運長（Chief Operations Officers, COOs）經常基於聯營的利益，而想嘗試與他公司進行合作營運。然而，並不一定總是能夠尋找到合適的夥伴。在這個案例中，公司可以選擇其中一家生產工廠試著與工廠聯合經營。這是全球營運架構中其中一個值得深入探討的問題。

Barnes（2002）研究指出對任何一家追求國際化的公司而言，合資模式是一個十分穩健的一步。除了明顯的經濟投資外，生產設施的建立與後續的管理，需要更加寬廣的作業管理知識與技術：

- 當公司總部需要派員至他國，公司需確保擁有適度數量的可外派人力資源。

- 需與供應商簽定協議。不論是現場購買或向知名且可信賴的供應商進口生產所需，都需要具有採購與供應管理作業的經驗與技能。

- 一切都需要確保物流作業可以使用對的方法將產品運交至消費者手中，此一項目可使公司與當地物流公司進行合作協議。

- 盡可能改良產品與服務，使其能符合當地需求。這可能牽涉到產品設計與產品開發能力。相同地，當地消費者也需要公司提供售後服務。

- 公司所生產的產品是可以被出口的；這項舉動是可以讓工廠成爲企業組織全球供應網路的一環。在此情況中，公司需要具備與全球經營管理相關的技巧。

Barnes（2002）另表示，有些公司想在海外設置一個生產製造工廠，**並在設置工廠時，嘗試藉由取得現有資源而使得新建立的海外生產據點可能發生的問題極小化**。此即表示公司需檢視資源合併與取得的過程（如稽查、應負責任等）。因此將牽涉到資產的購置（建築物、生產工具等）或獲取部分或全部現有商業網路的取得。當然，在購置的過程中，有可能產生下列一些偶發的問題：

- 在海外設點的公司須對被合併的公司先前已經存在的約定或協議負責，包括對於被合併公司的受雇員工、消費者、供應商與其他單位（例如與當地政府簽訂合作約定或協議）也需負責，而且被併企業所在地的法規可能會限制海外設點的公司能選擇的解決方案數量。基於上述，公司需重新考量某一方案的優點何在，因爲請記得就短期而言，在海外設點的公司很難對於選擇簽署後的契約或承諾進行再度改變。

- 另一個挑戰即是合併公司與被合併公司間的組織間經營管理整合。公司相互合併的可能產生的問題，包含合併企業內的員工與被合併企業內員工間的整合問題。需注意的是，上述問題還包括了合併企業與被合併企業，可能原先分別與消費者、供應商以及其他供應鏈上的成員的原先簽署契約間可能出現的不相容狀態。
- 合併後的問題也可能包括合併企業與被併企業間對於技術上、生產設備採購作法及流程上的差異所衍生的問題。
- 合併企業與被合併企業間的資訊系統可能具有潛在不協調情形，此將可能導致被合併企業與合併企業各部門間資訊處理與溝通的問題。

對於合併企業來說，上述問題所需要進行的調適作業，將會使公司花費許多的寶貴的時間與耗費昂貴的公司資源。

建構式佈署生產與物流系統之需要

在全球競爭背景下，營運國際化在各公司間已是普遍的趨勢，尤其對跨國公司此趨勢更是普遍，對於中小型公司而言，它們也很難置身於營運國際化的趨勢之外（Corti, Egana, and Errasti, 2008）。

趨使此趨勢發展的主要原因已於本書第一章提及，像是委外、進入新市場、價值鏈的分解與重塑、創造新產品或市場（Ferdows, 1997; Farrell, 2006）。

在持續變化的市場環境中，生產網路（Production Networks）需要不斷地演進，公司之海外分支也必須與全球設施作整合與協調。隨著全球供應與製造資源的出現，再加上市場全球化的趨勢，所以營運網路的設計，將需要逐漸涵蓋多個地區且將面臨更高度的營運網路複雜性（如全球供應商網路）。

在此背景下，企業的生產與物流系統策略或營運策略需要與企業的中短期決策流程再造計畫搭配，以改善企業的生產與物流鏈的競爭優勢。營運策略需透過定義並執行合適的經營決策、管理盤根錯節的資源、及發展經營能量等，使得營運資源的取得效能與效率能夠合乎市場要求的營運績效。

然而，市場需求並非是靜止不動的，而是動態性的。因此，在全球生產網路下所設計的新典範是這樣的，假如公司想要讓它自身的營運更爲具有效率及提升其有效性，這樣其生產網路就需要持續更新佈局，且新的提案需考量未來公司生產模式進行變更時候的需求。

此意味著一開始營運模式的設計與佈局，是需將下列網路層面的特性納入考量（例如：不僅考量單一設施或工廠，且也需從營運網路的觀點出發）。

- **面對環境持續變動的適應能力**：根據不同情境，公司對於長期投資與資源需求及關聯風險間的取捨，需取得一個平衡點。
- **迎合產品需求改變的適應能力**：即因應不同需求的改變，例如產品數量。因此，新式的營運模式是需在迎合未來需求下，有能力調整可負擔合理的成本。
- **適應產品需求多元化的能力**：處理不同的需求可能會導致改變產品組合，因此，草擬建議的設計應該具有管理營運瓶頸的能力，因爲資訊流及貨物流的複雜度會因爲產品組合的複雜度而增加或減少。
- **流程設計的升級能力**：在符合設施營運且確保合乎品質的生產流程下，選擇最合適的設備系統與科技以適應各種營運環境，以及確保流程的品質。
- **選擇性的營運能力**：爲符合特定之市場與產品，需提供適切的設施，及評估各種設施間的獨特性需求或者重複性需求，並對於以快速回應性當成競爭優勢的各種服務政策主張加以評估。
- **應付偶發事件的營運能力**：爲培養處理緊急事件應變計畫的能力，需針對特定層面與可能偶發事件進行演練，即便其事件之發生機率非常低。

綜整上述因素，可歸納營運模式的設計與佈局特性（Mehrabi, Ulsoy, and Koren, 2000; Holweg and Pil, 2004）：

- **回應性**：流程、生產與數量
- **規模性**
- **快速調整現有系統**
- **生產具成本效率**

如同我們先前所述，在全球營運網路策略中，公司需要重新佈置他們的生產網路，基於這個理由，公司在未來需培養重新佈局的能力。

事實上，此方法對企業而言是培養適應市場環境不斷轉變的能力，並適應其環境的鍛鍊。因此，當營運網路需要合理化或者重新制定營運架構時，公司**營運策略在國際生產與物流網路設計方面，是需要整合並評估公司的動態能力**（Sweeney, Cousens,and Szwejczewski, 2007）（圖2-2）。

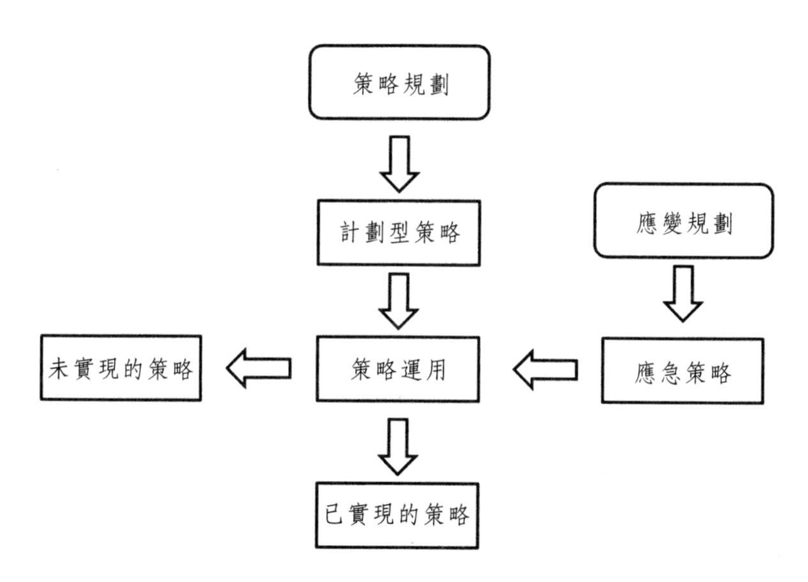

圖2.2　計畫型及應急策略

（改編自Mintzberg, H., et al. (1996) *The strategy process,* 4th ed. Prentice-Hall, Hemel Hempstead, U.K.）

這些動態能力是由Teece、Pisano與Shuen（1997）所提出，「這是一種取得新的競爭優勢的能力，以強調兩個從未在先前策略觀點所提及的關鍵層面。**動態性一詞係指更新才能的能耐**以順應不斷變動的商業環境。能力一詞則強調策略管理扮演的關鍵角色，以便能適當的適應、整合、重新佈署內外部之組織技能、資源與功能情形下，面對環境轉變能力。」

全球營運架構

公司要面對因產品與製造流程快速轉變所產生的多種選擇方案，與因全球競爭環境、消息靈通的消費者、需求者、環境和政治等多項因素所導致的多重挑戰。架構或模型是非常有用的，因爲它們通常可將複雜且重要的議題，轉變爲一個結構，使公司營運者可快速了解並提高警覺。

雖然目前已經有許多關於全球營運的研究，但實務經驗顯示特定策略相關的檢驗清單仍是需要的，這些清單可能會喚醒大家注意到其所追求的目標之實際關鍵成功因素有哪些。策略清單通常可做爲管理者的經驗基礎指南，以利辨別出最爲重要的指標，進而避免產生不愉快的驚奇意外（Kinkel and Maloca, 2009）。

Vereecke與Van Dierdonck（2002）以及Shi（2003）指出企業營運與供應鏈管理研究者須特別關注並提供一套淺顯易懂的國際生產製造系統的模型或架構給企業的專業經理人員，這些模型架構可幫助管理者設計與管理自身的網路。此外，Avedo與Almeida（2011）亦提及在建構觀念性架構時，必須考量下一個世代的工廠之必要需求有哪些，這些需求必定是要能被模組化的、可擴展的、有彈性的、開放的、敏捷的、且能及時地進行適應調整、具有能力因應市場需求不間斷地改變、具有科技技術的多元性變化及符合法規規範。

全球營運模型（GlobOpe model）是一個專門提供設計與調整全球生產與物流網路的模型，對中小企業（small and medium enterprises, SMEs）與負責全球營運效率及效用的策略事業事業單位（strategic business units, SBUs）來說也是一個有用的管理工具。

此時，有兩個問題在此產生：

1. 爲什麼全球營運模式主要在強調中小企業與策略事業單位呢？

2. 如何提出一個有效的標準模型或架構供中小企業與策略事業單位的經理人員做參考？

考慮第一個問題，首先，必須先定義何謂SEM與SBU。

- 根據歐洲委員會（European Commission）的說法，中小企業（SMEs）有以下幾個特徵：
- 雇員數量低於250位員工。
- 營業額小於5,000萬歐元。
- 總資產負債表小於4,300萬歐元。
- **策略事業單位**（SBU）係指「就策略的觀點而言，此乃由一系列的事業活動或具有同質性的事業單位所構成，藉由相同的策略性事業單位分析，公司可以規劃共同的策略，反過來亦可以制定與其它系列的事業活動及（或）事業單位有所差異的策略。因此，每單位之策略的制定都是自訂的，但並非其他單位皆不會牽涉到此策略，畢竟整體來說，這些策略在公司裡是需要進行整合的。屆時，公司可被視爲是由多個SBU所組成，每一個SBU皆提供可獲利的機會與不同的收益成長，及／或需要各種可提升競爭力的方式」（Menguzzato and Renau, 1991）。

全球經濟體系下，中小企業的關聯度逐漸提升（Knight, 2001; OECD, 1997; Shrader, Oviatt, and McDougall, 2000）。根據歐盟統計局（EUROSTAT）數據顯示，2008年歐盟地區有2,070萬家的中小型企業，占整體企業家數的99.8%，並聘僱67.4%的總歐盟人口。然而，歐洲委員會（2010）研究報告顯示「從事國際化事業的中小企業在聘僱員工數方面提升7%，而尚未從事國際化活動者，則成長了1%」以及「26%國際性之中小企業推出了該產業的新產品或服務給其國內的消費者；而未從事國際化活動的中小企業只有8%比例的公司曾經推出該產業的新產品或服務給其國內消費者。」

由於過去十年商業環境的快速轉變，幾乎每一家公司或企業多少都曾面臨一些國際挑戰。不過，在中小企業的案例中，**它們是必須去處理很多比大型企業所遭遇的更有挑戰性的難題**，因爲中小企業在資源、知識技術、網路的使用與企業國際化經驗有限（Kalinic and Forza, 2011），這些原因也會影響到策略事業單位。因此，中小企業與策略事業單位的國際化進程備受多方的矚目。

關於第二個問題，全球營運模型嘗試透過生產系統（如Toyota PS、Volvo PS、Bosch Siemens PS等）與精實生產計畫（Lean manufacturing program）來

彌補應用在不同個體間的差距。Toyota PS與精實技術（Lean techniques）能帶領豐田公司在穩定的環境中保有良好的績效，但卻是不適合在動態性的市場上使用，像是安裝新設施、發展供應商網路、重新針對現有網路進行佈局（Mediavilla and Errasti, 2010）。在這些案例中，**當在該等案例實施推動時候，有效性比效率來得更爲重要，有效性是第一階段最爲重要的目標；當要進行網路的重新佈局時，必定要考量更多的價值鏈活動**。

網路分析與流程設計是基於KATAIA方法而提出的（Errasti, 2006），KATAIA模型將安裝作業因素納入考量，如安裝新設施、全球供應商網路的發展、多工廠網路的重新配置、決定是否與如何去進行安裝配置作業的策略性議題，因此，許多文獻所提出的概念，幾乎是環繞著策略制定的步驟而提出。

其他作者，如Acur與Biticci（2000）指出發展策略的動態流程有五個階段（投入、分析、策略制定、策略執行、策略回顧），以及這些動態管理與分析工具對策略發展而言是有用的。

本書乃採用此方法；儘管如此，全球營運架構是參考Acur與Biticci所提出的模型而塑造，並將其改造成適合營運策略事業單位使用，且並考慮以下幾個因素：

在使用此方法時，總會考慮策略事業單位在整體價值鏈的定位（Porter, 1985）並設置幾個階段以幫助創造企業價值。在分析階段，通常會去分析一些因素（Anumba, Siemieniuch, and Sinclair, 2000）並選擇策略的內容（Gunn, 1987）。其後制定設計的佈署階段也隨即被訂定出來（Feurer, Chahabaghi, and Wargin, 1995），這些分析將有助於定義或公式化新設施的產能躍昇流程，然後在佈署階段時所需要的公式化設計也會一併進行確定。佈署是一個專案導向任務（Marucheck, Pannesi, and Anderson, 1990），通常是藉由一監控與重新探討的一個流程來促進組織與營運策略間的一致性（Kaplan and Norton, 2001）。

所有的上述特性都應該對於企業建立具有**重新佈局功能的生產與物流網路**有所貢獻。

全球營運網路的架構請見圖2.3。

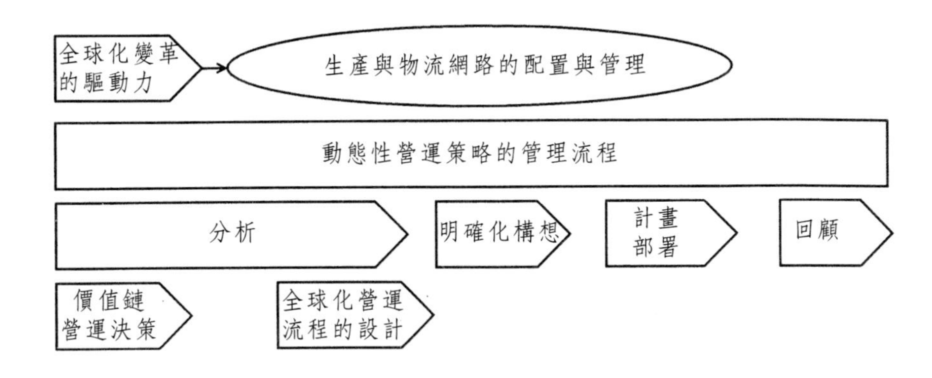

圖2.3　全球營運架構概要示意圖

公司主要的營運策略決策，是考量全球生產與物流網路的重新佈局所制定的，並打造國際化生產流程，其包含：

1. 供應源的位置（自有或非自有）。
2. 設施設備、供應商與倉儲的策略性角色。
3. 整合生產與物流營運流程：自己生產製造或直接購買。
4. 提供服務的策略：供應策略、製造策略、採購策略。
5. 全球營運網路：配銷網路、製造網路、供應商網路。

然而，本書作者認爲有三大與營運重新佈局相關的問題需要再次拿出來討論：

- 新設施設備的安裝。
- 全球供應商網路的重新佈局。
- 網路節點的重新佈局。

圖2.4指出完整的全球營運架構的方案，且考量上述所提及的三大問題。

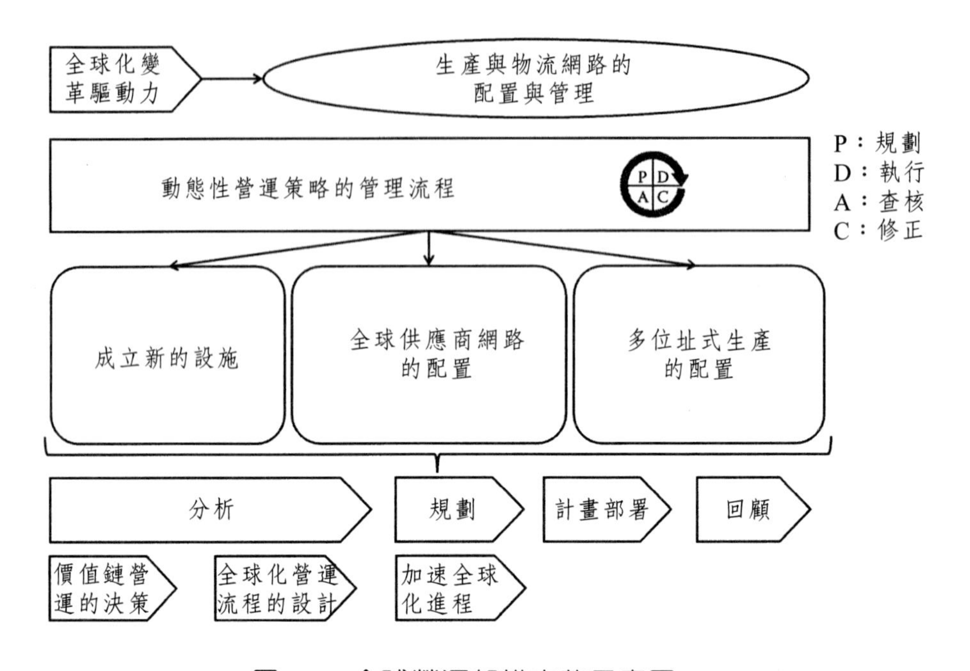

圖2.4　全球營運架構完整示意圖

當公司在處理新安裝的設施時或當公司要發展一個供應商網路時，有兩個關鍵價值鏈的流程（Porter, 1985）是需要被深入地探討，因其將影響公司營運的績效：**新產品開發（new product development, NPD）與訂單履行（order fulfillment, OF）**。

新產品開發一詞通常被用以描述將新產品帶進市場的完整流程。產品是可以透過有形的方式進行交換（像是有些實體是可以被觀賞把玩）或是以無形（如服務、經驗或信仰）的方式進行交換。在新產品開發的流程中，有兩條平行的通路：(1)創新生產、產品設計與細節工程；(2)市場研究與行銷分析。一般來說，公司會將新產品開發視爲生產及供應新產品的第一階段，此階段爲整體產品生存週期管理的一環，以維持或提升市占率。

訂單履行係指從詢報價開始至貨交消費者手上的完整流程。

圖2.5爲針對此二流程分析來闡述全球營運模型。

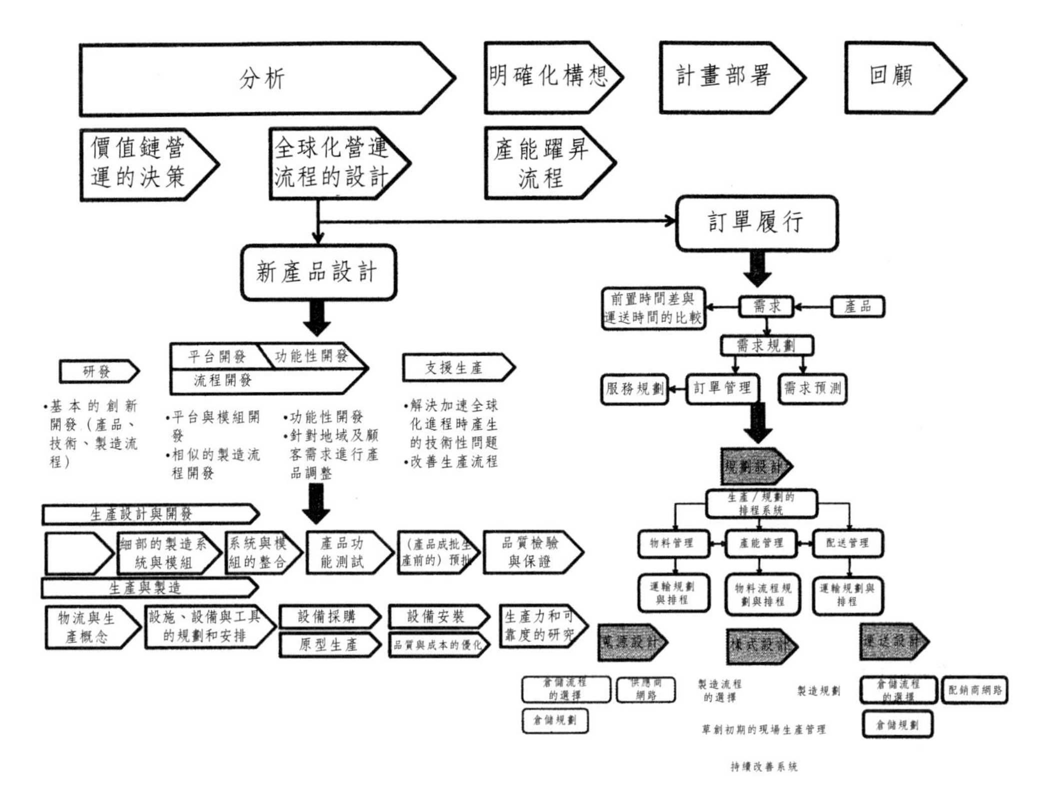

圖2.5　全球營運架構，主要針對兩個關鍵流程：新產品開發與訂單履行

因應全球營運下所導入新型之生產設施

朝國際化邁進的企業為進入新市場，必須面臨新製造與供應網路的重新佈局，其中在海外安裝新型設施逐漸與經營管理的科學息息相關（Ferdows, 1997; Errasti, 2011）。

此外，當進入新的市場時候，可能牽涉到試營運的期間或試營運的產能會受到延誤，並牽涉到代理商彼此間對於供應鏈網路及供應策略的協調，所以當推出新的代理商時候，必須要對目前高動態性及多變性的環境具有快速的反應能力，如果不這樣做的話，將會導致生產損失（Abele et al., 2008）。

當公司擁有海外的生產基地時，公司傾向低估因確保流程可靠度、品質與生產力等所需的產能躍昇時間。產能躍昇的概念（ramp up concept）描述一段由生產產品／貨物、流程的試驗與改善的所需期間（Terwisch and Bohn, 2001），嚴格來說，此一概念以生產第一個單位產品爲起點並在生產一定目標數量時停止（T-Systems, 2010）。然而，爲提升產能躍昇的精準度，初始計畫階段是非常重要，從產品設計開始、生產流程到供應鏈網路爲止（Kurttila, Shaw, and Helo, 2010）（Sheffi, 2006）。

一項針對39家德國國際企業的研究指出，不僅是小型企業，較大型的企業也經常低估在外國生產地址的銜接時間與協調成本。特別的是，就平均而言，公司的產能躍昇時間通常會比原先預計的時間多出2.5倍。關於海外生產廠址展開產能躍昇，到生產流程能順利流暢所需的銜接時間，通常約莫需兩年到三年的時間。公司在產能躍昇期間必須要承擔較高的協調成本，此亦對固定成本計算攤提的時間也有所影響，所以對很多企業而言，產能躍昇期間固定成本攤提，會是個導致企業是否支持與反對在境外從事生產活動的決定性因素（Kinkel and Maloca, 2009）。

從此可見，一個典型網路的重組是需要很多的計畫，每一項計畫都是包含工廠與工廠間產品的轉換。這將決定公司是否要與現有工廠進入產能躍昇或產能降低階段、開發新廠或是關廠。在有些公司裡，像這些活動皆由專案經理人透過特定的或直觀的流程進行管理。然而，有鑑於轉變的幅度大小以及不同專案間的連接，都將有助於建立流程中系統化的知識，以致專案能夠穩定的進行，使專案準時成功完成的機率也會愈高（Christodoulou et al., 2007）。因此，作者與本書之合作者認爲，因應全球營運模式下新型生產設施的安裝可被作爲面臨問題時的系統性指南。

切記要考量設施的生命週期，這個模型爲協助決策流程而提出可能的方法與科技技術。

當公司需要處理類似表2.3與表2.4的問題，此模型可以當作一個管理工具來實踐原先的承諾。

全球營運下全球供應商網路的發展

全世界有許多公司已經開始拓展他們營運範圍。舉例來說，日商透過聘僱美國與亞洲研究員進行研發、班加羅爾（印度）負責較精細的工程、台灣地區主要負責生產零組件、天津（中國）的主要工作則爲品質管理以及產品最終組裝，如此一來，方可將最終產品銷售至歐洲與美國。此即代表採購專業化的概念興起，公司的運作也必須專業、精簡、全球化以因應新的時空背景（Van Weele and Rozemeijer, 1996）。即使在當前十分競爭的市場中，公司正轉型成爲混合型採購組織，以期能在全球採購中做一槓桿並從中獲益（Trautmann, Bale, and Harmann, 2009）。

某些作者（Leenders et al., 2002）認爲全球採購管理是定義與和設計全球供應鏈發展的第一步。

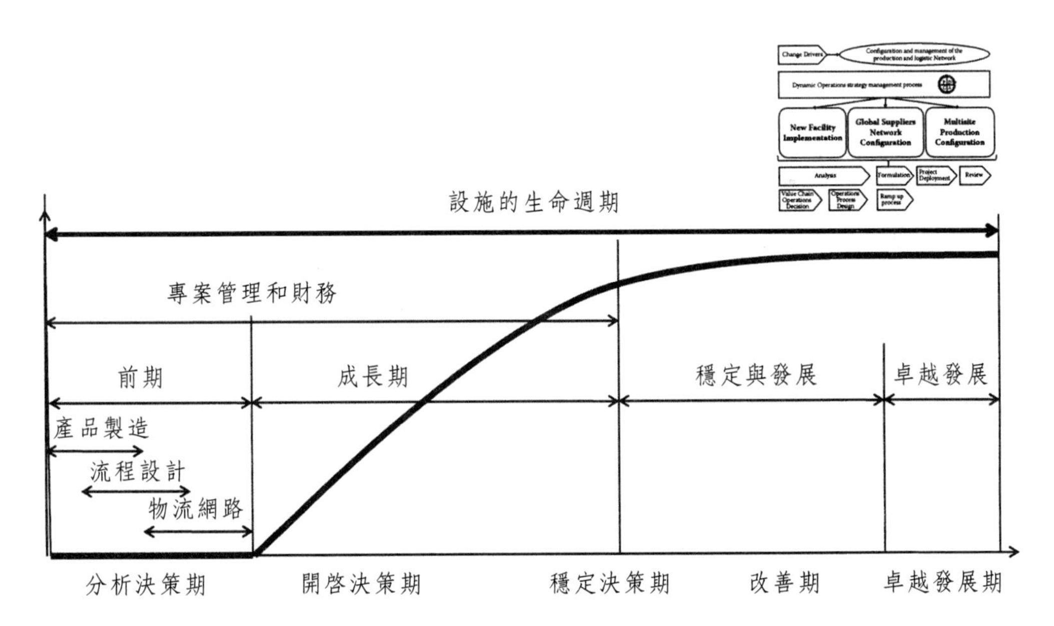

圖2.6　全球營運模式下新設施安裝之計畫排程

表2.3　運用全球營運模式成功推動新設施安裝的案例

目標	在新地區設立的新設施或出口商轉變為全球性廠商		
情境	單一設施	數個國內設施	數個多場址設施
單一業務部門	√	√	√
兩個業務部門	√	√	√

表2.4　運用全球營運模式成功推動新設施安裝的案例

	供應商網路佈局	
	接受者、作業前哨或境外分部角色	貢獻者、領導或搜源角色
新設施	全球營運模式下的新設施安裝	全球營運模式下全球供應商網路的佈局
多廠式工廠／單一產品	全球營運模式下全球供應商網路的佈局	全球營運模式下全球供應商網路路的佈局
多廠式工廠／多樣產品	全球營運模式下全球供應商網路路的佈局	全球營運模式下全球供應商網路路的佈局

全球或國際採購被定義爲盡可能的在全球規模下進行研究和取得貨物、服務或其他資源之活動，使其能迎合公司需求且持續加強公司當前競爭地位（Van Weele, 2005）。

然而，全球採購可被視爲是一具反應性且投機取巧的結果，並藉由此結果來降低其中一項物品的採購成本，亦可被視爲策略性、協調性的努力成果，因其可提升企業的競爭定位。全球採購包含整個採購計畫的各階段，從透過供應商評選、物品購買，以及後續的評估皆屬於整個計畫中的其中階段。

Trent與Monczka（2002）提出國際化採購計畫的五個階段，詳見表2.5。

此外，根據Trent與Monczka（2003）研究指出，實施全球採購最重要的先決條件在於組織設計與全球採購策略的相互配合。

表2.5　國際採購計畫的階段

階段1	只從事國內採購
階段2	針對特定所需進行國際採購
階段3	國際採購為採購策略的其中之一
階段4	整合與協調全球採購策略，且其策略遍及全球各地
階段5	與其他功能性團體／組織進行全球採購策略的整合與協調

資料來源：Adapted from Trent, R. J., and Moneczka, R. M. (2002) Pursuing competitive advantage through integrated global sourcing. *Academy of Management Executive 16(2)*: 66-88.

必須將Trent與Monczka (2002）所提出的五個採購階段銘記在心，我們定義並總結三個階段：(1)當公司只在國內或當地市場進行採購；(2)當公司開始進行國際採購策略，此即向鄰近國家進行採購；(3)當他們開始發展成全球採購策略（圖2.7）。

全球營運模型應用於全球供應商網路佈局時，該模型可做爲決策小組的一評估工具以協助他們發展其全球供應商。此模型提出採購策略、政策、槓桿操作與相關技術來協助決策流程，並辨認公司下階段的國際採購計畫的發展方向。

當公司需要因應以下情形（表2.6）時，該模型可提供決策小組做爲一管理工具。

表2.6　運用全球營運模式進行全球供應商網路佈局的案例

	供應商網路設計	
	接受者、作業前哨或海外分部角色	貢獻者、領導或搜源角色
新設施	全球營運模式下的新設施安裝	全球營運模式下全球供應商網路的佈局
多廠式工廠／單一產品	全球營運模式下全球供應商網路的佈局	全球營運模式下全球供應商網路的佈局
多廠式工廠／多樣產品	全球營運模式下全球供應商網路的佈局	全球營運模式下全球供應商網路的佈局

多工廠式的全球營運佈局

正如Shi與Gregory（1998）所述，可利用本土化途徑管理協調性較差的海外網路時，包含發展或多或少的自主生產單位，然在全球環境下，生產單位的地理位置是否接近目標市場，不再是公司成功的要素之一。在過去的幾十年中，「先驅者」或跨國企業已經開始嘗試透過協同生產網路來協調分散至各地的工廠。

眞正需要的是一個針對網路設計與管理的全球化方法，該方法須能夠貼近地管理協調分散至各地的製造系統並整合產品的設計、開發與生產。製造系統可被視爲是一個結合性的整體系統，在此整體系統中具有彼此知識分享的機制，且生產的任務通常會選擇在此系統中的某一具有相對較高利益的地理區域上進行。相對於線性型的工廠，一個國際型的工廠系統通常都被認爲是一個矩陣式連接的製造網路。生產工廠是製造網路的一部分，並假設當工廠網路隨時改變時，這將會出現對整體網路的意涵。該如何在多區位全球營運網路（Global Operation Network, GON）中進行營運策略的配置的議題興起，像是如何去平衡不同工廠或設施間能力與責任的差異，並考量全球營運網路下，不同的單位在整體全球營運網路中各自的策略責任。

這個方法是需要分析、定義、且提升各個製造與生產設施的策略性角色。我們以此作爲可能的生產目標，並將**現場能力**、**設置的策略原因與工廠開發**等納入考量（Ferdows, 1989）。這些定義皆對日前工廠網路的描述與評估有很大的幫助。Ferdows指出在全球營運網路中多數單位是在扮演開發製造的角色（領導、採購、合作者）以及較少出現擁有高價值鏈活動（採購、工程處理等）的智慧型的角色（海外分公司、接受者）。

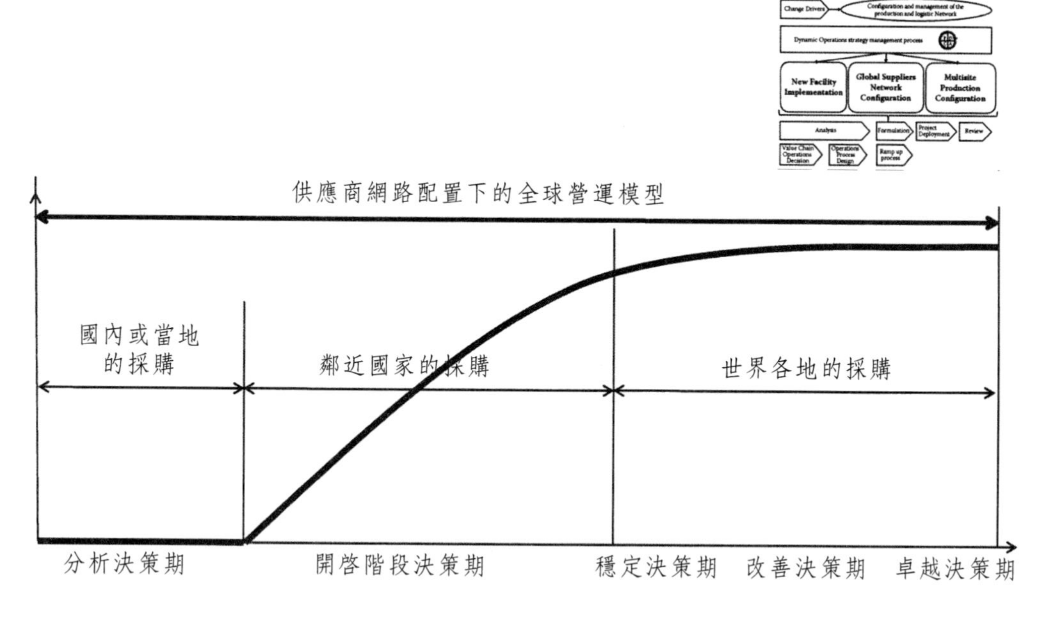

圖2.7　全球營運模式下全球供應商網路的佈局計畫

一間公司可能從一地區或國內市場開始設置第一間工廠，漸漸地演進為佈局多國但彼此網路並不協調的工廠或為層級較低的工廠（海外分公司）。然而，全球營運網路可以透過尋找極具專業的製造商來改善網路的運轉。有些公司嘗試著將部分生產作業轉移至特定的工廠，且工廠通常散佈在當地市場（合作者）的工廠，大部分以轉移至海外居多（採購）。在最成熟的階段（圖2.8），全球營運模式不再僅是資訊與原物料的流動，另再加上核心價值活動的轉移，如新產品的開發。

實務經驗顯示，當公司轉型時，需要具有特定的策略及方法，因其可使經理人員明瞭影響公司達成目標的成功因素有哪些。像本章所提到的方法，皆可以提供經理人作為經驗基礎的指導準則來判別最重要的指標，如此方可防止不愉快的經驗發生（Kinkel and Maloca, 2009）。

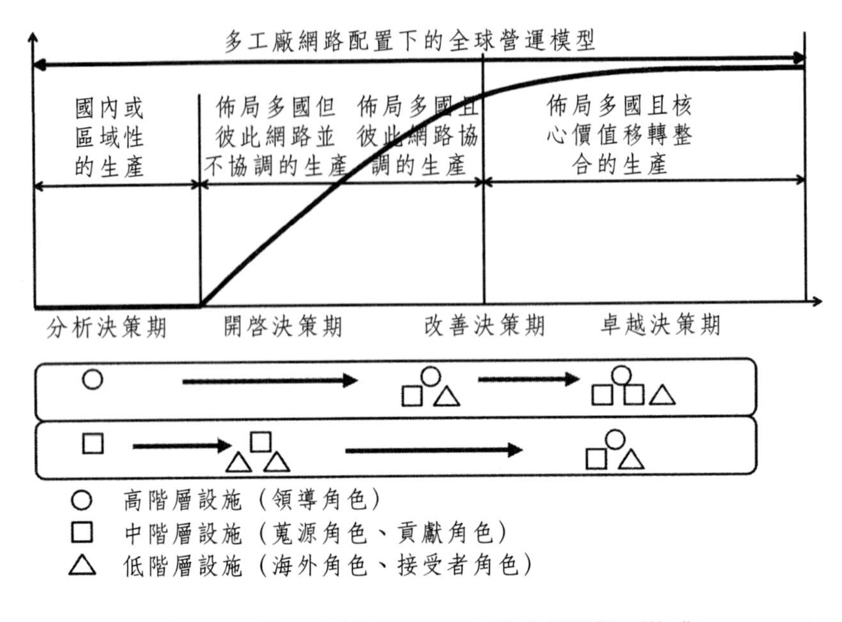

圖2.8　多工廠網路配置下的全球營運模式

第三章　營運策略和佈局

Kepa Mendibil, Martin Rudberg, Tim Baines, and Ander Errasti

盧華安　譯

問題的建模通常比其結果來得重要。

The formulation of a problem is often more essential than its solution.

—— Albert Einstein

- 緒論
- 企業競爭優勢和總體策略
- 產品市場佈局
  - 中小企業的兩難
- 企業策略和營運策略
- 績效目標：品質服務
  - 品質服務和顧客服務重點
- 績效目標：營運成本
  - 供應和物流鏈管理對企業投資報酬率之影響
  - 全體或整合成本概念
  - 成本會計和國際化過程
- 營運策略和營運設計及管理
- 營運策略和供應策略
  - 市場相關要素
  - 產品相關要素
  - 生產相關要素
- 營運策略：製造和生產的永續成長模式
  - 生產模式
  - 廠房專業化
- 製造服務化
  - 服務化之範疇
  - 產能獲得

緒論

本章節中我們將討論：

- 企業競爭優勢和總體策略（generic strategy）
- 產品市場佈局
- 企業策略和營運策略
- 績效目標：品質服務
- 績效目標：營運成本
- 營運策略和營運設計及管理
- 營運策略和供給策略
- 營運策略：製造和生產的永續成長模式（productive sustainable growth models）
- 製造服務化

企業競爭優勢和總體策略

在一產業中，競爭係建構於競爭力之上。而一產業的競爭態勢又受五種力量的影響：在產業現有競爭者中之定位、顧客的議價能力、新進入者的威脅、替代產品或服務的威脅，以及供應商的議價能力（Porter, 1998）。

在此書中，競爭力即爲一公司在競爭環境中，能透過永續方式來提升市場占有率（market share）或收益性（profitability）的能力（Porter, 1985）。

策略可理解爲，在競爭者中創造出一獨特且有價值的定位。價值則是顧客準備好支付的金錢。Porter（1985）爲企業區分出兩種總體策略（generic strategy）：產品導向（product leadership）和成本導向（cost leadership）。而這兩者乃透過一鏈結或價值鏈中的各項基礎活動的連結予以創造（圖3.1）。

Kaplan和Norton（2001）爲公司價值鏈另外建立一種架構，一種在價值創造中區分出所謂之大波動（big wave）（創新）和短波動（short wave）（營運）（圖3.2）。

而除了產品和成本導向外，Kaplan和Norton（2001）增加了第三種企業策略：顧客關係優勢（customer intimacy）。這三種總體策略每一種皆須達成特定過程的績效基礎水準，和強化所採用策略過程中的質化提升（圖3.3）。

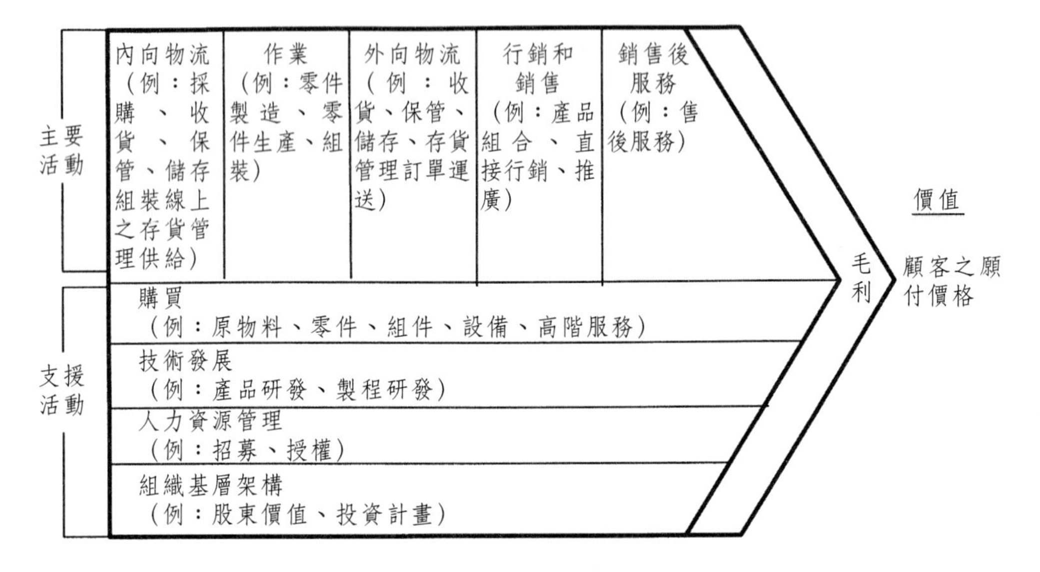

圖3.1　公司之總體價值鏈結

（取材自Porter, M (1980) On competition. Harvard Business Review, New York）

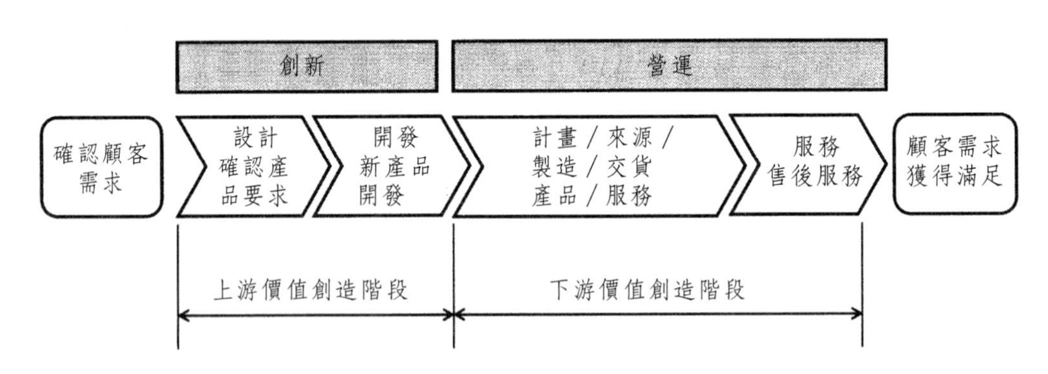

圖3.2　價值創造中之大波動和短波動

（取材自Kaplan, R. S., Norton, D. P. (2001) The strategy focused organization: How balanced scorecard companies thrive in the new business environment. Harvard Business School Press, Boston.）

產品市場佈局

提到企業的總體策略，公司必須決定產品市場策略（Product-Market strategy）和分公司的策略（當公司不只有一個時）。接著，公司必須為各個產品市場決定策略性定位和佈局每一個策略性市場區隔。

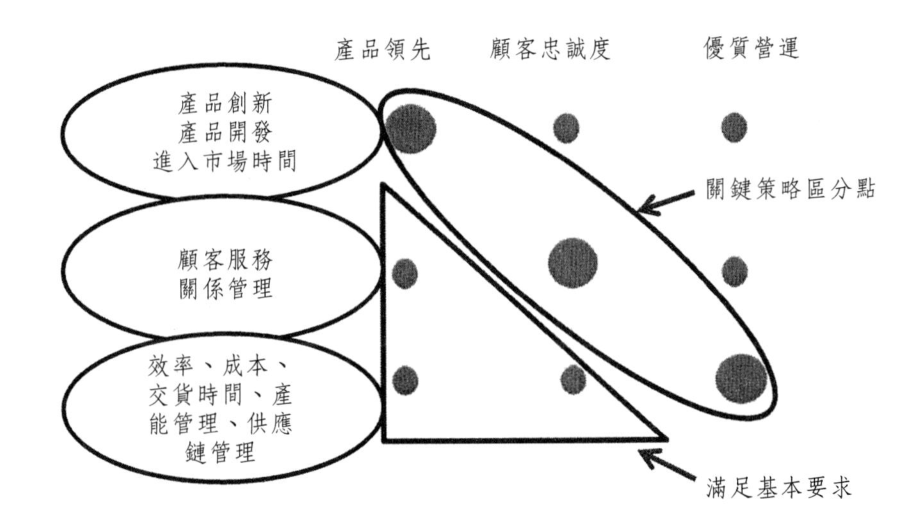

圖3.3　此圖為根據不同選擇策略之最重要的活動（關鍵策略差異者）

（取材自Kaplan, R. S., Norton, D. P. (2001) The strategy focused organization: How balanced scorecard companies thrive in the new business environment. Harvard Business School Press, Boston.）

Intel是IT業界中處理器技術發展的世界領導者。Intel的產品涵蓋有處理器、主機板晶片組、網路控制器和固態硬碟。Intel在市場中的實力，乃源自於進階處理器和晶片組科技設計的世界級製造能力。其企業策略專注在產品導向（product leadership），並透過堅強的研究、創新和產品開發來達成此項策略。Intel的科技和產品開發計畫，涵蓋了足以使公司在未來幾年內，仍能穩坐微型處理器科技業龍頭寶座的未來供給量。

IBM成為領導全球資訊科技公司可追溯至19世紀，其成功關鍵要素之一，即是持續地改進商業模式以面對市場條件的變異。IBM曾是世界最主要的個人電腦製造商，但該項業務因爲是衆多組織再造過程中的一部分，故已在2005年售出。現今，IBM被認爲是藉由顧客關係優勢價值提案作爲策略核心的系統整合者。IBM的一項核心能力，透過與顧客發展較爲密切的關係，以利於了解其需求和遞送量身打造的科技對策，而其關鍵的顧客群包括主要的多國原始設備製造商、零售商和服務提供者。此策略係以資訊科技解決方案爲主的產品導向作爲支撐。而顧客關係優勢和產品導向的策略結合，可從一項事實作爲驗證，那就是IBM公司成爲全世界最大管理顧問之一，且擁有較其他任何一家美國所屬公司更多專利權。

全球航空公司產業因所謂的低成本航空公司（low cost airlines）出現而產生變革。過去這個產業被航空公司定位爲注重品牌發展和顧客關係，但像西南航空（Southwest Airlines）、易捷（Easyjet）和萊恩航空（Ryanair）等公司的商業模式，則立基於成本導向（cost leadership）和營運卓越（operational excellence）策略，對當時的產業可是全新的策略。這些公司取得顯著的市場占有率，同時亦著重於營運的效率、削減次要的附加服務（bells and whistles）和提高資產的使用（飛機空中使用時數）維持了高獲利水準。

IKEA是全球主要的家具公司之一，該公司曾達成年銷售額231億歐元（2010會計年度）並擁有127,000名員工。IKEA在全球300間以上的店面，每年共有超過6億2千萬的到店顧客。除了實體店面的顧客外，IKEA的網頁亦有超過7億1千2百萬的造訪數。IKEA主要行銷管道是它的型錄，在全球共配送有1億9千7百萬份（共61種不同版本和29種不同語言），上面載有9500種以上的IKEA商品。IKEA的成長不僅十分可觀且仍在持續往上。近來IKEA計畫每年開展10到20間新店面，以達成每5年銷售成長一倍的目標。考慮到其銷售和許多店面及倉庫成長的步伐，以及商業區域每年最多達百分之三十的改變，IKEA的企業及市場策略必須和營運策略相呼應，以維持其在家具市場的競爭力。

爲達其「爲大衆創造更美好的每日生活」的使命，IKEA以成本導向致力於低成本，但兼具合理的品質、理想的設計和適當的功能。爲兼顧企業及市場策略，並同時維持高獲利，其供應鏈和物流管理皆需緊密控管和高度的能見度，以維持降低成本同時避免報廢存貨（obsolete inventory）和／或存量短缺（stock out）。以IKEA的策略來說，其主要的績效目標係銷售成長與生產和物流的效率。而IKEA並沒有自己的製造廠，因此十分仰賴店鋪、近30間的配送中心、1400個供應商和物流夥伴間整體網路的貢獻。也因此IKEA將供應鏈和物流規劃集中化，同時亦將供應商的產能也包含在規劃過程之中。作爲一個存貨式生產（make-to-stock, MTS）的生產者，IKEA也十分重視減少存量，但卻不會因此降低店鋪服務水準或存貨可得性。因此，在IKEA有許多衡量取捨（trade-offs）皆須在企業／市場和營運功能的一般會議上，協調達成一致。

爲使分析更容易達成，公司企業可使用管理工具，如：

- BCG（Boston Consulting Group）矩陣，該工具講述兩種變數：市場成長（市場吸引力）和市場占有率（競爭性定位及賺取現金的能力）（圖3.4）。
- Ansoff策略選項和定位矩陣（圖3.5）。

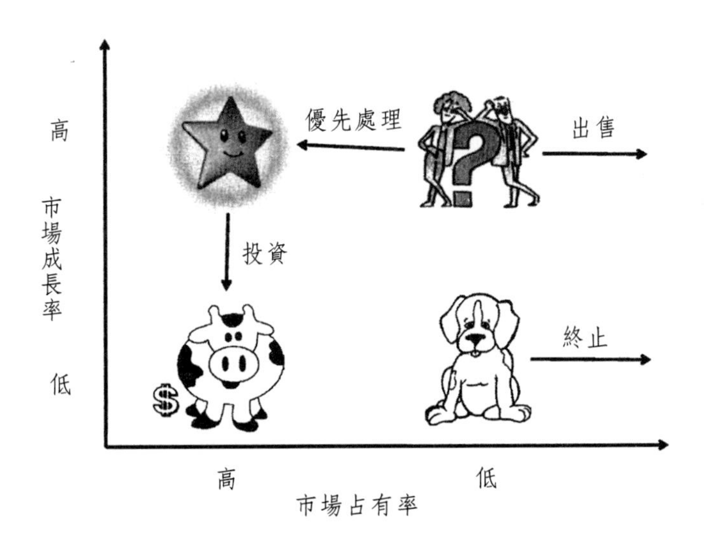

圖3.4 BCG（Boston Consulting Group）矩陣

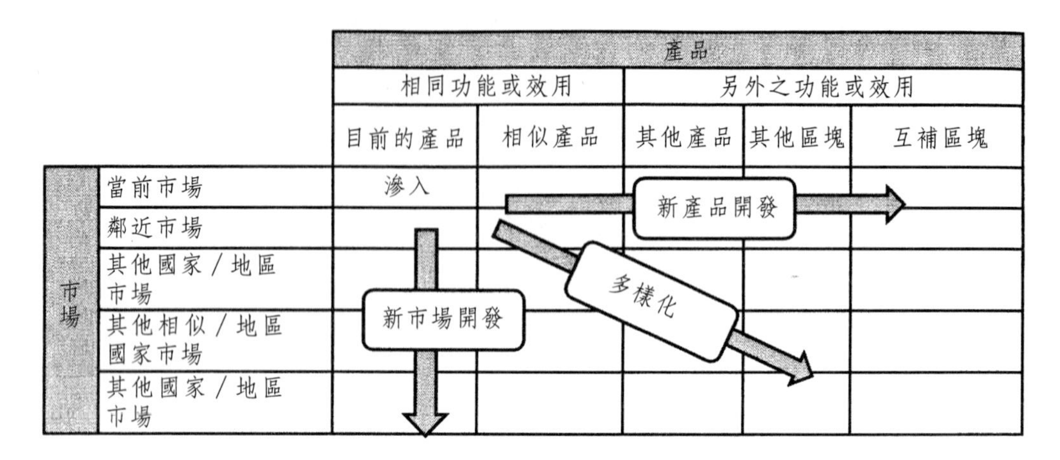

圖3.5　Ansoff策略性定位所用之Ansoff矩陣

（取材自Sainz Vicuna, J.M.（2006）El plan de marketing en la practica. ESIC, Madrid）

中小企業的兩難

中小企業（single and medium enterprises, SMEs）因其市場多在本國之內，故常將重心放於地區／國內或特定區塊。選用企業策略是一項重大的決定。舉例來說，當採用產品導向策略時，代表移向較具附加價值的區塊（例如從身爲汽車領域之供應商轉換成爲航空及風力能源領域之供應商）；或者跟隨客戶或原始設備製造商（original equipment manufacturers, OEMs）之國際化步驟所採取的顧客關係優勢策略（例如在鄰近中國主要顧客的據點旁開設新的據點）。

Linn Products Ltd.是一家專門設計和製造高端市場音響設備的中型公司，Linn透過發展高品質原聲重現的產品，以達到產品導向之目標。該公司已發展出一套高度整合研究、開發和生產的程序，以達成他們的策略。公司生產程序之基礎爲一階段建構（one stage built）哲學，也就是結合科技與人力技術來確保產品品質和可靠度。他們的供應鏈也設計成，能確保各項零件和元件，皆能支援此一產品導向策略。

Highland Spring Ltd.是英國一家主要瓶裝水品牌，Highland Spring成功的關鍵基石，則是訂立一明確的品牌導向目標。此一品牌導向策略係透過策略夥伴關係，以及高度個別化行銷活動和贊助，來支援其高品質產品。為支撐品牌領導價值之主張，Highland Spring透過開發高度彈性和效能的生產及供應鏈程序，持續致力於卓越營運。所發展的生產和物流基礎設施，搭配著在生產系統中持續尋找營運優勢，已使公司獲得快速的成長。

企業策略和營運策略

生產和物流系統策略，也就是營運策略，必須和企業的產品／市場策略的方向一致，這是一個公司在提升供應鏈競爭優勢時，讓決策和重建工程專案於中短期程內得以完成所需之條件。

在此，Slack和Lewis（2002）定義營運策略為：

> 決策的全部型態，而決策是要型塑任何作業形式（生產或物流）的技能與產能，以及它們對企業策略的貢獻，其內涵為透過作業資源來滿足市場需求所達成之貢獻。

營運策略需在營運資源上提升效力和效能，其可透過定義並執行適當的營運策略決策、管理實體資源和發展營運能力，以達成市場需求之績效目標。

這和供應、生產和配送節點，以及這些節點的實體設計和程序組織皆有相當的關聯。當規劃一個生產和物流網路或改造現存者時，這些問題就會浮現（Vereecke and Van Dierdonck, 2002）。

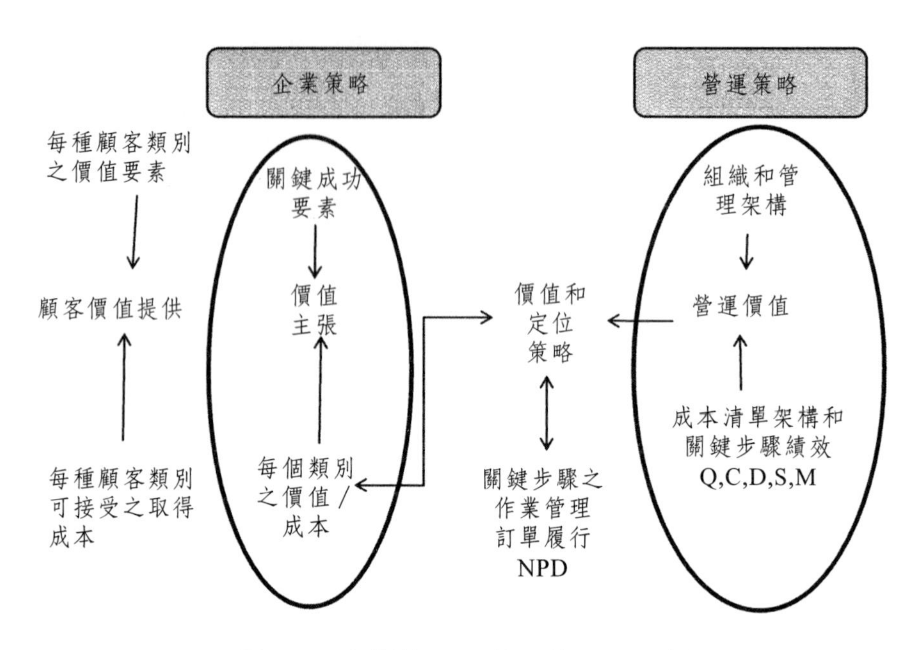

圖3.6　企業策略和營運策略之連結

（取材自Monczka et al. (2009) Purchasing and supply chain management. Seng Lee Press, Singapore.）

在接下來的小節，我們將會說明績效目標（圖3.7）和市場需求的關聯。

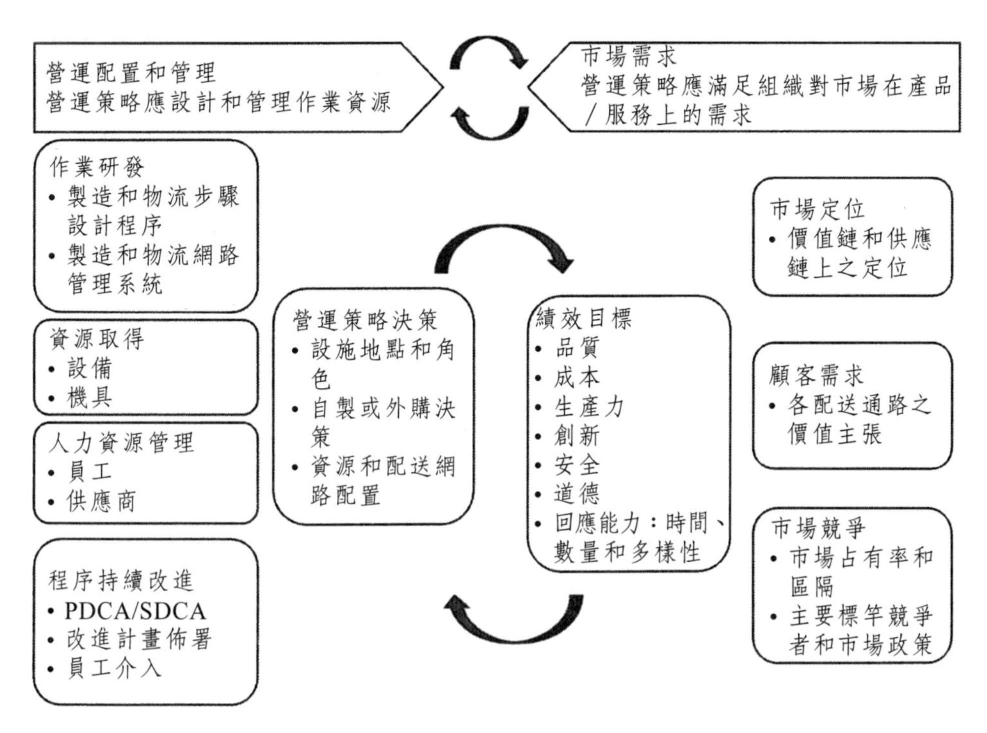

圖3.7　營運策略和市場需求及營運資源間之協調

（取材自Slack, N., and Lewis, M. (2002) Operation strategy, 2nd ed. Prentice Hall, Upper Saddle River, NJ.）

績效目標：品質服務

所謂服務之角色，即是透過產品和服務的轉換，提供顧客「時間和空間效用」（Christopher, 2005）。

品質服務和顧客服務重點

Christopher（2005）引用La Londe與Zinszer之研究，闡述顧客服務可分成下列的重點：交易前、交易時和交易後（表3.1）。

表3.1 顧客服務和交易前、交易及交易後重點

交易前的重點
例如： • 明文條列的顧客服務政策 （是內部溝通或外部溝通？人們是否了解？是否盡可能的具體且量化） • 可取得性 （我們是否容易聯繫／做成生意？是否有單一聯繫管道？） • 組織架構 （是否有適當的顧客服務管理架構？對其服務程序的控制層級為何？） • 系統彈性 （所採用之服務傳遞系統是否能適合特定顧客所需？）
交易時的重點
例如： • 訂貨週期（Order cycle time） （從下訂到寄送所需的時間是多久？可靠度／變異性是多少？） • 存貨可得性（Inventory availability） （各品項的需求能靠存貨滿足的百分比率為多少？） • 訂單完成率（Order fill rate） （有多少比例的訂單能在預定的前置時間（lead time）裡完成？） • 訂單狀態資訊（Order status information） （回應詢問之資訊所需花費的時間是多少？由我們通知顧客或等顧客聯繫？）
交易後的重點
例如： • 備品的可得性 （服務備品的存貨水準為何？） • 維修請求之回覆時間 （工程師抵達需要花多少時間？首次維修之修復率是多少？） • 產品追蹤／保證 （當每個產品售出後我們是否可追蹤其位置？我們是否能維護／延伸顧客所預期獲得的保固水準？） • 顧客申訴、索賠等 （我們處理顧客申訴和退貨有多迅速？我們會衡量顧客對我們回應的滿意度嗎？）

資料來源：Christopher, M. (2005) Logistics and supply chain management: Creating value-added networks, 3rd ed. Pearson Prentice Hall, London.

有些顧客服務屬性可能花費20%的產品成本，但也產生顧客對服務表現認知80%的影響。

這也是爲何公司總試圖圍繞著服務政策，定義其策略性定位，並發展市場導向之物流策略，即以執行完美訂單（perfect order），亦或是「準時（Martinez et al., 2012）一完整且無誤」（Christopher, 2005）之概念達成卓越服務（service excellence）。

績效目標：營運成本

供應和物流鏈管理對企業投資報酬率之影響

多數組織皆有改善資本生產力之壓力。投資報酬率（return on investment, ROI）是淨利和資本兩者的比例，而投資報酬率能用來衡量供應和物流鏈管理之影響（圖3.8）。

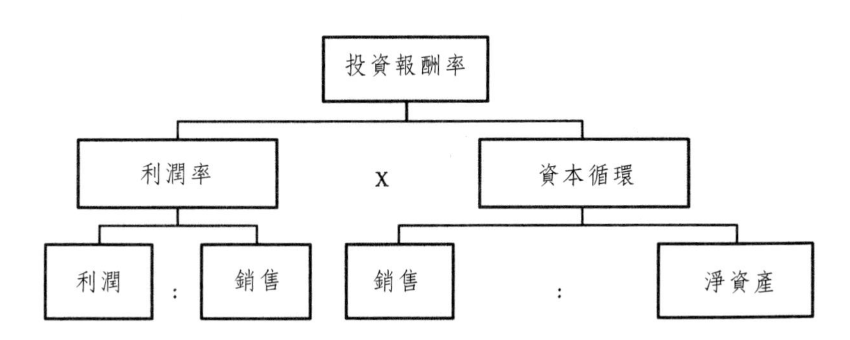

圖3.8　企業投資報酬率（ROI）

供應和物流鏈管理（圖3.9）之影響可能如下：

銷售成長：藉由提升品質服務，可避免銷售流失以及提高顧客的忠誠度。

生產和物流效率：藉由減少設施內部作業中原料流程的浪費，可提升每小時的生產單位或每小時的訂單完成數量。

存量減少：透過存量管理、供應商整合和參考型錄的適當控制，減少存量水準，進而減少營運資本。

資產利用：藉由彈性設施的設計，調整產能以與需求相符或追求與需求一致，減少成本進而避免產能使用的浪費是可能的。

外包：藉由部分或全部外包，以較少的固定資產確保營運是可能的。

現金流量循環週期（cash-to-cash cycle）：藉由平衡顧客付款和付款給供應商，縮短現金流量循環週期是可能的。

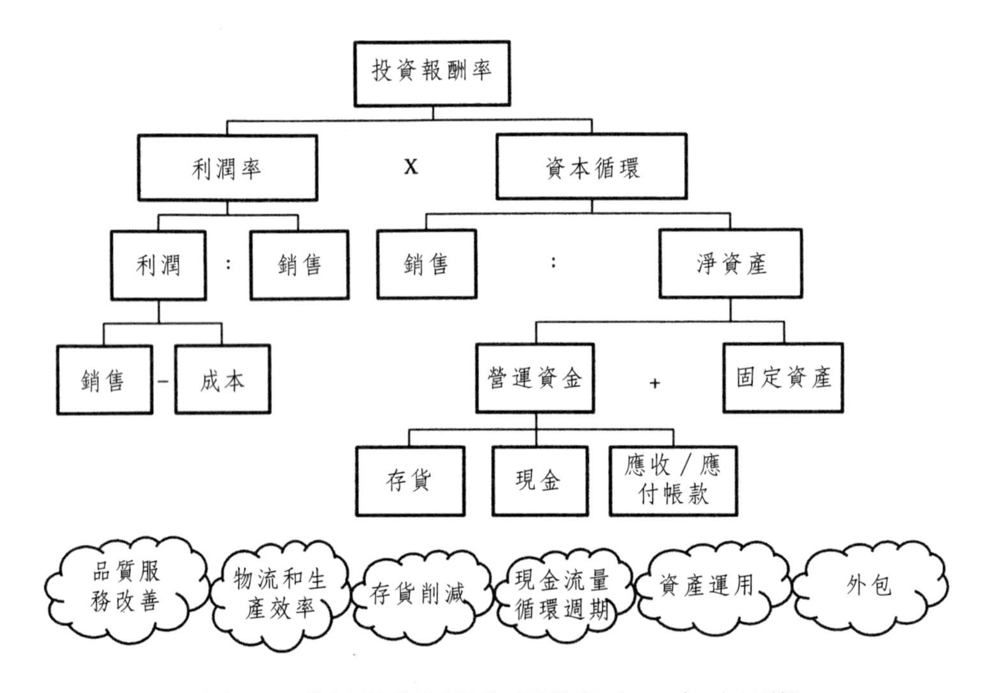

圖3.9　物流管理對投資報酬率（ROI）之影響

全體或整合成本概念

傳統會計系統（conventional accounting system）較無法協助辨明成本產生的導因，因這些是被其他成本項目所吸收。爲評估物流和供應鏈管理及相關決策，以系統性的方法衡量成本乃是必要的，該方法須考慮所有的物料流動過程，若可能應更細分顧客類型、市場區隔或配銷管道（Christopher, 2005）。

此外，某些作者（如Christopher, 2005）提出稱爲物流總成本（logistic total cost）的新關鍵績效指標，此參數使得供應鏈中各階層的決策影響均可加以評估（圖3.10和圖3.11）。

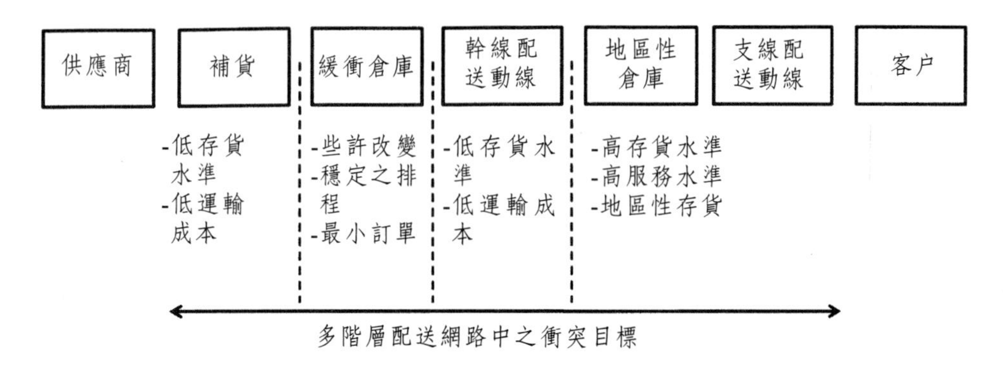

圖3.10　多階層供給網路中的兩難和衝突決策舉例

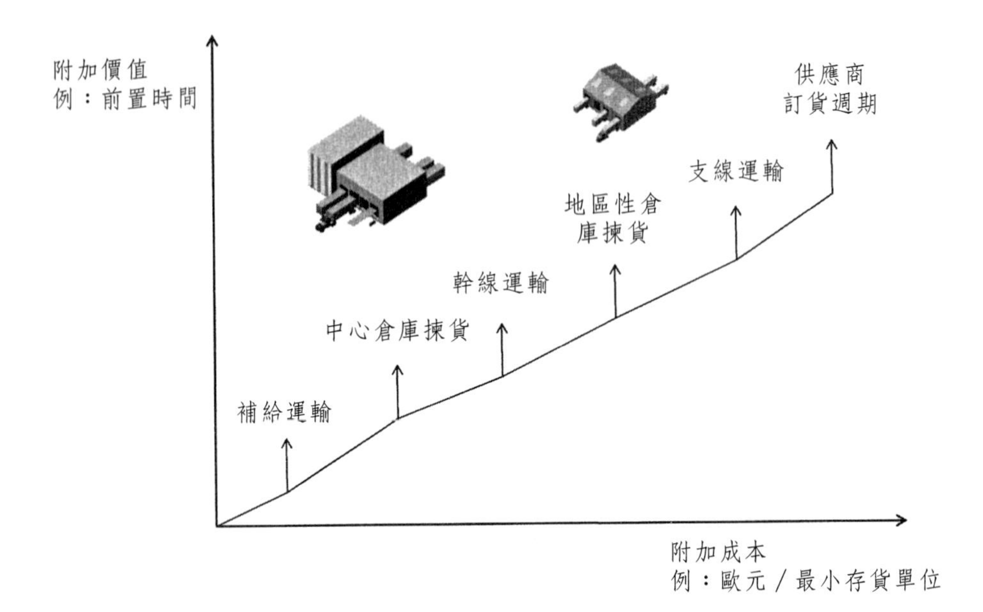

圖3.11　多階層供給網路中隨時間成長之附加成本（以歐元／最小存貨單位（SKU）計算）和附加價值

▌成本會計和國際化的過程

產品市場策略可說是產業生產規劃和發展之基礎。策略性規劃過程決定了產品開發的關鍵財務參數，亦決定了產能和資本投資。策略和績效規劃需要有技術生產觀念的開發，其包括了被期待的產品和生產科技。

用來協助資本投資和工廠績效規劃的工具，應該要能支援方案、評估和銷售計畫，以及產能和生產成本規劃。這些活動應在考慮合理化（rationalization）和概念性衡量（conceptual measures）的效應下，有系統性且實際性地運作。

Christopher（2005）提到，與營運管理相關的傳統成本會計系統，在支援決策訂定時存在一些困難。以下列出其中幾項值得留意的困難：

- 忽略了服務類型／通路／市場區隔的眞實成本。

- 實際成本資訊太過籠統不夠詳細。
- 傳統會計系統爲功能性導向，非產出或過程導向。

其他作者（如Fraunhofer的年度報告，2010）提到這些傳統系統的優勢：

- 精確得出產品成本（標準的量大產品和量少、客製化的變化量）和價格計算的透明度。
- 對原始零件經常性開支的配置。
- 支援大型組合／少量批次訂單、科技方案、程序最佳化和顧客／市場評估的決策制定。
- 在直接和間接的活動中顯現出合理化潛力，以及推導成本削減的估算方式。

成本會計對管理者而言，係一項規劃和控制成本的工具，其乃藉由釐清成本導因來支援決策。在國際化過程中，也是能幫助後續相關決策制定的有效工具。

舉兩個成本會計法的共通案例：生產區位調整專案和採購決策。

案例A：生產區位調整專案

成本會計法可進行粗略刪減評估，以計算營運成本之減少，可假定生產區位一次全面性地重新配置，且將額外的初期投資和單次性花費均計算在內（圖3.12）。

案例B：購買決策：特定裝配線上的零件生產，轉移往低成本國家之決策

此分析適用於採行全球性購置原料策略下，比較高成本之本地供應商和低成本海外供應商，或比較鄰近新海外據點且具有實際製造網路來源的新供應商。

新營運成本節省或浪費						
	物料成本	生產成本	供給運輸和物流成本	配送運輸和物流成本	管銷成本	其他固定成本
區位因素	市場 競爭力和調節 生產力	勞工成本	運輸費率 稅率 存貨增加		當地／外派之管理和勞動階級薪資	
公司部門因素	學習曲線	製程 科技 開發 成本 生產力	代理行和運輸方式 產品每材積之價值		與供應商／顧客／當局之接觸	行銷成本
投資和一次性費用						
	投資	新設成本	重建成本和實體移除		營運資金成本	
區位因素	建物 機具和倉儲 技術	訓練成本	擴增處理成本		供應商支付款項 顧客支付款項	
公司部門因素	機具 倉儲	認證和技術	機具移轉 補償（每名員工）			

圖3.12　動態投資分析圖解（取材自Abele, E., et al.）

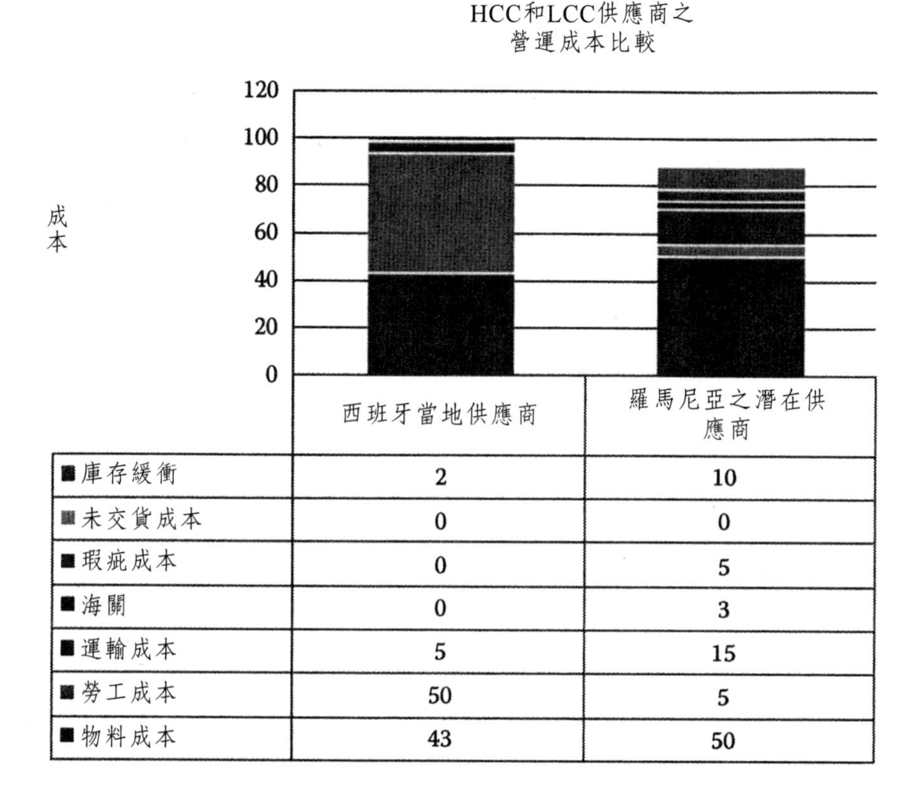

	西班牙當地供應商	羅馬尼亞之潛在供應商
■庫存緩衝	2	10
■未交貨成本	0	0
■瑕疵成本	0	5
■海關	0	3
■運輸成本	5	15
■勞工成本	50	5
■物料成本	43	50

圖3.13　本地中等成本國家供應商和新海外低成本國家供應商的營運成本比較

如同我們在圖3.13所見，勞工成本是一項重要因素，但若要正確地估算潛在獲利，則應考慮其他營運成本。

然而，有些其他作者並不認同成本會計的效用，其原因是會計系統並未將參與活動所產生之價值考慮進去（Porter, 1980），這些系統也未考慮到瓶頸和限制的存在。

營運策略和營運設計及管理

對於營運資源和相關程序（見圖3.7），Wheelright和Hayes（1984）認為設施佈署取決於產品數量和品目，以及生產程序之特質（圖3.14）。Cuatrecasas（2009）指出，除了傳統的工作流程（job shop）、步驟流程（process shop）和產品流程（product shop），模組製造（cellular manufacturing）和彈性製造系統亦應被納入考量（見第6章）

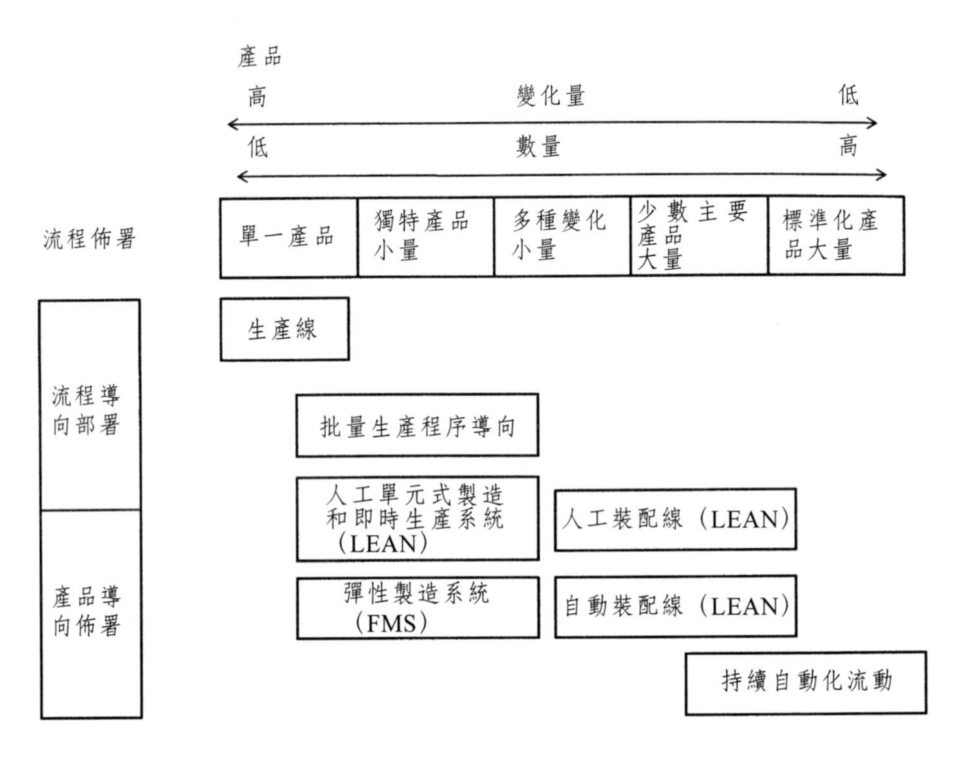

圖3.14 依據產品和步驟特性之設施佈局方案

營運策略和供應策略

來看營運資源和營運能量（見圖3.7），以及回應需求的相關策略，有兩種概念應被釐清：訂單分歧點（order decoupling point）和訂單滲入點（order penetration point）。

生產前置時間（production lead time），即自規劃、購料、生產到送出產品（P）所需之時間，和配送時間，即顧客願意等待訂單完成的時間（D），所造成的前置時間落差，此乃供應鏈的一項關鍵要素（Simichi-Levi, Kaminsky, and Simchi Levi, 2000）。

比較P和D時，一間公司有許多基本策略性訂單履行的方法（圖3.15）。

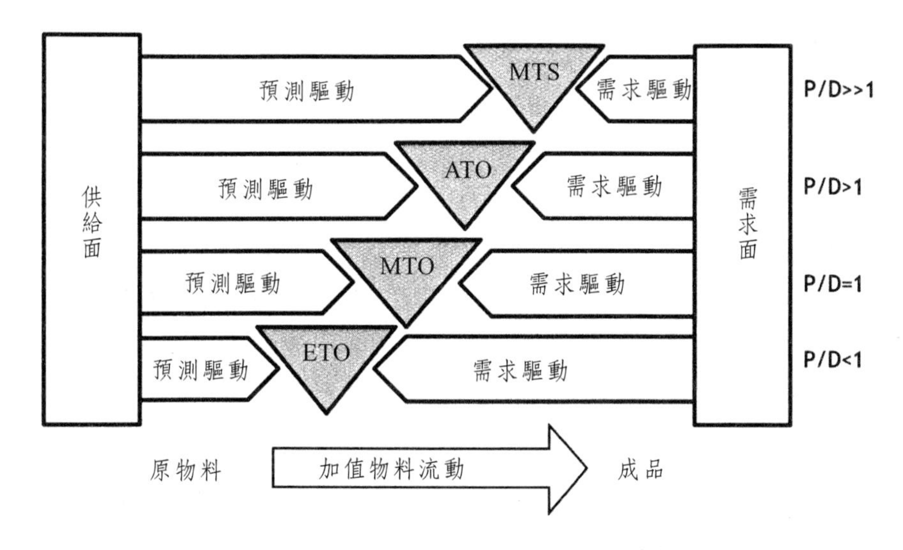

圖3.15　不同之供應策略：MTO、ATO、MTS和ETO

（取材自Wikner, J., and Rudberg, M. (2005) Integrating production and engineering perspectives on the customer order decoupling point. *International Journal of Operations and Production Management* 25 (7): 623-641.）

• 接單施工（Engineer-to-Order, ETO）－（D >> P）：產品之設計和建造皆按顧客所開規格。此方法對大型建造專案和一次性產品最為普遍，如船舶和設施。

• 接單建造（Build-to-Order, BTO），或稱為接單生產（Make-to-Order, MTO）－（D > P）：產品為制式化設計，但最終產品的零件生產和製造則係根據顧客最後所開規格，此為高端汽車和航空器所採取的典型策略。

• 接單裝配（Assemble-to-Order, ATO）－（D < P）：產品係從現有元件存貨中依顧客所開規格建造。這是假設最終產品為一模組化產品規格；典型例子即為Dell客製化電腦的方法。

• 存貨生產（Make-to-Stock, MTS）又稱為預測建造（Build-to-Forecast, BTF）－（D = 0）：產品係依據銷售預測建造，並取成品存貨銷售給顧客。這種方式常見於零售部門。

• 數位複製（Digital Copy, DC）－（D = 0, P = 0）：產品為數位資產且存貨透過單一數位主機保存，備份乃因應需求、下載和存檔在顧客們的儲存設備上。

訂單滲入點（Order Penetration Point, OPP）之定義為產品製造價值鏈中之一處，可與特定顧客訂單相連結。OPP有時被稱作顧客訂單分歧點（Customer Order Decoupling Point, CODP），以強調顧客訂單之涉入。然而，這兩者並不相同，因為在經過切割的國際物料流動過程中，可能有多個不同的顧客訂單分歧點，但顧客訂單滲入點則是獨一無二的。

OPP之定位已成策略上關切的議題。在全球市場中，增強全球競爭力和縮短產品生命週期（product life cycle），在接單生產或存貨生產政策間的選擇和轉移，必須就在策略層面快速做成。

OPP將預測驅動（OPP之上游）之製造階段從顧客訂單驅動（OPP及其下游）中區分出來。Olhager（2003）指出，建立OPP最重要的因素，可被分成與(1)市場、(2)產品，和(3)生產特性有關之三個類別。

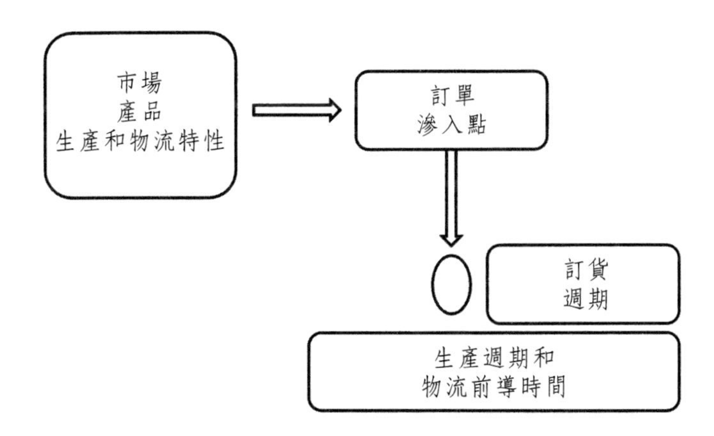

圖3.16　顧客訂單滲入點（Order Penetration Point）決策概念性模型

（取材自Olhager, J. (2003) Strategic positioning of the order penetration. *International Journal of Production Economics* 85 (3): 319-329.）

市場相關因素

交貨前置時間（delivery lead time），係依據服務政策設立，決定OPP可被放置之距離。

產品需求波動（product demand volatility）代表著產品接單生產或存貨生產可能或合理的執行程度。低波動意味著品項能由預測引導。

產品數量（product volume）和需求量相關，當考慮整合成本或總成本時，存貨生產或接單生產哪一種較爲經濟的程度。

廣大的產品範圍和許多產品顧客化需求，是不太可能以存貨生產爲主，最終產品存貨之投資將會十分龐大。然而，較小的產品範圍和事先確認顧客選擇，將可能達到轉成接單裝配，甚至是存貨生產。

顧客訂單規模和頻次是數量和需求重複性之指標。

對於具高度季節性需求（seasonal demand）之產品，製造公司若要在所有需求發生時一一回應是非常不經濟的。因此，公司可能會選擇在低度需求期間製造商品儲存，以應付預期的尖峰需求。如此一來，生產分散，廠房使用增加，根據季節不同，產品可在存貨生產和接單生產或接單裝配間轉換。

產品相關因素

模組產品設計（modular product design）一般和接單裝配產品交貨策略有關。這樣的想法通常是生產者對為顧客創造多種選擇的回應，形成相對較短之交貨前置時間和上游生產的製造效率。

產品結構的廣度和深度（特別是類型A，見第六章），即代表產品的複雜性。深度的產品結構對應著長累積生產前置週期（cumulative production lead time）。再者，產品結構之多種樣式需要根據前置時間來分析，以決定何處未完成的產品存貨，需要依交貨前置時間需求予以保留。

生產相關因素

生產前置時間是設定市場交貨前置時間要求時所考慮的主要因素。

製造過程中，規劃點（planning points）的數量限制了潛在OPP位置的數量。從生產和產能規劃的觀點，一個規劃點可視為生產和容量規劃觀點下單一或一組製造資源。

生產過程之彈性，例如較短的準備時間，係接單生產的必要條件。如此一來，產品多樣性和客製化即可融入生產系統之中。

生產過程的瓶頸所在和OPP瓶頸位置之關聯性是可探討的。從資源最佳化觀點來看，瓶頸在OPP之上游是較有利的，因為瓶頸不會影響到需求波動和產品多樣性。從削減浪費的即時生產（just-in-time）觀點來看，瓶頸位於OPP下游是最好的，因為只須在公司獲得顧客訂單時從產品下手處理瓶頸。瓶頸可作為OPP之候選滲入點，特別是此瓶頸為產品生產過程中重要活動執行時之昂貴資源（Olhager and Ostlund, 1990）。有著依序準備時間（sequence-dependent setup time）的資源，最好置於OPP之上游。這些資源可以很容易轉變成無適當排序的瓶頸，而這是下游作業活動的可能過程。

營運策略：製造和生產的永續成長模式

最後，談到營運資源和營運策略決策（見圖3.7），我們認爲營運的經濟和社會永續性，主要取決於採用的生產模式和廠房專業化。

生產模式

某些作者（例如Boyer and Freyssenet, 2002）提出**五個生產模式**，各個生產模式均有不同的佈局、薪資條件、生產策略（多樣性、產品種類和數量）和**關鍵成功因素**（成本、多樣性、創新和對需求的適應性）（表3.2到表3.4）：

- 數量
- 數量和多樣性
- 持續成本削減
- 創新和彈性
- 多樣性和彈性

表3.2 數量和數量多樣性生產模式

數量： 確認主要市場利基和可減少每單位成本之生產數量	數量和多樣性： 確認可以符合產品多樣性之主要市場區隔
產品策略： 確認主要市場利基和可減少每單位成本之生產數量 因應較大市場區隔可接受價格的標準模式	產品策略： 以產品模組化和共用化達到規模經濟的可能性 高度和低度價值區隔皆排除在外複製競爭者之創新
產品組織： 高機具投資和高生產步調之產品佈局	產品組織： 產品過程佈局；大量客製化觀念在客製化產品區域內的多價性（polyvalent）和彈性機具
薪資： 高於區域平均之薪資以績效為指標計薪	薪資： 以績效和技能為指標計薪

表3.3　持續成本削減和創新生產模式

持續成本： 確認一固定市場數量和採用持續成本削減之永續方式	創新和多樣性： 創造並轉化給市場短期內難以模仿或複製之創新產品
產品策略： 為各區隔裝備精良的產品 一旦市場接受即複製創新模式	產品策略： 創造新概念並預測潛在顧客所需
生產組織： 精良生產	生產組織： 佈局和設備需能因應改變 過程彈性和低度自動化，降低收支平衡點 產品過程佈局
薪資： 以生產效率為指標計薪	薪資： 以技能和新產品／程序之創新為指標計薪

表3.4　多樣性和彈性生產模式

多樣性和彈性： 產品多樣性是贏得市場占有率的方法，在於系統適時且適量回應的服務
產品策略： 滿足多個區隔的多樣產品
生產組織： 過程佈局和彈性設備以生產中等批量規模
薪資： 以回應情形為指標計薪

廠房專業化

在設計或重新設計製造網路之策略性產能的另一個重要議題爲學習曲線（learning curves）。一旦設施通過了加速程序，則設施便能以較具可預測性的方法提升生產力、改善生產程序和減少成本。有時，設施之學習曲線在保證生產數量之情況下，能使工廠之競爭力獲得強化。

焦點工廠概念（the focus factory concept）試著累積爲增加學習曲線效率

所需之方法和資源。提到生產機具整合，其爲一批量生產模式（volume productive model），但若其他價值鏈活動（生產工程、程序工程、採購等）被整合後，則可套用其他生產模式（數量與多樣性或創新與彈性），而廠房之角色可成爲領導工廠（見第五章）。

無性系工廠概念（the clone factory concept）則試圖讓互補的設施生產相同的產品，其理由爲：

- 採用設在較佳經濟貨幣區域（歐元、美金、日圓等）工廠之成本優勢。
- 最佳化各地理區位之物流成本。
- 採用不同成本結構或海外工廠之成本優勢。

市場工廠（the market factory）容許國內生產過程客製化和最佳化分銷（route-to-market）成本。廠房之角色仰賴整合的價值鏈活動，可以是服務者或貢獻者工廠（見第五章）。

製造服務化

當顧客尋求解決方法而非僅是商品本身時，產品成長數量事實上正變成爲商品。耐久品產業（durable goods industries）正經歷一股同樣將產品和製造公司提供之服務結合的風潮，此被定義爲產品中心服務化（product-centric servitization）（Vandermerwe and Rada, 1988; Baines et al., 2009a; Baines et al., 2009b）。因此，許多製造公司將他們的價值主張（value proposition）從產品銷售轉移到使用銷售（Baines et al., 2007），以創造利潤、成長和遞增的市場占有率。

Baines and Lightfoot（2013）提出採用此方法的動機，包含表3.5中所能發現的。

某些作者（如Paiola et al., 2010）提出兩個關鍵問題，即服務化及產能取得之範圍（見表3.6），以及配置方法、策略目標和產能上的這些變數條件（見表3.3）。

表3.5 採用服務化策略之動機

製造商之動機	顧客之動機
共通：履行法定義務或公司義務。利用租稅法和公約的優勢	
外部重點： • 幫助顧客提升經驗並在設備上獲得更多價值 • 藉由封鎖可能提供較低成本之服務的競爭者以保護收入來源 • 加強和顧客之關係並銷售其他產品和服務 • 透過現有顧客或開發新客源以拓展新的收入來源，藉此讓公司成長 • 透過收入來源之拓展和形式增加現金流和其恢復力	內部重點： • 減少對人員和設備之資本投資和後續之固定費用 • 提高財務控管，平穩現金流和支出及收入創造活動之平衡 • 創立一將能量專注於核心企業活動之管理團隊 • 降低獲得和操作新技術於最新、最先進之設備的風險

表3.6 服務化策略佈局之四種不同方法

		服務化範圍	
		以產品為基礎	以解決方法為基礎
能力	內部	以產品為基礎之供應	解決方法提供
取得	外部	以產品為基礎之服務整合	解決方法整合

服務化之範疇

當附加服務和產品絕對相關，同時目標在以基礎和次要功能，如保證、維護、維修等予以補足時，服務化之範疇可被限縮。另一方面，服務化（也）可能包含支援顧客商業程序之服務。在此情形，服務化的各類方法應該到位。這通常鎖定在提供顧客解決之道，且此可能代表朝向加入新業務之第一步。

產能獲得

Nordin（2005）認爲服務之提供越具策略性和客製化，則「從內部維持服務程序或與關係密切的外部夥伴合作」之重要性則愈高。然而，建立一個完全自有之網路以完成顧客需求是十分昂貴的，在大量顧客群之情形下更是如此。在此再次提醒，決定外包服務配送給地方性的第三方業者是合乎常理的。

因此，在發展「整合對策」而需整合一系列的能力是必要時，公司不僅要聚焦於與終端顧客之關係，同時也需注意與其企業網路的關係（表3.7）。

公司應提供的產品服務系統之類型，乃立基於兩種主要的驅動因素：產品複雜度和重要性。

Rapaccini, Visintin and Saccani（2010）提出的因素有：

- 服務量和所要求的（內部）控制層級
- 現存之銷售配送通路和產品壽命
- 產品（物理）特性
- 透過產品服務獲得直接收益之意願
- 建立直接配送通路之成本，以及顧客支援品質之上，控管所需的程度
- 供應鏈關係在獲得來自顧客互動的價值亦十分重要，進而可達成差異化

表3.7　四項製造服務化方法，策略目標和佈局能力

方法	策略目標	能力
產品為基礎之服務供應	保持高價值顧客韓永續核心製造事業	• 顧客關係管理訓練 • 組織單位對服務負責而非從產品角度切割
解決方案供應	創造新的互補事業單位	• 透過掌握顧客相關所需和提供內部發展服務開創和佈局企業規畫
產品為基礎之整合	創造關鍵產品-服務組合	• 建立維持核心能力和聯結供應商能力之輔助公司網路
解決方案整合	改變整個產品-服務概念	• 建立輔助公司和服務聯營網路

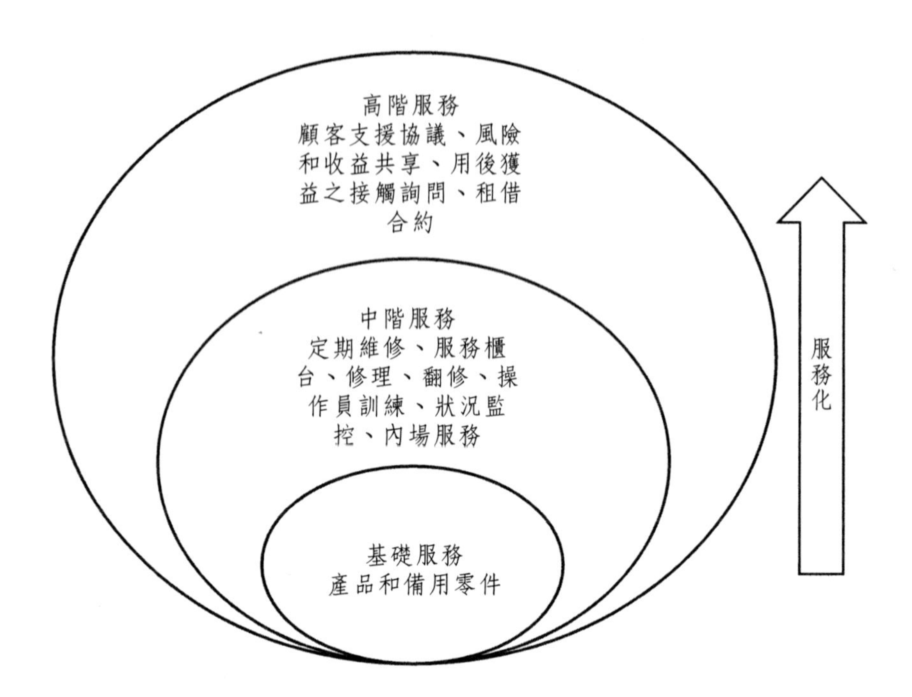

圖3.17　提供群集服務之服務雷達模型（Baines and Lightfoot, 2013）

Tukker and Tischner（2006）以產品服務持續量（product-service continuum）之定位，將服務化界定為從傳統製造商只提供附屬於所製造產品之服務，到視服務為其價值創造過程中主要內涵的服務供應（service provision）（圖3.17）。

基礎服務（base services）係製造企業提供之任何服務的核心。這些服務與設備和相關備用零件之初次供應有關。若企業開始提供中階服務（intermediate services），例如修理和翻修，這通常代表與確保設備之狀況和條件有關。中階服務可以看作涵蓋基礎服務在內。進階服務（advance services）發生在大型企業負責設備使用的產出，而非單純是設備本身之狀況。

然而，高階服務之獲利和風險皆高，也並非都是有利可圖的（圖3.18）。

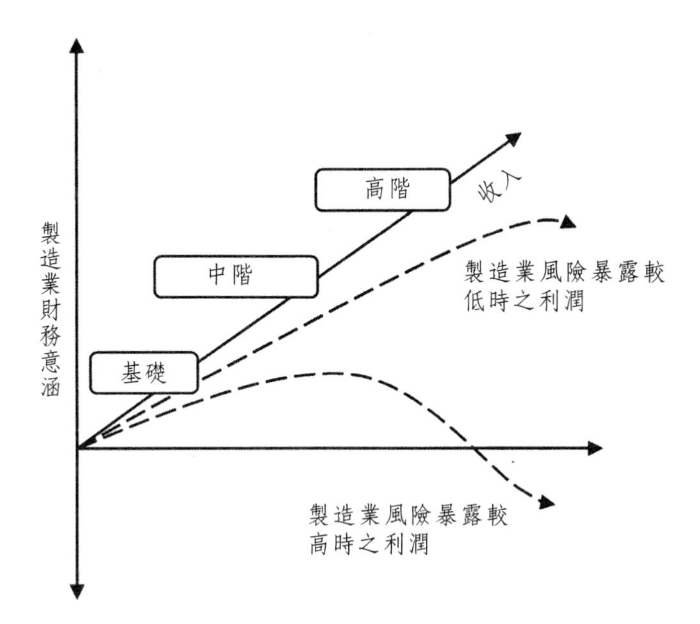

圖3.18　契約風險、收益和獲利間之議定關係

服務成長－CATERPILLAR

Caterpillar係有名的服務供應領導者，亦為世界最大之建築和採礦設備、柴油和天然氣引擎以及工業燃汽渦輪機製造商（Baines, 2010）。

Caterpillar在美國的廣大網路展現出一清楚具完善架構的服務組合，其可簡單分類成基礎、中階或高階。

- 基礎服務直接利用生產能力，圍繞著基礎設備，如挖土機或採石車，和其備用零件和消耗品，再加上技術支援和建議。
- 中階服務和生產能力仍有相當關係，惟其服務傳遞需要額外的資源、物流或組織能力：現場服務、維護、修理和翻修是典型例子，正確維護之訓練和設備操作亦然。這些服務在召喚Caterpillar經銷商處理時，通常會是較為複雜且具高風險。

- 高階服務進一步提高其風險和責任，而且是與執行顧客活動密切相關，並可反映於攸關顧客所屬企業目標的績效指標。這種服務通常和外包作業相近，不像設備供應，來自於契約中所訂對效能或可用性的保證水準。假若設備效能未能符合特定的期望，就會招致罰款，以Caterpillar公司為例，可能就是採石車車隊運載礦量的預期收益。
- 第四層級服務可能包含一般諮商，特定企業分析和最佳化主題的處理、財務管理等。

Caterpillar已經清楚地決定，要實現第四層及與現存顧客群競爭仍十分遙遠。對Caterpillar來說，維持公司和經銷商及顧客之緊密關係才是最重要的（Basine et al., 2011）。

ROLLS-ROYCE施行之引擎健康管理
（Engine Health Management, EHM）

愈來愈多航空公司－同時也包括軍方－都想提升自身之服務，並專注於他們所擅長而排除已可安全地交予他人之工作，以最小化不必要之成本（Waters, 2009）。現今大約一半的Rolls-Royce民航引擎，以及百分之八十長期支援元件的新業務，都被納於長期服務協議中。這項趨勢可看到，航空公司有效地將工程和維修支援轉移給引擎製造商，並有效地購置及時性服務支援。需要注意的是，引擎健康管理主要為了減少維修成本和避免服務中斷，這個支援乃是引擎認證體系所建安全系統下，額外交由航空公司進行管理。

Rolls-Royce航空引擎之引擎健康管理系統，包含五個關鍵階段：
- 察覺（Sense）：量測引擎中之各項參數
- 獲取（Acquire）：掌握每航班特定期間之資料
- 傳移（Transfer）：將機上資料傳送至地面
- 分析（Analyse）：將資料一般化及任何異常特性之偵測
- 行動（Act）：如有必要提供維護者建議，以使修正行動可被執行為舉例實務上如何運作，請想像一個意外，就是一具引擎吸入異物，造成動力壓縮機葉損壞。這雖不會對引擎運作產生立即影響，但損壞隨著幾次航班下來持續地蔓延，直到損傷確實產生影響並導致引擎抖動。

EHM系統可監控一系列獨立參數，並在壓縮機減損和抖動發生前就偵測出來。壓縮機葉片之損害將降低其效率，進而在嘗試使用相同推力時，造成引擎溫度升高。逐個航班之渦輪燃氣溫度（TGT）情形將會出現明顯的改變。從P/T25和P/T30感測器（測量高壓壓縮器前、後方之壓力和溫度）之額外資訊，可進行簡單的壓縮器效能計算，且比TGT對細微變化更為敏銳。即使效能改變過於微小而無法偵測，任何壓縮器葉片的質料損失，都會改變動力轉軸之平衡。當其轉動接近12,000 rpm時，引擎震動特性亦跟著改變。而這可透過ACMS所掌握簡單的循跡順序予以偵測，或藉由EMU內更複雜的震動信號分析。有了多個且獨立的信號監測，OSyS分析系統可偵測出引擎運作之顯著改變已經發生。從這些信號中，Rolls-Royce的工程師可判定最可能的原因是動力壓縮器之損害，並要求操作員使用探測鏡設備，或甚至是展開專業的翼上維修程序（on-wing maintenance procedure）－見名為翼上照護（On-Wing Care）之盒子，執行檢驗。

光是2008一年，EHM之使用即解除了百分之七十五潛在的民航引擎飛航中事件，且經常都藉由翼上照護技術。

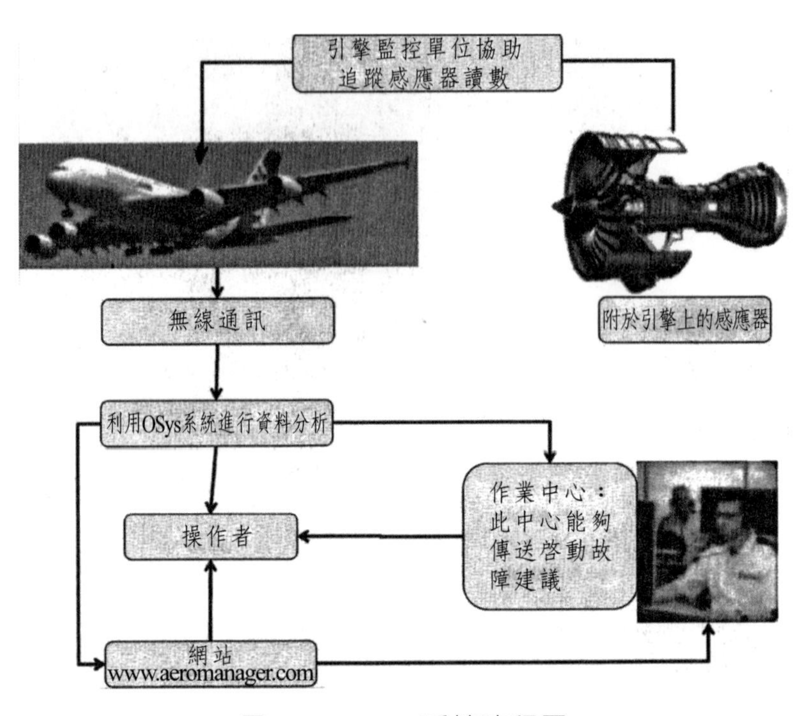

圖3.19　EHM系統流程圖

第四章 新生產設施區位及自製／外購——在地／全球配置選擇

Migel Mari Egaña, Donatella Corti, and Ander Errasti

蔡豐明 譯

我是個理想主義者，我不知道我要去何方，但我正在路途上。

I'm an idealist. I don't know where I'm going, but I'm on my way.

——Carl Sandburg

緒論

在這個章節中，我們討論：

- 全球供應鏈：區位和自製或外購決策
- 在地和全球設施及供應商配置的選擇
- 可能的製造策略及新設施設備的選擇

在1995年，居領導地位的學術和工業協會提出一個學說以探索下個世代製造商的樣貌，他們提出一個結論：發展數個全新的商業模式是必要的。其中一項被形容爲「企業適應性」，企業針對持續的改變、不明確及不可預測的流程，做系統設計和再調整處理。生產佈局策略（manufacturing footprint strategy）已經成爲持續監督企業適應性之必要關鍵過程。

自此之後，生產佈局策略的概念出現，這是一個需要被嵌入年度商業計畫的重複性長期規劃過程，因爲新的角色和責任在企業及商品是需要的，新的衡量方式及結構必須被創造以確保公司知道他們成功與否，這個計畫和商業策略必須一致。在十年或更久之後，這個新的企業適應性過程需要到位，市場全球化的建立需要較長的時間，以使基礎設施完善且改變基本佈局策略。

新生產設施區位及配置選擇

一旦這些市場策略和產品策略被定義後，考慮到顧客的服務策略和需求的配送複雜性，製造和物流的營運可變性就必須被固定。

全球製造和物流的網路設計與以下幾點有關：

- 設施（工廠和倉庫）的區位。
- 製造和物流營運的整合或分離，生產活動的自行製造或外購決策。
- 製造策略和設施策略的角色（市場重點、產品重點等）在全球的網路設計（見第五章）。
- 供應商網路設計（見第八章）。
- 配送網路設計（見第十章）。

這一章將重點放在解答有關新產品設施的上述問題。更明確的來說，是以製造的角色探討新設施區位、物流、製造設備配置的問題。供應商和配送網路設計將在之後介紹。

設施區位

Barnes（2002）指出影響設施的區位決策有兩個主要因素：新市場的可及性（市場潛力和公司成長）以及資源可及性（策略性原料的可及潛力、低成本勞力、研究員或員工技能來源）。

有一些企業必須分析不同因素來完成決策，其他的公司必須遵循他們顧客所定義的全球營運策略（跟隨領導者）和區位決策。

當決定一個新設施的區位時，通常會考慮到一些成本層面，例如勞力成本。然而，還有其他的營運成本和產品開發成本未被考慮到。Womack和Jones（2003）提出應被列入考慮的不同連接成本（connectivity cost）：

- 在高薪國家製造的間接成本（overhead cost），不會消失或再被區分。
- 因為長途運送時間而增加的存貨成本。
- 為保證服務免於運輸的不安全性而增加的安全存貨成本。
- 為避免缺貨的緊急運輸造成的運輸成本。
- 員工拜訪海外的工廠，以緩和產品開發過程的成本。
- 過時產品的成本。
- 從新供應商產生新競爭者的成本。

這些造成成本增加的項目不易藉營運和購買管理人計算，比如決定在一個低成本的國家重新安置生產設施。因此，Womack和Jones（2003）提出三個需要被列入考慮的新風險和形成成本的原因：

- 金融風險，會有突然和不可預測的影響。
- 某地區或國家的政治風險。
- 向上提升的關係風險。

當距離市場、生產地和供應地愈遠，這些關係成本就愈增加。

爲了建立一個新的設施區位，MacCarthy和Atthirawong（2003）認爲有13個因素必須被列入考慮（表4.1）。

有些學者（例如Abele et al., 2008）認爲在區位決策過程中這些因素必須被分級列入考慮（圖4.1）。

此外，有些假設對於不同地區的製造技術、製造等級及品質表現是必須的。最先進的科技將會被廣泛運用或將會隨著勞力成本不同而改變。

成本應該被改變使其在不同地區的製造層級能符合期待，或是我們應該對任何地方都抱有相同期待？因此，找出關鍵變數和關鍵假設是很重要的。他們被列於表4.2（Christodoulou et al.（2007））。

表4.1　在區位選擇中需考慮的因素

主要因素	次要因素
1.成本	固定成本、運輸成本、薪資、能源成本、製造成本、建造成本、研發成本、其他成本（業務、管理等）
2.勞動力	品質、可取得性、失業率、工會、工作文化、交替率、積極性
3.基礎建設	運輸模式（空運、海運、鐵路）；運輸模式的品質及可信賴度；資訊技術溝通；服務的品質及可信賴度（能源、水）
4.供應商接近度	供應商品質、變動供應商可及性、市場競爭、回應時間、供應可信賴度
5.市場／顧客接近度	販賣點接近度、市場量及傾向、回應時間、要求的品質服務
6.至其他工廠接近度	至總公司及其他工廠接近度、完整的工廠間運輸路徑
7.競爭者接近度	競爭者區位
8.生活標準	生活標準、環境議題、教育系統、健康服務、安全及犯罪、天氣
9.法律及管制狀態	法律系統、官僚政治、資本轉移規定、移民者利益
10.經濟因素	稅率、國家的經濟和財務穩定性、GDP成長率
11.政治因素	政府穩定性、外國直接投資態度
12.文化因素	規範、文化、語言
13.區域性區位形成的特色	在地政府態度、未來發展地域可及性、天氣、顧客及供應商可及性、資源可及性（水、能源）

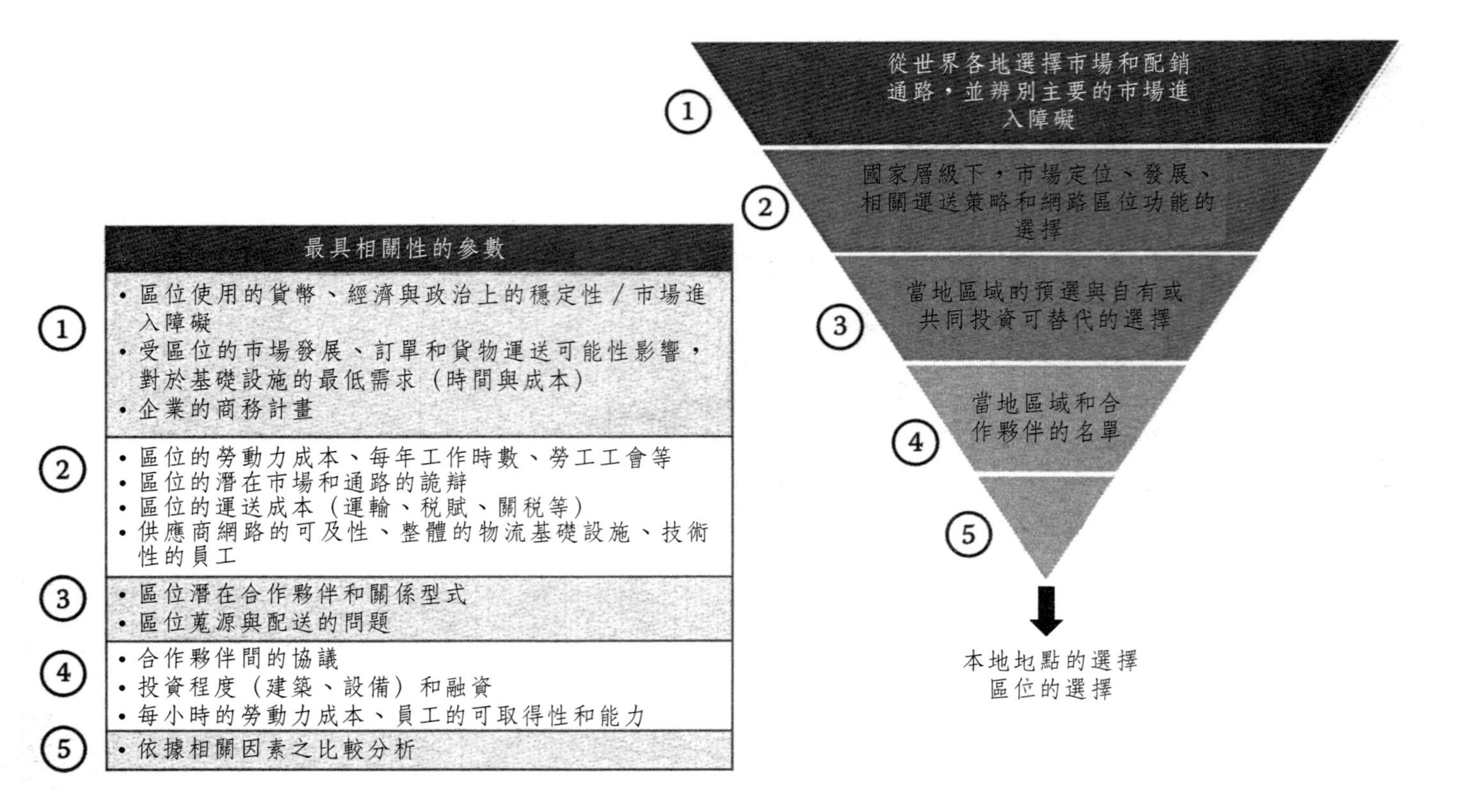

圖4.1 區位決策過程及因素

（取材自Abele et al. (2008) Global production: A handbook for strategy ang implementation. Springer, Heigelberg, Germany.）

依據表4.2的變動因素，可將世界分成不同的地理區域（圖4.2）。

表4.2　設置機器設備地點的關鍵變數和假設

關鍵變數	關鍵假設
需求	製造技術
製造成本	區域製造量
物流成本	區域品質
勞動率	供應基礎成熟度
運輸時間	存貨／安全存貨
運價表	運輸成本
通貨膨脹	策略範圍
交換率	

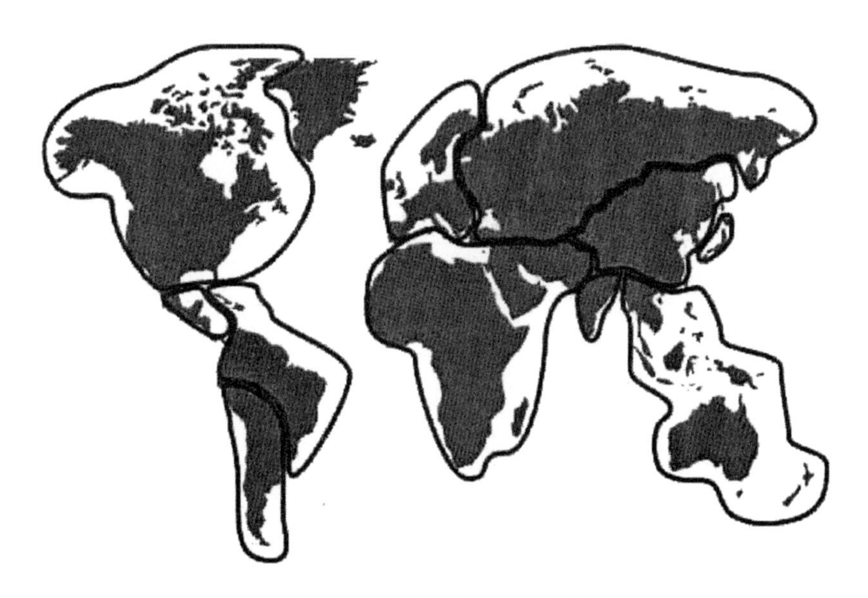

圖4.2　世界被分割成不同的地理區域

（取材自Christodoulou et al., 2007）

供應鏈自製或外購決策

製造產品的所有活動可以在同一個工廠內被完成，既然如此，製造過程就是垂直整合。然而垂直整合的概念已經被擴展成公司執行所有活動，儘管是以分開的方式進行。另一方面，如果製造商決定製造多元的產品以供應顧客，這稱爲水平整合。

當在設計供應鏈時，關鍵議題之一就是新基礎設施和設備的投資決策，以及本身製造活動或開發新供應商，以分包商的企業顧客去投資和操作活動。這就是所謂的自製或外購決策。

除了自製或外購的兩難，有些學者將兩者的結合陳述地更好，稱爲部分製造（Christodoulou et al. ,2007）。例如，可以藉由保持製造過程，使我們更有效率的管理供應者介面，甚至在地製造能有正向的市場結果。

自製或外購決策需要經過評估，不同的議題都需要被考慮到，例如由於商業製造計畫而使用基礎設施、投資能力與生產活動的損益平衡點分析，以做爲投資的考量基礎。

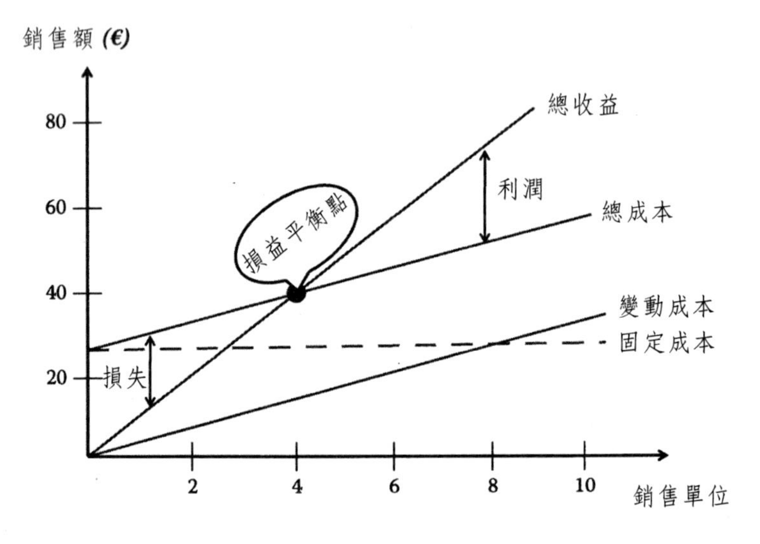

圖4.3　損益平衡點的概念

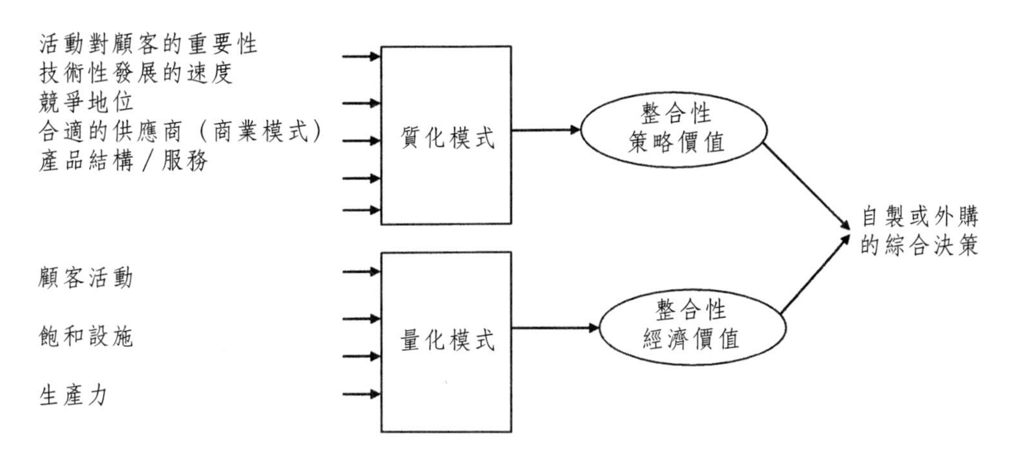

圖4.4　根據產品製造的聚集經濟和聚集策略價值做成的自製或外購決策

決策決定的過程需要考慮產品品質及數量層面，以及決策必須全部外包或部分外包，或是由決策者自己的想法執行供應鏈活動。

Fine et al.（2002）提出爲了平衡潛在產品製造的聚集經濟價值和聚集策略價值的需要性，以及分析是否要外包（圖4.4）。

策略價值

Fine et al.（2002）提出在自製和外購決策中重要的不只有經濟因素，還有策略量化因素，例如對顧客而言生產活動的重要性、生產活動技術發展的速度、足夠供應商的存在、及有關區塊發展程度在價值鏈中轉變的選擇性。

生產活動對於顧客來說是重要的嗎？

這是核心活動或核心商業嗎？

核心活動或核心商業是一個公司保持產品、製造過程、客戶端和技術競爭優勢的合資企業。Prahalad和Hamel（1990）提出公司應該專注於核心競爭，並將剩下的生產活動外包給第三方物流提供者以及供應商（圖4.6）。如果生產活動是核心過程的一部分，則不應該外包。

技術發展速度的效果爲何？

如果技術發展的節奏不快，就會產生進入市場的門檻，其避免新進入市場的競爭者更加競爭的可能性。

如果產品製造領導策略的發展技術速度緩慢，產品製造應該外包。如果發展技術速度和資本強度是高的，則公司應該考慮發展策略聯盟以製造產品。

當子系統和零件是標準化的，產品製造和物流整合並非必要的規則，授權外包策略的趨勢增加時，將創造擴張的企業和供應商網路。

舉例來說，圖4.5代表供應商和單元整合者的革新（等級1），加值零件供應商（等級2），以及原料和非必要性的零件供應商（等級3）。

當製造活動外包時，在主要製造商和製造供應商間的原料流需要先進的物流及運輸服務。這類型的服務由第三方物流供應商來提供。

適當供應商的可用性？

就成本、服務和品質的方面而言，適當供應商的存在決定了獲得具競爭力的供應商的可用性。因此，發展和執行這項生產活動不太合理。當決定供應商時，供應商的商業模式（就社會責任而言）必須被列入考慮。

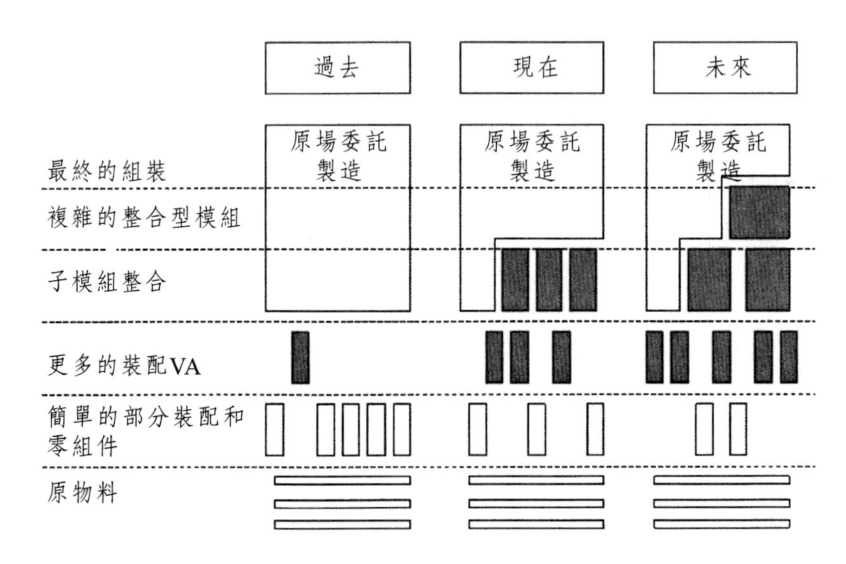

圖4.5　供應鏈自動化製造的革新

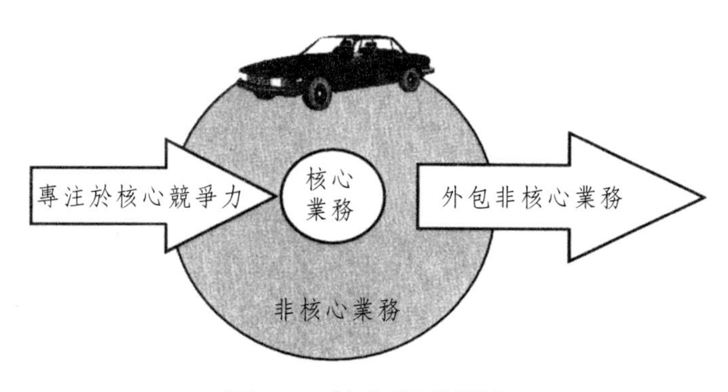

圖4.6　核心商業概念

如果有適當的供應商，公司就可以決定發展新供應商以取得能力和技術，並成爲潛在的供應商。

區塊發展程度在價值鏈中轉變的選擇性是否有利潤？

有些公司嘗試去改變在供應鏈和價值鏈中的定位以取得競爭優勢（圖4.7）。這只是一種替代的方法，因爲其他公司的垂直整合也獲得了同樣的結果。

在圖4.8中，顯示了決策樹和策略價值品質分析的因素。

經濟價値

關於經濟、財務以及製造因素，Fine et al.（2002）提到固定資產投資、設備和員工利用以及內部或外部製造力，都必須被考慮。

經銷商
製造商-經銷商
製造商（原廠委託製造）
系統供應商
零組件開發供應商
零組件供應商
原物料供應商

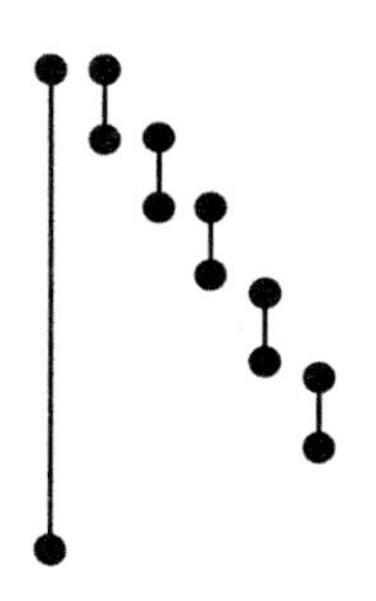

圖4.7　供應鏈轉移或垂直整合機會以獲得競爭優勢的可能性

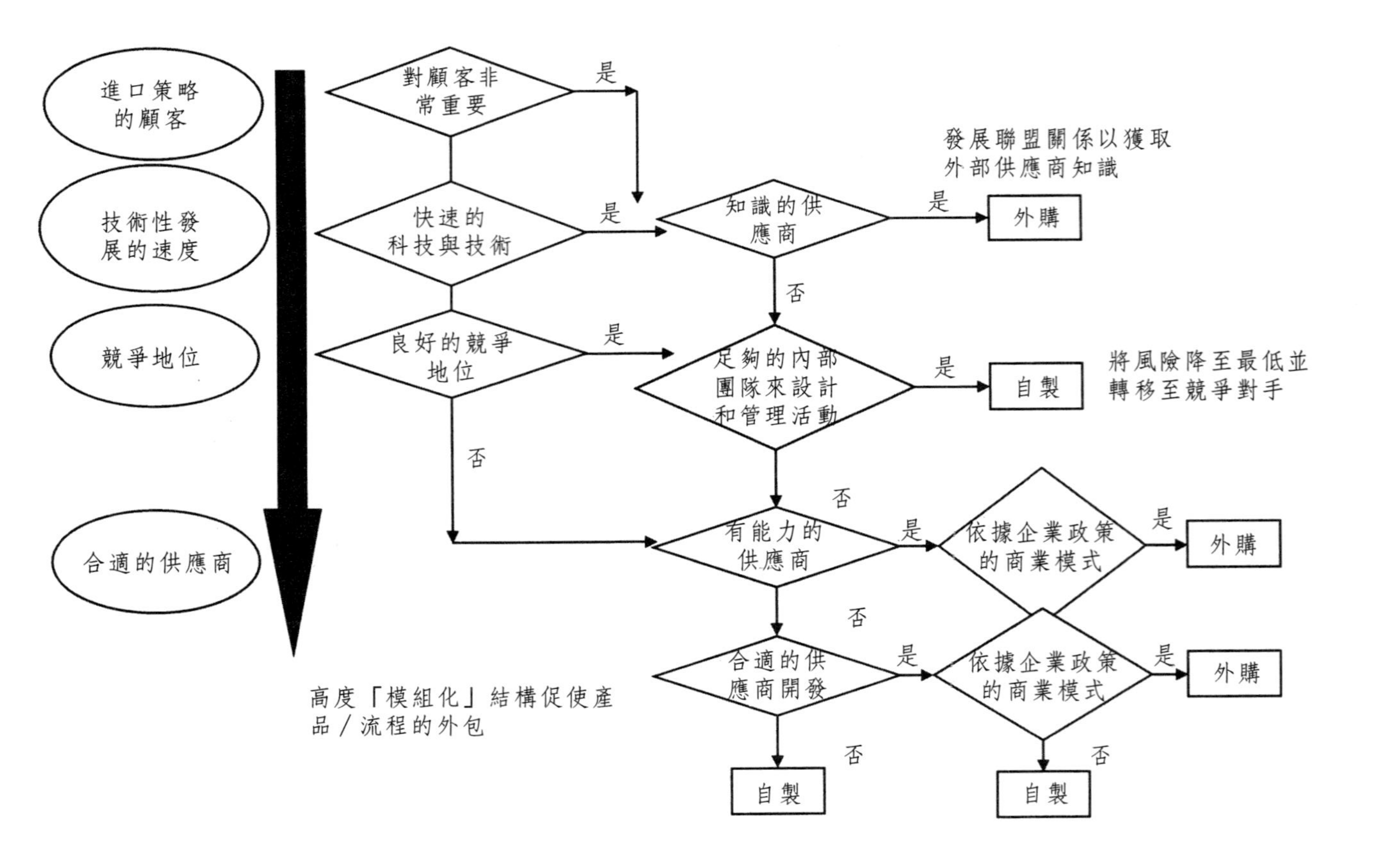

圖4.8　分析品質策略因素的決策樹

何謂固定資產投資能力？

一間公司決定去發展物流活動，對於基礎設施和設備的購置，在投資能力上可能會有限制。除此之外，有些資產可能需要最低的投資報酬。

生產活動損益平衡點和需求波動風險的關係？

儘管新設施是進入新市場的先決條件，生產活動層級在區域裡產生的需求波動，可能無法最小化風險。既然如此，最小化的投資政策是必須的。

在成本策略方面，就貨幣單位（歐元）和生產效率（單位／小時）而言，內部和外部的生產力也必須列入考慮。

在圖4.9中，顯示經濟價值和價值分析影響因素的決策樹。

決策

在策略層級方面，發展（內部或外部）決策，是一個供給和知識的依賴性或非依賴性的決策（Prahalad and Hamel, 1990）。

以下是多重選擇：

- 內部製造
- 投資以使其成為內部製造
- 全部／部分外包
- 策略聯盟
- 外包及捨棄內部投資
- 發展新供應商

在圖4.10中，顯示出這些選擇性（將策略和經濟價值列入考慮）。

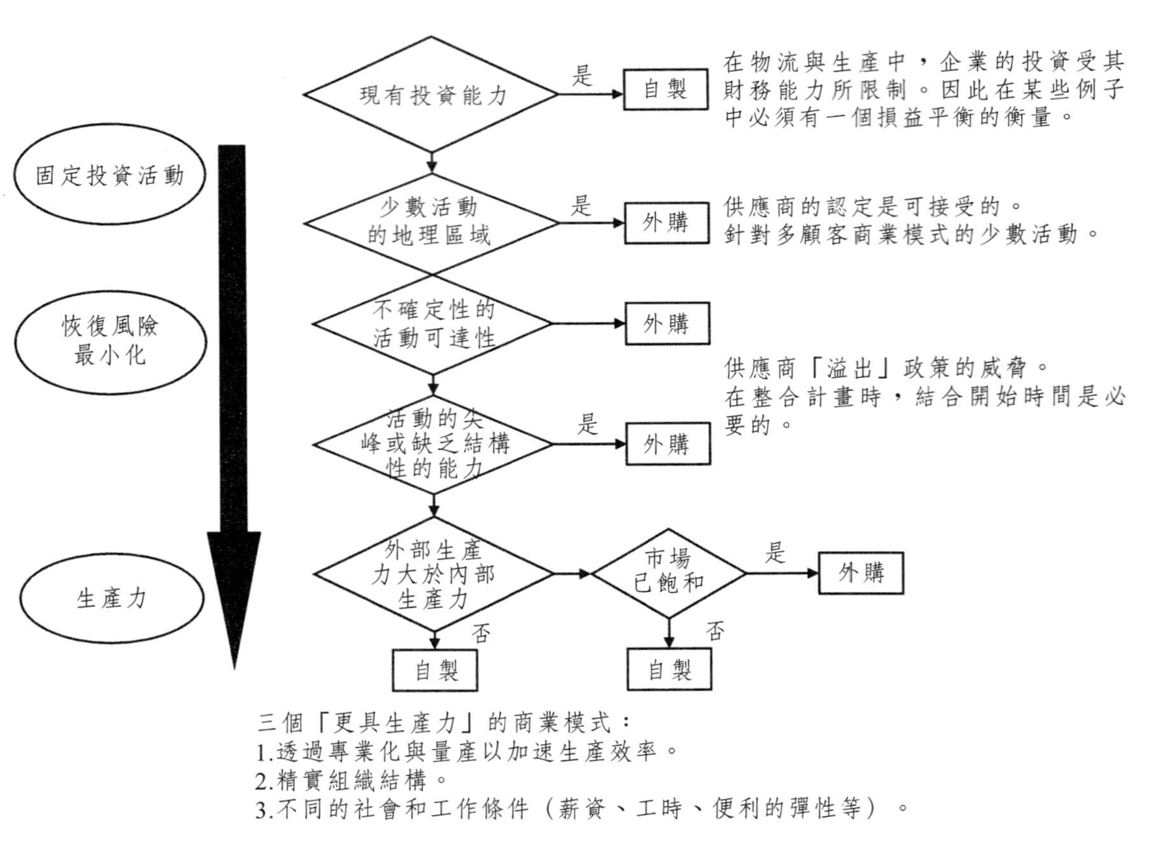

圖4.9　分析經濟品質因素的決策樹

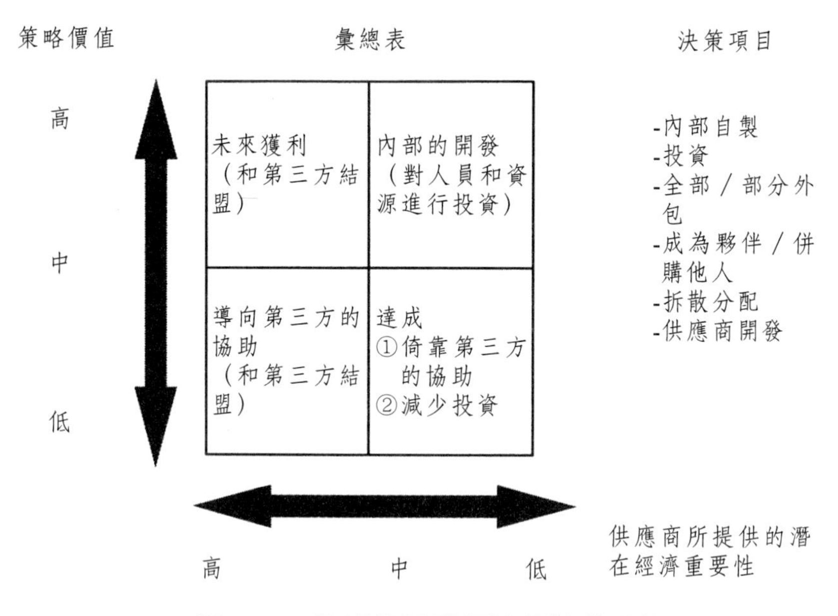

圖4.10　依據策略和經濟價值的選擇

章節案例：Tutto Piccolo

海外製造：障礙

海外製造被定義爲，在一個國家的一間公司與另一國家相同或不同的公司，完成商業流程的活動。習慣上稱之爲跨境或國際區位再配置作業，特別是以較低成本區域爲考量背景。作業的重新配置包含一間公司的製造經營以及將服務活動轉移至外國，以取得具技術性但相對勞力成本低廉的供應優勢。

傳統家庭紡織工業要追溯到1860年，Tutto Piccolo是一家位於Alcoy（Alicante）的紡織衣服公司，成立於1983年，這家公司提供了嬰兒和八歲以前小孩的服裝。Tutto Piccolo是個相似的中小企業，到現在經歷了六個世代。將近140年後，Tutto Piccolo保留了所有的貿易知識，並與現代的科技結合以更具生產力。

這家公司在過去幾年有重大轉變：拓展國外市場並增加國內需求。在國內市場方面，產品主要來自多重領導品牌且超過900位客戶的組合。歐洲是它的第二市場，它的主要客戶有葡萄牙、德國、英國、愛爾蘭、澳洲以及義大利。但這家公司的顧客不僅侷限在歐洲，澳洲、加拿大、美國、菲律賓、芬蘭、日本、中東、南非、俄羅斯及委內瑞拉，這些國家只是保證能成長的一些範例。

Tutto Piccolo的海外策略在15年前被採納，在這些年間，這間公司已經決定了關於何處、如何、何時及為何要在海外設置生產系統。第一個選擇的國家是摩洛哥，海外生產活動則是縫紉。之後，這家公司決定將生產轉至保加利亞，進行外包剪裁和縫紉的工作。然而，市場需求和高價競爭迫使Tutto Piccolo尋求新的轉變，公司決定選擇最具有利益的亞洲國家，因為其低成本的勞動力。近來Tutto Piccolo將它的生產流程移至中國、印度、保加利亞，並拓展到其他國家。

Tutto Piccolo維持它的核心權限和商業流程，定義關鍵性的企業商業去獲得成功，並在外包零件的同時，雇用海外勞力成本低廉國家的家庭工廠。透過海外政策，這家公司能夠把更多時間用在他們眞正的商業活動。

表4.3　Tutto Piccolo在海外經營過程遇到何種障礙以及如何處理

障礙	解決辦法
人力資源改變的恐懼和阻力	以核心商業流程重新設置人力資源
	有效的訓練
控制能力喪失	控制建造以及與海外供應商適當的管理關係
	發展e化海外策略
喪失機密的恐懼	高技術性的勞動力困難而無法仿效
	資訊管理的安全性
原有的障礙（工作時間表、語言、文化等）以及在供應商和顧客間的地理距離	員工間組織和計畫的最大工時一致
	使用訊息及通訊技術
	有良好外語知識的人力資源
	發展詳細描述的時間底線

障礙	解決辦法
生產過程、產品及服務的品質不同	品質需求及規格的完整正確描述
	徹底的品質管控
	支持和援助
軟體系統的退化	區域訊息通訊技術規格化，發展新的軟體工具以提供機動性

供應鏈配置

在地供應鏈與全球供應鏈

競爭性的原料和零件市場的發展，造成原始設備製造商通常會發展外包策略（圖4.11）。

這些供應商分類成系統整合者（等級1）、加值零件供應商（等級2）、原料和非關鍵性的零件供應商（等級3）。考慮到眾多的供應商，需要金字塔狀來描述供應鏈結構。在各個區塊中的加值是不同的（圖4.12）。

原始的供應商網路通常位於原始的設備製造廠附近（OEM）；然而，國際經營的趨勢造就了複雜的配置。Meixall和Gargeya（2005）提出原料、零件、製造和裝配層級在地或全球的可能的配置（圖4.13）。

接下來的問題出現了：供應鏈的哪個部分應該在地化或全球化？

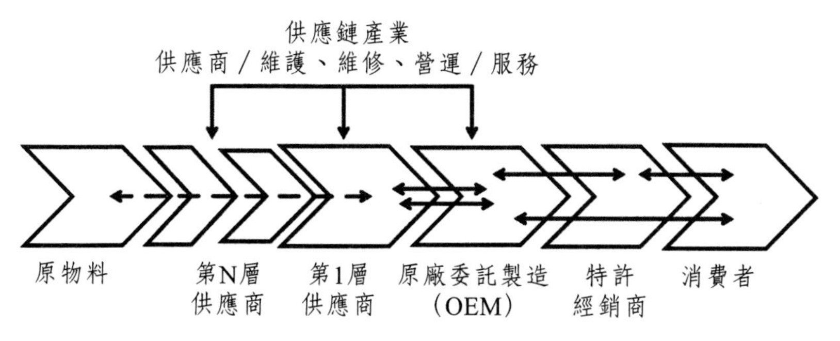

圖4.11　多重供應商的價值鏈

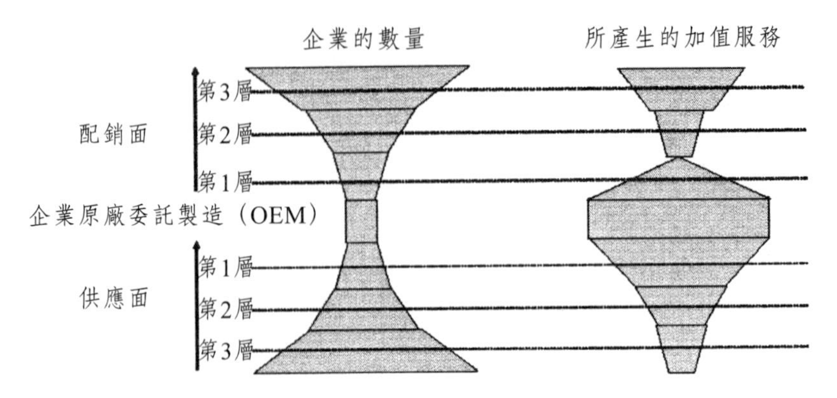

圖4.12　依據工廠數量和加值零件的供應商和配銷商分類為等級1、等級2、等級3

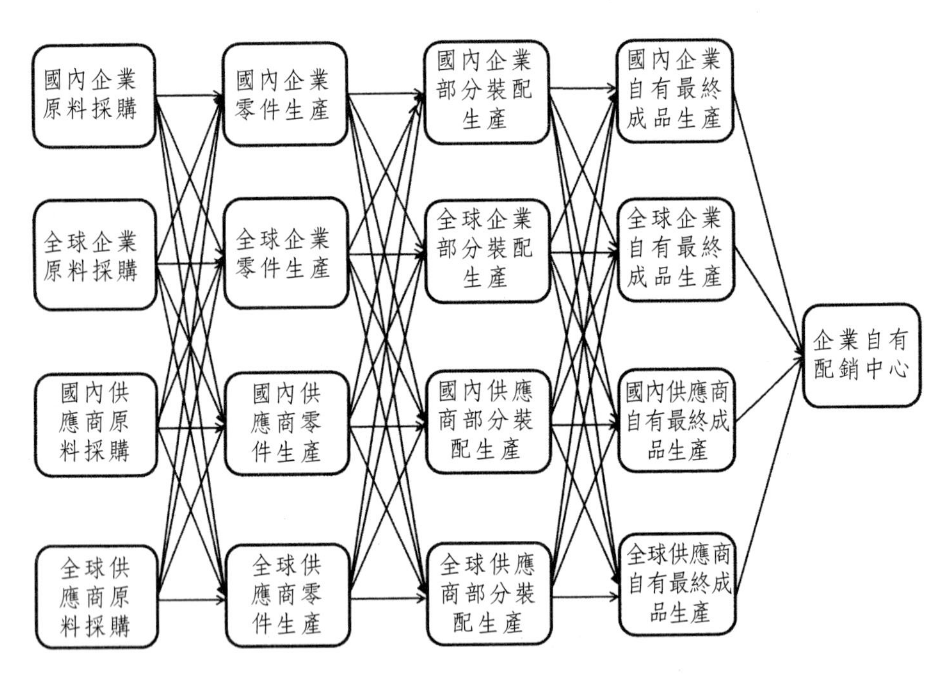

圖4.13　關於國內和全球原料、零件、子配件和產品配置的全球營運架構

Mondragon集團（MCC）在很久之前就委託中國。爲了促進在中國的足跡決策，在當局的委託下，工業園區被提倡並建造。這提供了所有巴斯克工業經營自己的工業園區的機會，覆蓋表面積超過500,000平方公尺，提供超過3,000人的工作機會，全部的投資（包括土地、廠站發展、建造和服務）金額超過一億歐元。

METAGRA

METAGRA是一個第二等級的供應商，製造大範圍的汽車、航空、鐵路的零件。這間公司是歐洲汽車工業金屬零件的重要供應商。

爲了在這部分有完整的服務，需要與顧客有產品連接發展、設計和工具的製造，完整的製造過程以及送給顧客一個完全具保證的產品。

METAGRA採用經營配置去克服新汽車零件的需求。對METAGRA而言，汽車工業的最高層級就是極高科技零件的全球供應商。不論顧客工廠位於哪裡（如亞洲、美洲、歐洲），這些高科技零件必須被及時、足量、無差錯地送達。此外，當高品質與顧客成本需求相符時，METAGRA也配送額外範圍的零件。總結來說，METAGRA重新配置其經營網路以達成顧客的需求。

不同的供應鏈配置

在地製造商和供應商

整合的生產系統爲在地供應商執行一個同步製造的方法。所有區塊的生產能力是平衡且有一個明確的生產節奏，嘗試著最佳化原物料流的品質、回應時間、存貨以及設備效率。

這些需求導向的生產系統是補給系統時，可採用導向式的邏輯和Kanban

（toyota的存貨控制發展方法）技術。如果系統是完全平衡的，就沒有限制，但還是有一個協調點和起始點存在。如果有瓶頸時，限制驅導式排程法（drum-buffer-rope）是解決系統瓶頸的可行方法，藉由緩衝保護系統以協調其他的製造系統單元。

在地／全球原料和零件供應商

供應商區位不需要在製造工廠附近（圖4.14）。

供應商對應單一製造商的接近度取決於下列因素（圖4.15）：

- 說明投資的商業量
- 供應來源或複雜程度
- 物流總量與每個來源、每個補給循環和生產循環
- 回應時間與系統反應能力

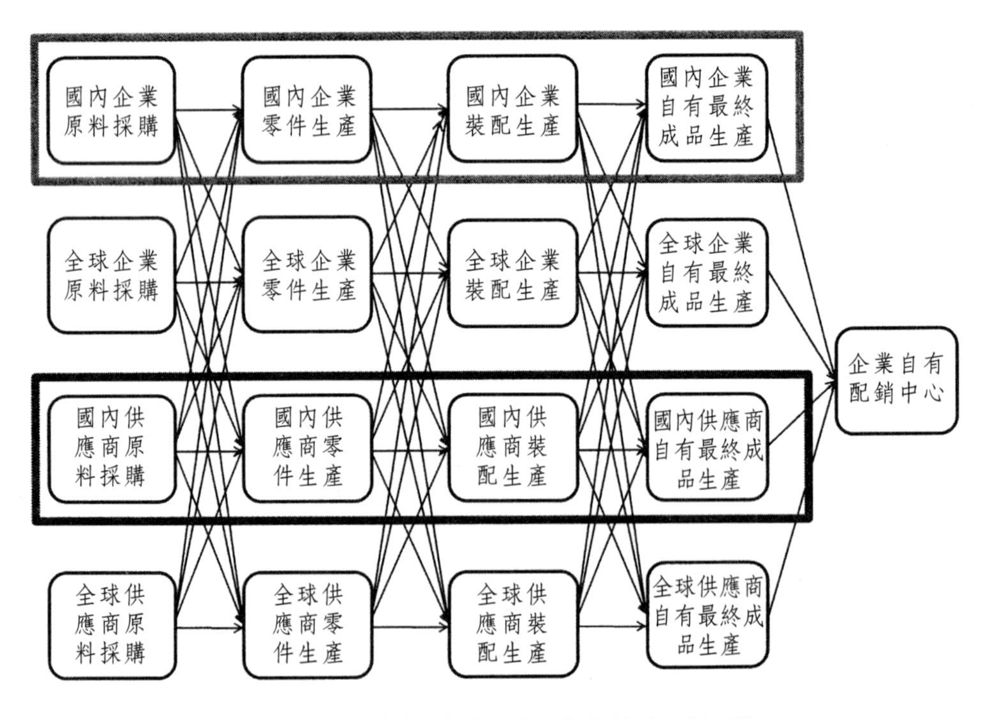

圖4.14　國內供應商和製造商的全球架構

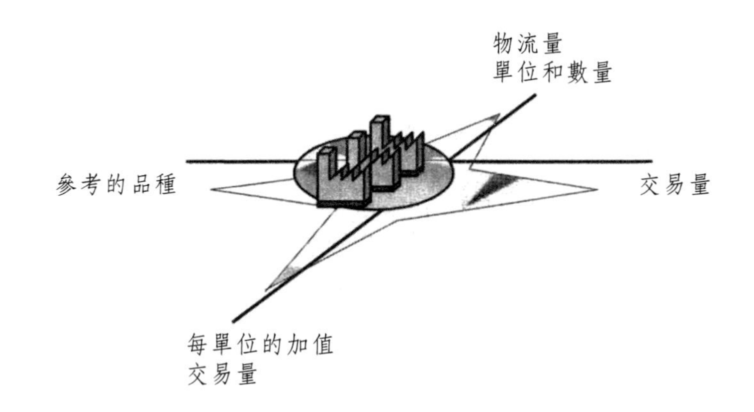

圖4.15　國內供應商和製造商的全球架構

因此，代工生產（OEM）有許多分段的生產系統，供應商的網路由在地或國內供應商及海外供應商組合而成，這些海外供應商需要品質控制、較長前置時間的運輸時間及顧客送達時間之間的協調。因此生產即時系統（Just-in-time, JIT）原理並不適用在此類型之生產線且需要加入訂單分離點（圖4.16）。

如果生產計畫與供應商的工廠沒有經過協調，會需要設計和管理分離點，以及一致的存貨管理（見圖4.17）。

子配件在地／全球購買及多網路生產

有些OEM決定內部生產分在不同的地方。稱之爲分布式生產系統（distributed production system），需要多網路生產的協調。由於運輸時間的長短可能影響JIT系統的發展，例如從德國到西班牙的汽車引擎零件運輸。然而，如果運輸時間很長且委託的差異性高，而無法達到好的服務水準，就會如在圖4.16所見的範例。如果物流路徑不可信賴且品質無法保證，即時案例（Just in case, JIC）就應被運用而不適使用JIT。有些公司發展大量客製化的製造策略以處理低前置時間和高變異性（圖4.18和圖4.19）（Chackelson et al., 2013）。

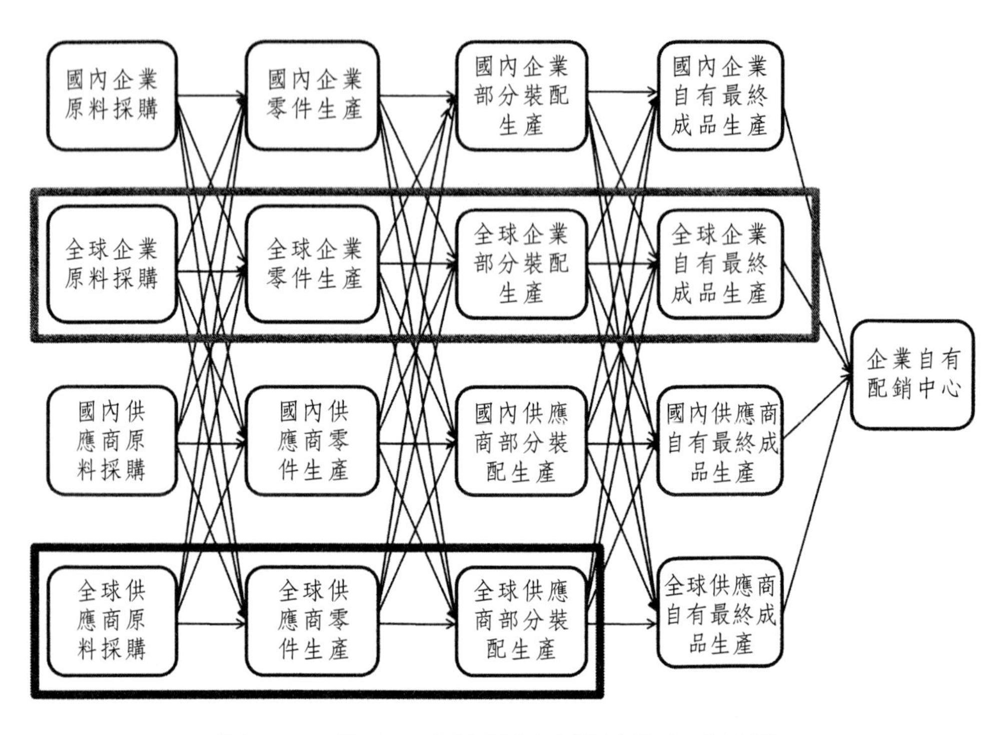

圖4.16　國內／全球原料及購買的全球結構

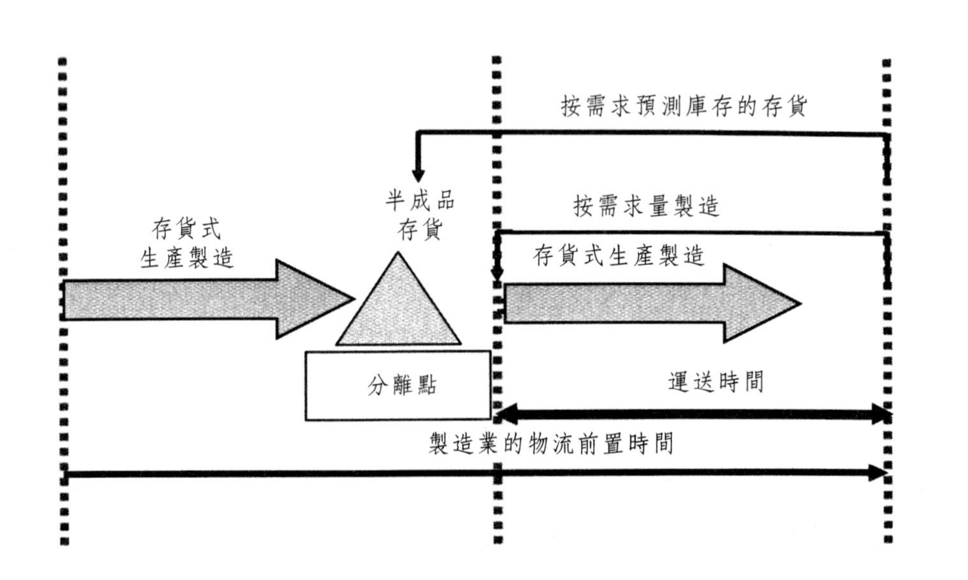

圖4.17　在非同步製造系統中的分離點

▌在地／全球供應商中小企業經營策略的兩難

有一些中小企業（SMEs）的主要顧客是OEM，儘管有一些部分由多國供應商提供，例如在汽車和航空零件，OEM通常有更多資源能力（如財務、科技等）以達成國際商業流程。中小企業有時候被迫必須開始他們的商業流程以保證國際OEM所需要的生產能力。

然而，中小企業可能需要選擇轉移成生產更多加值零件或國際化經營的兩難。

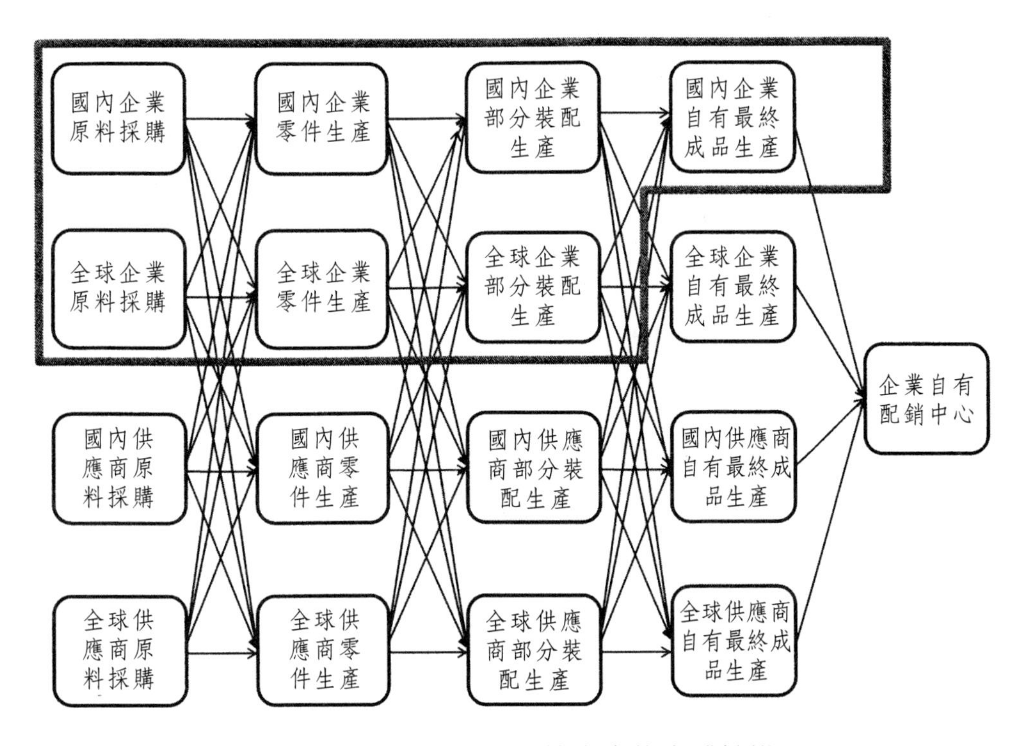

圖4.18　國內／全球配件生產的全球結構

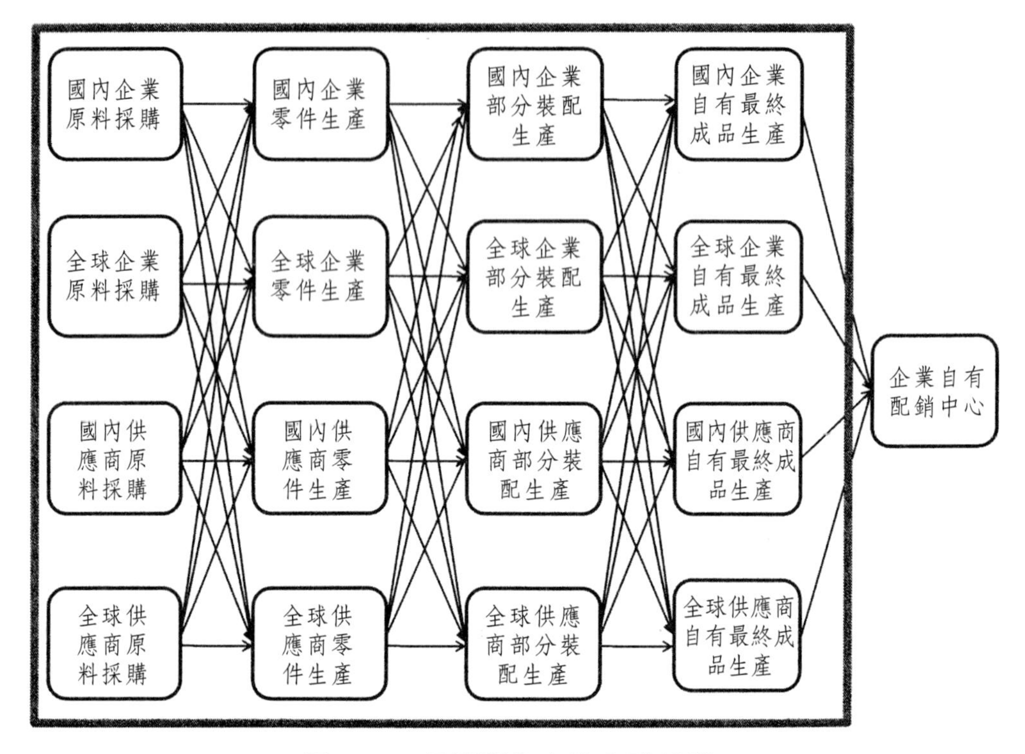

圖4.19　多網路生產的全球結構

表4.4　普通策略

藉由創新以產生更多加值產品或服務	改變價值鏈中的定位
• 新產品或已存在的產品改良 • 製造服務化或創造關於產品的服務 • 不同產品及服務的整合	• 外包、新的自製或外購決策 • 整合垂直分布式網路 • 整合垂直供應商的製造網路

更多加值區塊或顧客的遷移

依據產品／服務領導策略，有些企業提出新的加值提議，重新配置價值鏈，或創造出新流程和服務，使顧客準備付出更多錢（表4.4）。

國際經營策略選擇

有些經營策略可能會發生，例如：

1. 製造商一經銷商策略：它包含了製造一部分產品，並購買其他產品以完整整體產品範圍，提供更好的服務品質。

2. 多網路策略：它包含了在不同國家設立工廠，引導海外及主要工廠供應國內市場。

3. 全球供應商策略：提供產品或服務給全球市場和顧客的所有需求。

製造策略

製造策略指的是一間公司如何妥善使用它的資產及區分出其生產活動的優先順序，以達成它的商業目標（Miller and Roth, 1994）；也就是一個公司從某地移動到其所想要的另一地的計畫。因此，製造策略依賴一個公司的產業和地理區位，以及生產競爭優勢的競爭模式（Chen, 1999）。

找到不同的製造策略模型是可能的，但最新的模型是由Miltenburg（2009）發展的。這個模型將重點擺在一家公司的國際製造網路，發展爲下列六個主要目標：一般國際製造策略、製造網路、製造產出網路、槓桿網路、網路能力以及工廠型式。

IRIZAR集團

Irizar是個全球汽車製造集團。主要製造商涵蓋了短、中、長距離，並繼續拓展成爲全球性的公司，成爲西班牙的市場領導，市場占有率達45%，且成爲重要參考指標。

自1889年開始，Irizar S.公司的總部在奧爾邁斯特希（西班牙），並擁有生產工廠在巴西、墨西哥、摩洛哥、南非以及印度（在所有國家都是100%的子公司，但在印度是一家合資企業），在五大洲有超過90家工廠的存在。近來，有80%的商品銷售來自外國，超過75%的員工在外國工廠工作。Irizar集團藉由其他公司製造汽車工業的零件而完整，最近，由於工業多元化策略加強了它在電子零件和商業溝通部分（Jema and Datik）的競爭指標。在所有案例中，輔導生產工廠已經被認為有利益但不易達到的市場成長策略。因此，從技術的觀點來看，Irizar已經在一些技術發展較少的國家中實行，增加市場探索的觀念而非技術發展。

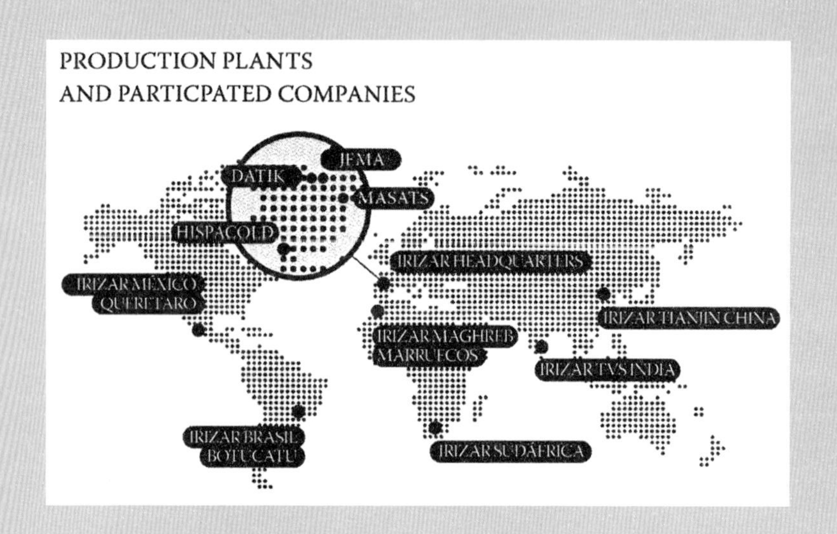

在Irizar集團價値鏈中的配置與協調

在集團中的工廠、產品、工程採用、市場、顧客服務以及人力管理是日復一日完全分散的，但皆來自總部的標準和策略設計。財務控制從採購中執行，在每個國家中協調物流的機會，定義商品品質標準。

R&D是一個母公司，協調新產品的發行。新指導的設計和發展由合作者、供應商、顧客、司機和乘客的需求分析參與來完成。所有的生產工廠，母公司和子公司擁有相同的模型目錄。然而，每個國家跟從他們在地市場的產品生命週期，每個國家的子公司自行決定要採用何種模型並製造。雖然創造新模型的流程來自中心合作公司，但也鼓勵外國公司若有對他們目標市場的特定需求，能訂定他們自己適合的設計計畫。中心自發性的成長，而所有R&D的工廠也擁有適應性的設計。

內在化和市場知識為集團建立原料和零件採購的強大協同效益。Irizar擁有全球和國內供應商強大的網路，在整個價值鏈中顧客忠誠度是非常重要的部分。主要供應商（整合供應商）提供一個稱為「指導式物流管理」，這些供應商整合以發展出Irizar的生產計畫、待決定訂單、商品接納度及顧客關於規格和其他相關主題的管理系統。

這個組織也同意分享生產能力協調和結合集團中不同工廠的製造可能性，由於母公司的指導，在不同工廠中的產品是相同的並擁有該生產國家的特性。這是非常有用的，允許工廠的製造符合另一個顧客的需求，若有必要也能平衡運送量，一方面保持運輸給顧客時間的競爭力。

在過去，產品變動的可能性非常高，因為在每個國家的產品只有些微的客製化。而現在已經不同，但這並不否定我們持續擁有一些工廠和一些產品間、最高層級中以及在一些零件和子配件的協調。

舉例來說，當奧爾邁斯特希的工廠在歐洲市場需求飽和了，巴西的工廠製造CBU編排（基本上在目標工廠完成和個人化細節部分）以達到西班牙工廠的最終細節。相似的是，奧爾邁斯特希製造車體底座從墨西哥產出，以達到市場需求巔峰。舉例而言，現今在南非工廠，來自巴西的PKDs（底座非裝配完整的車體）成績斐然，因為在這個國家是右駕，如同英國。此外，還有一個競爭優勢已經被認可的重要來源，管理增強的價值鏈（從供應商到客戶端供應商，包含所有的集團公司）：

2006：ICIL物流卓越獎

2008：Mondragon公司供應鏈協調及物流認可獎

2011：Emmaus Social Foundation聯盟、在Mondragon大學和GALA cluster的MIK管理創新中心所頒的社會責任良好的多重區位獎項：
在摩洛哥採購的責任管理
供應商發展：在印度的社會，排除風險中的人群整合

IKOR集團自1981年的工業開始提供完整的電子發展、工程及製造服務（EMS），對待顧客就像對待技術的合夥人，從計畫的發展到最終產品的產出、加值製造及競爭力。

總部位於聖賽巴斯提安（西班牙），而領導工廠以及IKOR科技中心也位於此，目標為提供科技方面的支援給每一個顧客。在技術部門組織而成的研發及設計及創新（R&D&I）單元，在技術性的辦公室、產品工程、科技督導以及與顧客的科技商業關係團隊管理支持下相輔相成。配備一間最新的測試設備的實驗室，能驗證並預先保證新發展的產品。

專注於全球市場的需求，IKOR集團提供顧客最新的頂級工藝產品以及技術，伴隨最快速的電子市場革新，並基於有效的發展政策。

企業的基礎隨時間不斷成長，是根據市場多元化（如汽車、升降梯、居家電器、醫療設備、能源、運輸）的策略以及根據流程管理系統的品質策略，以保證其所有生產活動的不斷進步。

常見的國際製造策略

國際製造策略通常被視為公司面臨兩種競爭壓力的反應，就某一方面而言，公司在設計、製造及基於全球市場的產品必然存在全球性的壓力。這種壓力來自一間公司的五種力量（Porter, 1985; Thompson and Strickland, 2001）：現有競爭者的威脅、消費者的議價能力、供應商的議價能力、新競爭者的威脅及潛在替代品的威脅。

在另一方面而言，公司為了適應顧客、員工及政府的不同要求，必然存在其在地的影響性壓力。

因此，這兩種壓力間的關係產生七種常見的策略如圖4.20所示。

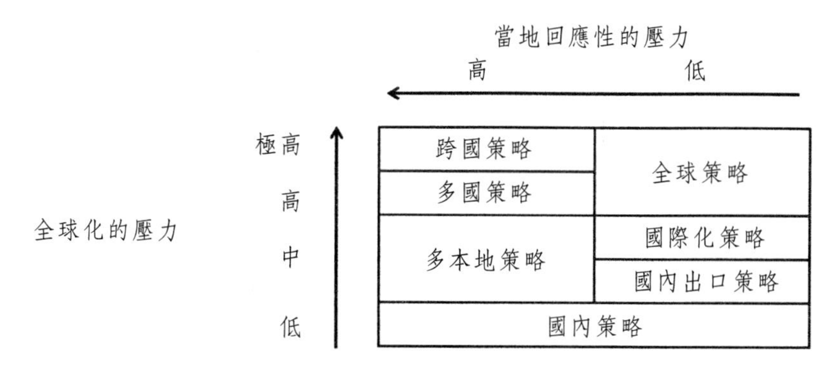

圖4.20　國際製造的通用策略

（取材自Miltenburg, J.（2009）Setting manufacturing strategy for a company's international manufacturing network, *International Journal of Production Research* 47 (22): 6179-6230. With permission.）

▌製造網路

製造網路「由組織間持久聯合……並包含策略聯盟、合資企業、長期買家與供應商關係及一群相似的聯合」（Gulati et al., 2000, p.203）。有九項爲人熟知的製造網路可分類爲「簡易網路」及「複雜網路」（Miltenburg, 2009）：

- 簡易網路：將工廠分布至一個國家及其各區域的網路，當全球壓力是低度到中度的時候適用。他們稱爲國內網路、國內出口網路、國際網路及多重國內網路。舉例來說，在一個國家內（也就是國內）的國內網路製造商，提供產品給國內市場的顧客。

- 複雜網路：將工廠分布至多國以及全球的網路，當全球壓力是高度到極高度的時候適用。他們稱爲多國網路、全球產品網路、全球功能網路、全球混合網路以及跨國際網路。

製造網路產出

取決於你關注的是一間工廠（Miltenburg, 2005）或網路層級（Shi and Gregory, 1998），會有不同的策略性產出（表4.5）。

網路槓桿

根據Miltenburg（2009），一個製造網路能被分成結構和基礎的兩塊區域（表4.6）。

表4.5 製造網路提供的產出特性

來源	製造產出	定義
工廠	成本	製造產品所需的原料、勞動力、間接的成本及其他資源
網路	品質	原料和生產活動符合顧客期待，以及規格和顧客期待的高度及難度
	運輸時間及其可信賴性	接收訂單到產品送達顧客手中的時間；訂單延遲的頻率、何時遲到、遲到多久
	表現	產品的特色以及這些特色使產品能達成甚麼其他產品所無法達成的
	彈性	產品存貨量多寡以即時反應顧客增加或減少的需求
	創新度	引進新產品或設計，以改變現有產品的速度
	可用性	一間公司到現在及未來市場分布、產品因素、政府代理部門的可用性
	節約度	一間公司達到規模經濟並避免重複生產活動的能力
	機動性	公司運輸產品、製造流程以及員工於不同工廠間的調整、改變產品量的能力
	學習性	一間公司學習文化、顧客、員工、政府的需求以及流程技術、產品技術、管理系統，知識分享的容易度的能力

資料來源：Miltenburg, J. (2009) Setting manufacturing strategy for a compan's international manufachuing network, *internatiomal Journal of Production Research* 47(22): 6179-6203. With permission.

表4.6　組成製造網路的八個區域

結構上的區域	設備特色	在一個網路中的設備及其特色，如尺寸、核心、性能
	地理分布	價值系統的生產活動在世界上如何分布
	垂直整合	網路設施對於在上游供應來源及下游顧客從事購買活動的廣度
	組織結構	設施、各部門及員工如何在網路中組織
基礎性的區域	配置架構	組織檔案、資訊可及性、計畫、監督、控制生產活動的管理系統及電腦系統
	知識移轉機制	在網路設施及部門間產品製造流程對知識移轉的績效
	回應機制	一個確認、分析網路中系統和程序的威脅與機會
	能力建造機制	一個對於設計、產品及服務的創造、維持、增進性能的系統和程序

資料來源：Miltenburg, J. (2009) Setting manufacturing strategy for a compan's international manufachuing network, *Internatiomal Journal of Production Research* 47(22): 6179-6203. With permission.

▌網路能力

網路能力的所有層級倚靠網路中各個層級的能力。從低層級到高層級的層級分別爲（Miltenburg, 2009）：

初級：新製造網路的層級。

中級：有5～10年經驗和增進生產活動的層級。

高級：一間公司努力改良並成爲工業的領導者的等級。

世界級：在世界上網路中擁有最高等級的性能。

▌工廠型態

工廠型態能以多種方式被區分。一方面，工廠可以依所在地點分爲母公司（公司位於總公司所在國家內附近）、國內的（公司位於總公司所在國家但距離較遠）、或外國的（公司位於總公司所在國家之外的國家）（Voss and Blackmon, 1996）。

在另一方面，工廠也可以被分為六種型態：服務型工廠、前線型工廠、境外型工廠、貢獻型工廠、主導型工廠及資源型工廠（Ferdows, 1997）。這是作者考慮關鍵決策的第二種分類；因此，這個主題將在以下解釋。

策略設施的角色

透過文獻引述以及經驗上的研究，公司會因為各種原因在海外設立工廠，如為了取得低成本的產品投入因素、取得在地知識和技術以及接近市場（Pongpanich, 2000）。然而，乍看之下，每個人提及的最重要因素是國際化而降低成本，目光短淺的只考慮到全部現象的一部分，是因為降低成本的優勢更易量化也更易衡量（Englyst et al., 2005）。

事實上，短視近利而尋求短期降低成本及提高競爭力是達到國際化的方式，在國外設廠管理只從關稅、貿易通路、低勞力成本、資金補貼及降低物流成本得利。因此，只會指派有限的工作範圍、責任、網路參與及資源給那些工廠（Ferdows, 1997）。

儘管如此，其他公司從外國公司的欲獲得的需求更多，並試著能從外國工廠身上得到更多。除了先前提到的成本導向的誘因，也因為全球分配生產系統更為接近潛在區域，更接近顧客、供應商，或特定的技術、才能及積極的員工。那些工廠除了生產工作外有更大的責任範圍，如產品或流程的工程、購買決策、售後服務等（Ferdows, 1997）。

Ferdows將預期利益區分為有形和無形。第一種有形利益包含關於成本降低，如物流成本、生產成本及勞力成本。

在另一方面的無形利益，如從研究中心、顧客或供應商獲得知識的可能性、增加顧客滿意度、減少有關不同幣值的風險，或尋找不同的購買來源。許多學者提出公司在增強現有網路或關閉廠房時必須同時考慮到這些因素（Ferdows, 1997; Dunning, 2000; Pongpanich, 2000; Vereecke and Van Dierdonck, 2002）。Ferdows特別提及，公司在處理全球製造策略時通常會缺少這個整合的觀點，因此他們會失去在海外工廠充分開拓潛在策略的機會。

當然，不是所有的優勢都會在同一時間達成；重要的是公司察覺改變的機會不止減少成本，並注意工廠角色的策略改革。

Ferdows（1997）提出一個有趣的提案，將工廠的策略角色根據兩個面向分類爲：「建設及開發工廠」以及「選址權限」。

關於第一個面向，有下列三個主要原因：

• 接近低成本生產：低勞力成本的開發是這個層面最重要的原因，以及接近低原料成本和低能源成本。

• 接近市場：在外國設立工廠需要更快且更能信賴的產品運輸，以及依據客戶的需求客製化產品的設備。

• 在地科技資源的運用：接近大學、研究中心、競爭者能讓公司獲得在地科技的技術和有技能的員工。

選址權限是將一些能力列入在工廠生產過程，如技術性維修、採購、在地物流以及產品和流程發展。

Ferdows提出工廠的策略角色受內部和外部因素改革導向的影響。在主要的內部因素中，值得提及的是公司獲得來自海外環境和管理體認的知識增長。增加薪水、在地市場的改善、關稅競爭者的淘汰及設立工業區是一些外部因素使工廠的策略角色能夠適應的可能範例。

改變策略角色不僅意味達成一套不同的優勢，也需要指派新權限和責任。根據這些考慮以及先前提到的兩個面向，Ferdows定義出六種型態的工廠（圖4.21）：境外型工廠、資源型工廠、服務型工廠、貢獻型工廠、前線型工廠及領導型工廠。（表4.7）

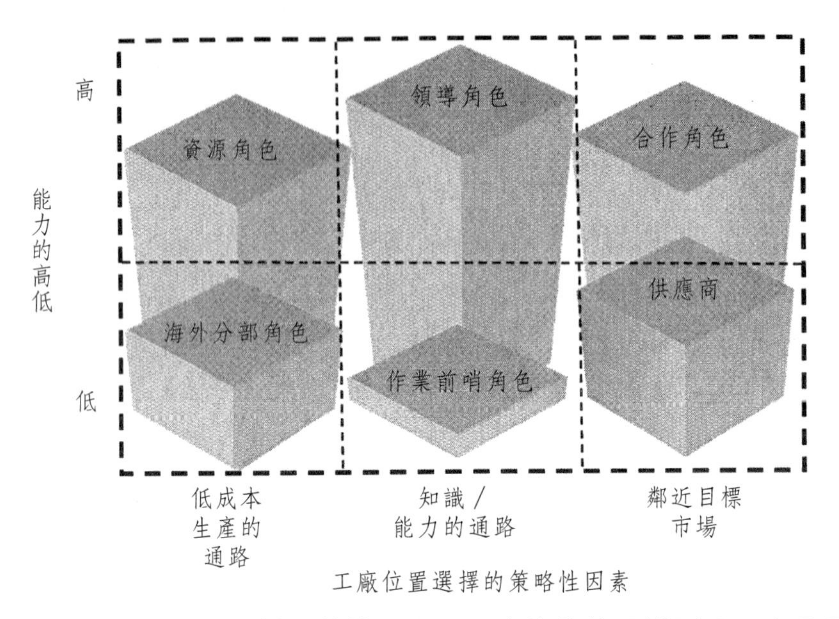

圖4.21 根據網路及網路權限的策略原因而產生的策略模型及工廠角色分類

接續Miltenburg（2009）發表的製造策略模型，Ferdows的模型已經改良過。因此，Miltenburg提出（圖4.22）：

- 低階的工廠角色（境外型工廠、前線型工廠及服務型工廠）有較小的活動範圍（工廠僅有生產活動）及低階的工廠能力（這些工廠通常使用簡易的製造網路）。
- 高階的工廠角色（資源型工廠、領導型工廠、貢獻型工廠）有較大的活動範圍（工廠也從事資源、貢獻、產品與流程設計以及研究與發展活動），並擁有高階的工廠能力（這些工廠通常使用複雜的網路）。

表4.7 Ferdows提出的工廠角色特性

工廠角色	特性
境外型工廠	境外型工廠的建立是為了以低成本製造特定的項目，這些項目會出口到較遠的工廠製造或者是銷售。科技和管理資源的投資保持在產品的最小需求，在網路中很少有此類型工廠的情況。在地的管理者很少選擇關鍵供應商或協商價格。會計和財務人員主要在總公司提供檔案給管理者。運往國外的物流單純且不受工廠管理的控制。

工廠角色	特性
資源型工廠	建立資源型工廠的主要目的是低成本的產品製造，但是它的策略角色比境外型工廠更廣。它的管理者在採購之外還擁有更大的權力（包括供應商選擇），生產計畫、流程改變、運往國外物流及產品客製化和重新設計的決策。資源型工廠對於製造一項產品或製造公司在全球網路的最佳工廠的一部分有相同的能力。資源型工廠傾向於設廠在生產成本相對低廉、基礎設施相對已發展及易取得技術性員工的地方。
前線型工廠	前線型工廠的主要角色為蒐集資訊。這樣的工廠會設立於有先進供應商、競爭者、研究室或顧客的所在地。每個工廠很明顯必須製造產品並擁有能服務的市場，實際上所有的前線型工廠有第二個角色，舉例來說，當作一個服務型工廠或境外型工廠。
領導型工廠	一個領導型工廠為整個公司創造新流程、產品及技術。這類型的工廠將在地技術資源納入，不僅為總部蒐集資料，也將知識轉換成有用的產品及流程。它的管理者在選擇關鍵供應商有決定性的決策，並經常參與供應商的合資發展工作。許多的員工與最終客户、機械供應商、研究室及其他知識中心有直接的聯繫，他們也經常提出革新。
服務型工廠	一個服務型工廠供應產品給特定的國家或區域市場。它通常提供一個克服關稅競爭者的方法並減低稅賦、物流成本或降低外匯的波動。雖然它比起境外型工廠在產品微幅修正以及符合在地狀況的生產方法更具自主性，但它的權力和權限在這個區域是相當有限的。
貢獻型工廠	一個貢獻型工廠也服務特定的國家或區域市場，但它的責任擴大到產品及流程工程和發展以及供應商選擇。一個貢獻型工廠在新流程技術、電腦系統以及產品與總公司的工廠競爭。它擁有自己的發展、工程以及生產能力，也擁有權力作採購決策和參與公司的關鍵供應商選擇。

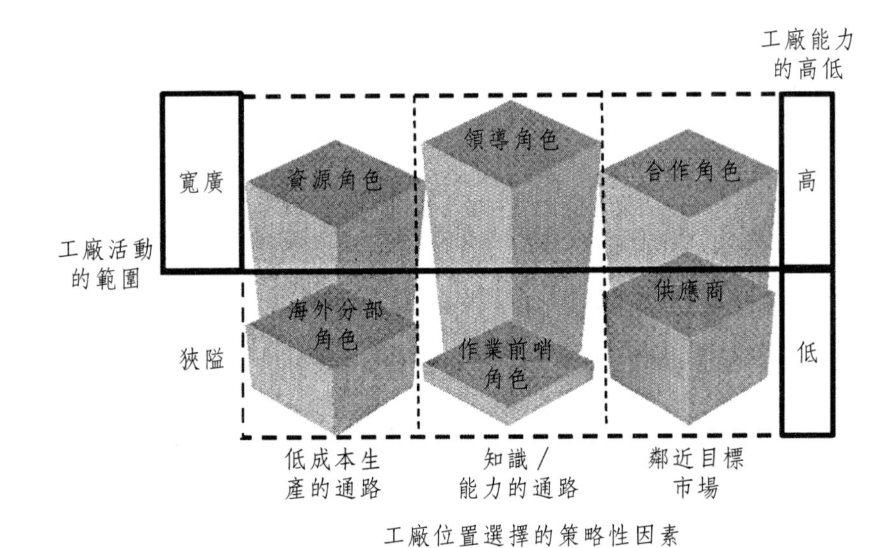

圖4.22　Miltenburg改良自Ferdows模型。

第五章　跨國生產網路的配置與提升

Migael Mediavilla and Torbjφrn Netland

余坤東　譯

挫折、受傷、甚至於會毀滅，
這一切都不足以讓我害怕喪志。
I can fall. I can injure myself, I can break,
but it will not diminish my will.
——Mother Teresa of Calcutta

- 緒論
- 跨國生產網路中各別工廠的策略角色
- Akondia分析架構
  - 工廠策略角色的評估：階段1，階段2，階段3
  - 提升策略角色的發展路線圖：階段4
- 以精益管理為基礎的改善計畫
  - XPS原則
  - XPS的管理
  - 案例：Jotun作業學院
  - 標竿學習和評鑑模型
  - 案例：「德國家電生產系統」評鑑模型
  - 案例：Natra

緒論

在這一章節中，我們將討論：

- 跨國生產網路中各別工廠的策略角色
- Akondia分析架構：
  工廠策略角色評估
  提升各別工廠策略角色的路徑
- 精益管理（Lean management）觀點下的跨國生產網路改進方案

跨國生產網路中各別工廠的策略角色

一般海外生產基地擴張的動機，往往是基於降低成本或短期競爭優勢的考量，這種國際化管理的重點，多著眼於關稅或貿易障礙、勞動成本、資金誘因、物流成本的降低等層面。因此，海外工廠只需要承擔有限的責任與工作，不必主動參與跨國生產網路的運作，而且所分配到的資源也十分有限（Ferdows, 1997）。

然而，如Shi和Gregory（1998）所言，只考量設廠地點靠近市場，而生產網路成員各自運作，欠缺整合協調的多國在地化策略（multidomestic approach），已經不足以應付現今的全球化環境。

目前跨國生產網路的運作模式，已經從成員各自獨立運作，演變到協力網路的合作方式，此一協力網路中，透過改善成本結構與運送效能（Flaherty, 1986），網路成員相互學習成長強化其學習曲線以產生綜效（Dobois, Toyne, and Oliff, 1993；Shi and Gregory, 2005）。新的運作模式比過去更重視全球整合協調（Cheng, Farooq, and Johansen, 2011），此一模式下，每個工廠都有自己應該扮演的角色，以及整合各別角色以達到最佳化的路徑（圖 5.1）。該模式不僅能滿足過去只重視降低成本的考量，更使網路成員可以更充分利用各區域的發展潛力，諸如：更了解顧客需求、建立與供應商更緊密的合作關係，以及獲得優質的人力資源等。同樣的，該網路下的工廠所承擔的責任，也從過去單純製造角色，擴及製程設計與研發、採購決策、售後服務等。

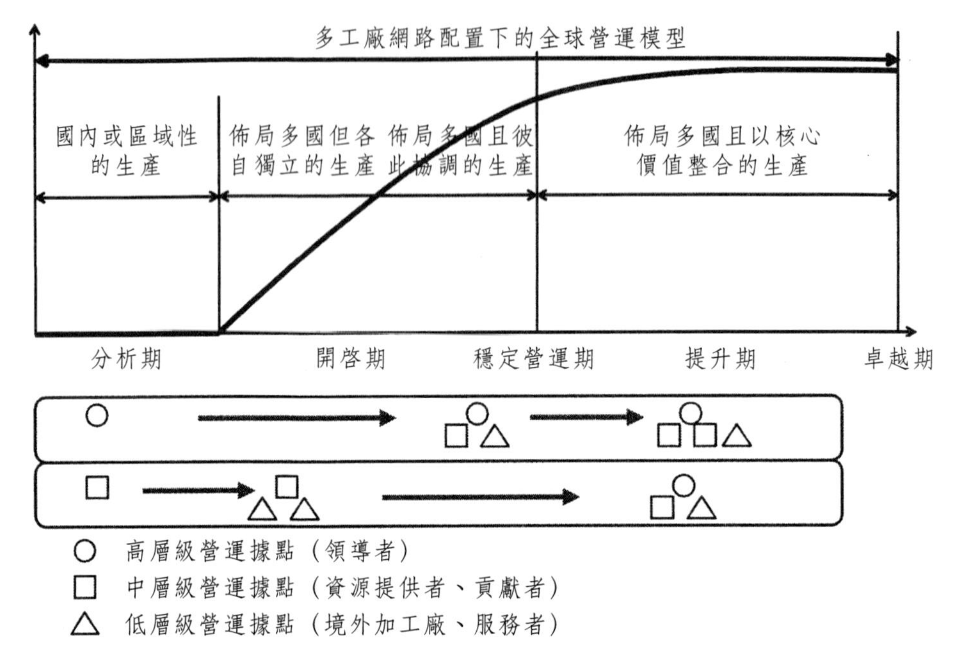

圖5.1　全球營運（GlobOpe）模式下的跨國生產網路最佳化建置

全球化模式思維下的生產網路，強調把遍及世界各國的製造據點，視爲一個知識共享，且能夠以最有利方式進行生產分工的整合系統。也就是說，一個跨國製造系統可以被看做由矩陣架構聯繫，而不是以線性方式聯繫的工廠所組成的網路。

此一全球化模式所要思考的問題是，如何發展出全球生產網路（Global Manufacturing Network, GMN）的運作策略（Operation Strategy），也就是，如何考量不同工廠對於整個網路的貢獻與角色，發展出平衡不同工廠或設備的能力和責任。

這種方法需要針對各個生產基地進行分析、定義以及推動其製造與設備之策略角色升級。Ferdows（1997a）表示，全球生產網路的管理可以策略工廠角色的觀念爲基礎，根據他所提出的分類架構，策略角色可以兩個構面來做分類：(1)建立該據點的策略性理由是什麼？(2)該據點的能力強弱？根據上述兩個構面，Ferdows定義出6種工廠類型（參閱第4章）：境外加工廠（offshore）、資源提供者（source）、服務者（server）、貢獻者（contributor）、信息收集者（outpost）、領導者（lead）（表 5.1）

表5.1　全球營運網路中不同的策略角色分類

該據點的能力強弱				
	強	資源提供者 • 低成本生產 • 在採購、供應商選擇、產品設計、出貨物流、流程變更與客製化產品有自主決策權 • 網路中生產能力最佳的工廠 • 設廠選址必須考慮基礎設備完善以及可用的勞動力	領導者 • 扮演開發新產品、流程與技術的角色 • 利用所在地的人力與技術資源開發新技術，並將技術轉化為新產品或製程 • 在供應商選擇，顧客溝通，機械採購，研發管理與創新活動上有自主決策權	貢獻者 • 供應國家／地區市場 • 在產品／製程工程，採購與供應商開發等方面有自主決策權 • 爭取成為新製程與新產品測試據點 • 具備研發，工程與製造能力
	弱	境外加工廠 • 低生產成本 • 技術與管理上的最小投資 • 很少工程發展 • 選擇供應商、議價與物流的自主性低	信息收集者 • 主要角色為收集有關供應商、客户、競爭對手和研究人才等情報 • 通常扮演服務者、或境外加工廠的備分角色	服務者 • 供應國家／地區市場 • 主要角色在於克服關稅障礙，節稅、降低物流成本與避免匯率波動的風險 • 有限的自主性（只有適合當地坐決策的情況才會被授權）
		降低生產成本	獲得技術和知識	接近市場
		設廠的策略性理由		

資料來源：Ferdows, K. (1997) Making the most of foreign factories,Harvard Business Review March-April：73-88.With permission

在能力分級方面，Ferdows提出可將能力分為兩級，Feldmann（2011）則建議將能力劃分為三種等級，這三種等級包含：第一級工廠，只有製造相關的能力；第二級工廠，具有製造能力與供應鏈活動；第三級工廠，擁有完整的生產、供應鏈、製程發展的技術活動。

除了上述的分類之外，也有不少作者提出關於全球生產網路工廠成員的策略角色分類（Bartlett and Ghoshal, 1989; Jarrilo and Martinez, 1990; Ferdows, 1997；Veerecke et al., 2006），彙整如表5.2所示。

這些分類架構中，Bartlett and Ghoshal（1989）以及Jarrilo and Martinez（1990）的架構對於跨國公司的子公司策略角色分類相當有幫助，而Ferdows的架構則聚焦於製造工廠在全球網路中扮演的角色分類，因此，此一架構也比較符合本書的目的。

表5.2　跨國生產網路工廠成員的策略角色分類

	評估的關鍵因素	策略角色分類
Bartlett and Ghoshal (1989)	能耐 策略能與當地環境吻合	執行者 戰略黑洞 貢獻者 策略領導者
Jarrilo and Martinez (1990)	能耐 整合能力	任務接受者 主動執行者 自治者
Ferdows (1997)	能力 地理位置	境外加工廠 資源提供者 服務者 貢獻者 信息收集者 領導者
Veerecke et al. (2006)	無形知識網路 實體與物流網路	孤島型工廠 接收型工廠 生產網路的要角 主動型

除了Ferdows的架構之外，Veerecke et al.（2006）以無形的知識作為分類架構的基礎，將全球生產網路的工廠分為四種類型，此一架構不僅可與Ferdows的架構互補，也使得策略角色的分類架構更為充實，這四種類型的特徵定義如下：

• 孤島型工廠（Isolated plants）：這類型的工廠，很少導入或輸出創新概念，專業人員之間的交流很少，與其他工廠的溝通管道也不順暢。

• 接收型工廠（Receivers）：型態上與孤島型工廠類似，但這類工廠能夠接受更多來自網路中其他單位的創新概念。

• 生產網路的要角（Hosting network players）：頻繁與網路中其他單位中的製造人員，以及其他製造單位管理者廣泛溝通、交流創新；他們也是網路中其他單位的主要且經常被拜訪的對象。

• 主動型（Active network players）：與要角型工廠類似，但他們在溝通的重要性，以及創新輸出等方面都比要角型工廠更高，所以他們扮演拜訪別人而不是別人來觀摩他們的角色。

每種類型工廠的策略角色差異，也反應了這些工廠在自主性、資源、投資規模等方面的不同。

然而，在全球生產網路中，不同等級工廠升級所需的時間長短並不相同，這也說明，管理一個生產網路的複雜度遠大於管理一個孤島型的工廠（Feldman and Olhanger, 2010）。同時，分析全球生產網路中各工廠的策略角色，將有助於系統化的提升整個網路的效率。

Ferdows的架構，提供了全球生產網路工廠成員策略角色分析入門，Veerecke and Van Dierdonck（2002）則探討了Ferdows架構在建立新廠決策上的應用。不過，這些架構並未涉及如何把現有工廠能力等級提升的議題，如何將此一架構導入建立新工廠的決策模式，仍有待進一步探索（Chakravarty, Ferdows, and Singhal, 1997），關於了解生產網路中各廠如何整合，以及整個網路的協調機制如何運作，仍需要投入的更多研究（DuBois, Toune, and Oliff, 1993; Shi and Gregory, 1998; Shi and Gregory, 2005）。目前，能夠協助管理實務進行全球營運網路設計，以及發展營運策略模式的架構仍然相當欠缺（Veerecke and Van Dierdonck, 2002），而且研究領域也很分散（Corti,Egaña,and Errasti, 2009; Laiho and Blomqvist, 2010），這也導致個別工廠無法應用相關知識來提升其能耐（Teece, Pisano, and Shuen, 1997; Sweeney, Cousens, and Szwejczewsk, 2007）。全球營運網路中，跨組織之間實務經驗如何移轉，以及如何推動改善方案等議題，仍有許多可以進行研究探討的空間（De Toni and Parusini, 2010）。

未來，全球生產網路管理的新典範，應該是如何持續更新製造系統的整體配置，以便於調適營運需求，發揮整體網路效率與效能的概念。而對跨國企業而言，能否具備快速調整全球生產網路配置（即分配各工廠的策略角色），以便發揮整體效率的能耐，就成爲全球生產網路的重要競爭優勢。

在Akondia架構（下一章節介紹）之前，Mediavilla and Errasti曾經討論以精益生產（lean production）概念來評估Ferdows所發展出來的工廠策略角色評估模式（Mediavilla and Errasti, 2010; Mediavilla,Errastia and Domingo, 2011），他們針對跨國公司40個工廠的研究發現，應用精益生產的概念去評估Ferdows的策略角色架構，仍有很多的限制，不過，精益生產的概念對於各別工廠追求成本領導，甚至於服務品質卓越的策略確實有所幫助。因此，本章接下來的章節架構安排如下：(1)說明Akondia分析架構，以及如何應用此一架構來定義全球生產網路中各工廠的角色，並且安排改善計畫的優先順序；(2)運用精益生產的概念於全球生產網路多工廠的改善計畫評估。

Akondia分析架構

Akondia分析架構可以協助把Ferdows模型應用在實務上，並提供一套系統化評估、提升全球生產網路中個別工廠能力等級，界定策略角色的工具（Mediavilla et al., 2012）。

從研究的範疇來看，Akondia分析架構主要目的在建構與優化(1)全球生產網路（藉由分析整體網路中如何提升能力等級的優先順序），或(2)各別單位（藉由支援個別工廠進行升級以扮演更重要的角色）的能力與永續性。

Mediavilla和Errasti把Akondia分析架構的研究納入其產學研究團隊中，此一團隊由學者以及一家德國跨國企業所組成（如：Ferdows,1997a; Veerecke and Van Dierdonck, 2002; Porter,1985）。在發展階段，由學者主導進行若干基礎研究，以及標竿學習（例如觀摩精益生產系統、優良的採購模式、探索供應鏈標準等）。同時，根據研究的結果，由研究團隊建立評估工具與發展評估問卷。

Akondia分析架構共劃分爲4個階段，每個階段的重要程序可彙整如表5.3所示。

表5.3 Akondia架構的發展階段

階段	目的	參與者	需要做的事情	支援工具
階段1：工廠能耐的評估	利用Porter的價值鏈模式評估工廠的能耐	1.研究人員 2.總公司的管理團隊 3.地方工廠管理階層	1.總公司管理團隊訪談 2.地方工廠管理團隊訪談 3.把訪談的結果以適合圖型格式呈現	利用Porter的價值鏈模式發展問卷
階段2：發展出所有策略角色的標準組合	找出Ferdows所定義，與每一種策略角色（必須或建議）具備的能耐，以及這些能耐成熟程度的說明	研究人員 總公司的管理團隊	1.德菲法 2.將一般性策略角色組合以適合圖型格式呈現	1.德菲法的結果 2.能力評估的結果
階段3：定義工廠角色	根據能力評估的結果定義工廠角色	研究人員	1.將一般性策略角色組合與能力評估結果做比較 2.根據能力分析與一般性策略角色組合的匹配程度定義工廠角色	1.一般性策略角色組合 2.能力評估的結果
階段4：界定改善路線圖	界定提升GON或工廠能力狀況的改善計畫	1.研究人員 2.總公司的管理團隊 3.地方工廠管理階層	1.定義提升現有角色的改善計畫 2.定義新角色調整的改善計畫	1.圖示優先順序矩陣（能力等級與影響程度） 2.說明支持特定能力發展所需要的模式與工具

工廠策略角色的評估：階段1，階段2，階段3

階段1：工廠能力評價

架構的第1階段，是要分析每一個工廠的策略構面（strategic profile）或競爭定位，以便於在第2階段和Ferdows所定義的標準做比較，從比較中就可以知道兩者的差距，再提出改善計畫。根據Ferdows所定義標準，工廠所扮演的角色，可以從單純的「製造工廠」到「完整的供應鏈活動」。從全球生產網路觀點，此一「完整供應鏈活動」的概念，是指該工廠不僅是供應鏈的一環，更是整個公司完整價值鏈（value chain）的一部分，Ferdows（1997a）將其定義爲領袖工廠 （lead plant），這類型工廠由於具備流程、產品、技術創新多元化的能耐，而且可以將創新結果擴散分享到網路中，所以對公司也具有策略性的貢獻。Akondia分析架構用來評價工廠角色的指標，就以Porter所提出的價值鏈模式爲基礎，根據Porter的價值鏈模式，工廠角色評價可以考慮以下六個項目：

1. 市場與消費者
2. 供應商
3. 內部作業
4. 人力資源管理
5. 技術管理
6. 社會政治（Socio-political）與法令議題（regulatory issue）

工廠能力評價採用問卷訪談進行資料收集，問卷包括上述六個項目，每個項目代表不同的能耐，總共發展出38個題目。透過問卷收集資料後，再以兩個標準評量能力：(1)影響／限制工廠發展該項能力的限制多寡（諸如：該工廠能否自行選擇策略性供應商，或是此一選擇是由總公司做決策？該工廠對於新產品開發的影響力高嗎？還是只是被動的執行交付的任務？），(2)當前的能力。

問卷以深入訪談的方式收集資料，由總公司各對應部門訪談受評工廠的管理團隊。由總公司各對應部門進行訪談，是希望可以避免自我評估的主觀，引進外部較爲客觀的看法，由總公司來執行，也比較能夠以同一種標準，對各個工廠的能力進行比較。同時，總公司也是各工廠發展各種能力的影響因素，由總公司來進行評價訪談，更能夠深入了解問題的本質。

在完成訪談之後，就可以根據訪談結果評分，並且將此一數據以雷達圖表示。數據的呈現可以如圖5-2與圖5-3所示。圖5.2是將一家跨國公司六個工廠，依據38個題目的評分繪製爲雷達圖。圖5.3則是將38個題目簡化爲六大項，所繪製而成的雷達圖。

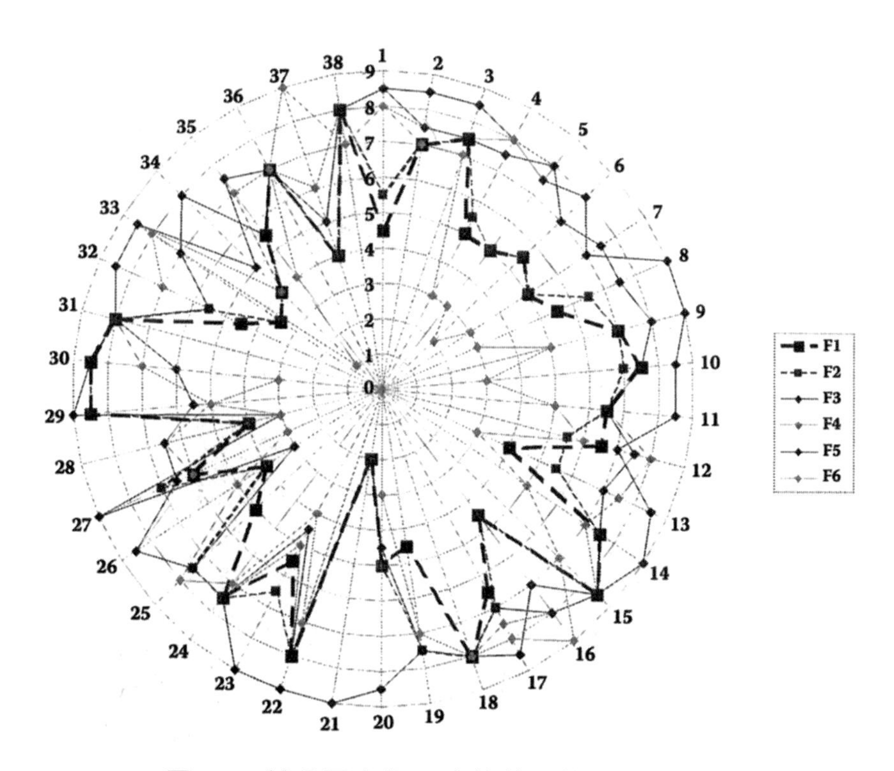

圖5.2　某公司六個工廠的策略構面組合示例

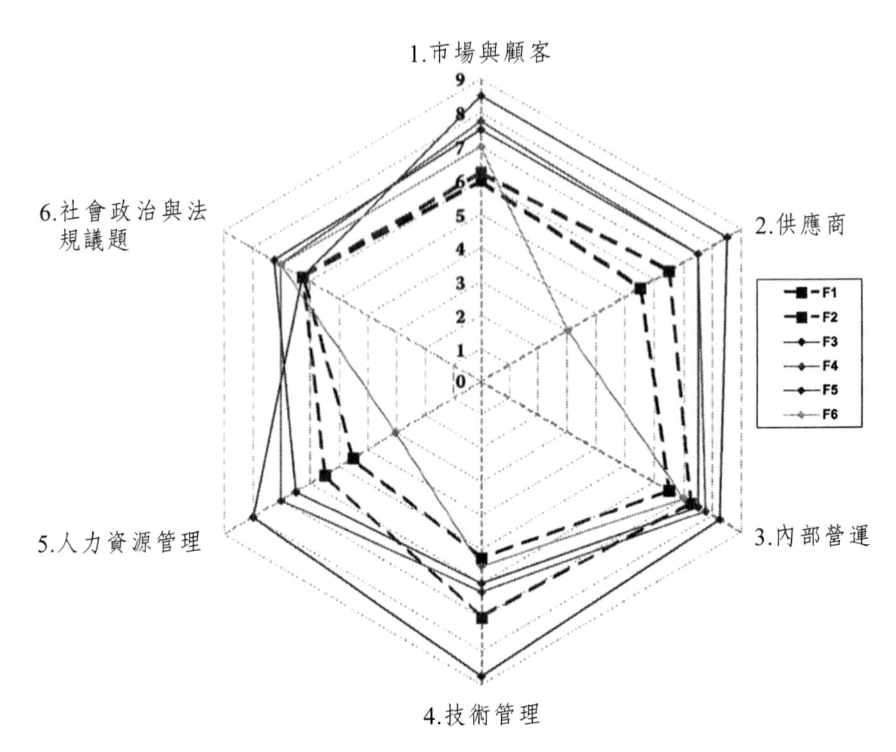

圖5.3　策略構面組合彙總示例（六個分析因素各以平均數表示）

第一階段的主要目的，在於評估各工廠在不同策略構面或競爭定位的能力現況，這些分析除了可以評估各受評工廠的強弱勢外，透過雷達圖的呈現，也可以清楚比較，全球生產網路中，不同工廠的競爭定位差異。

除了以雷達圖呈現之外，本階段的評估作業，也可以就總公司評估的結果與受評工廠自己評估的結果進行比較，此一比較結果將有助於了解總公司與受評工廠，對於工廠競爭定位的看法是否相同，如果兩者之間的差異太大，就應該針對這些差異項目做更深入的訪談，以適度修正評價結果。圖5.4的示例中看出，受評工廠在各個項目的自評分數比外部評價（總公司）來得低，這種情形在工廠評價中較為少見。

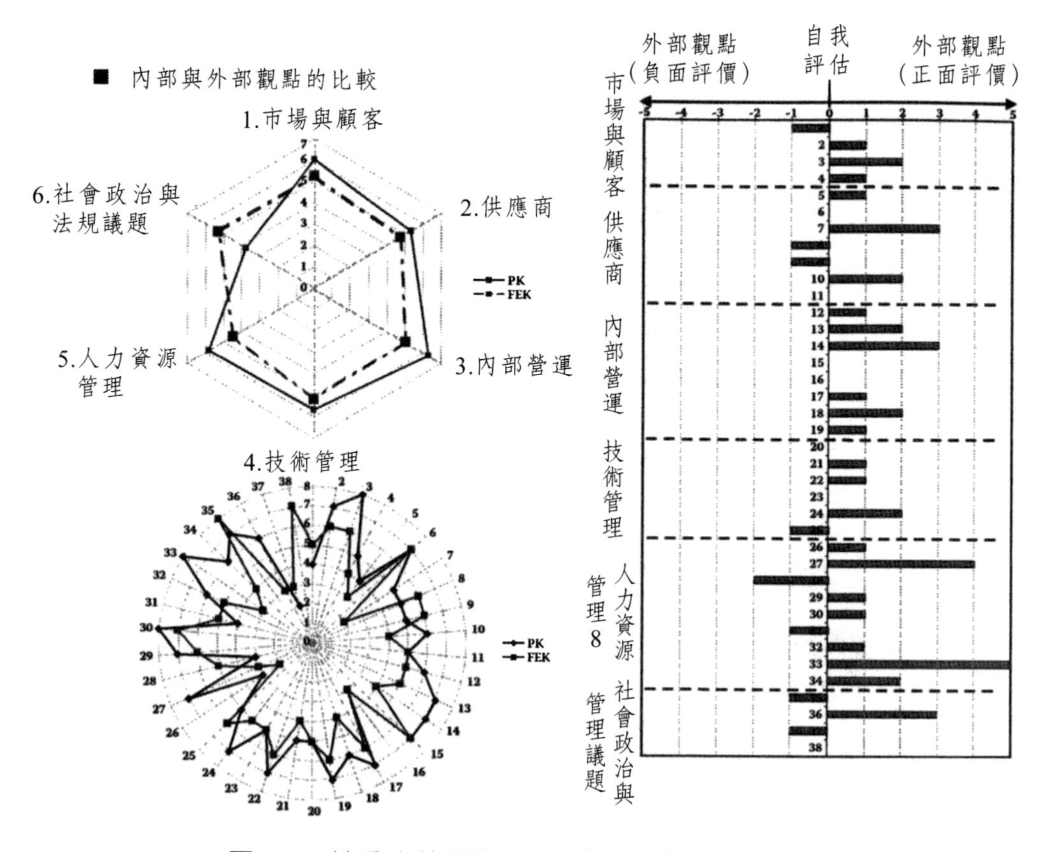

圖5.4　競爭定位評價示例（外部與內部評價）

階段2：發展一般性／標準化的策略角色組合

Akondia分析架構的第二階段，是根據第一階段競爭力分析所得到的數據，建立每一個工廠的策略角色定位。進行此一步驟之前，首先要針對Ferdows（1997）所建議的工廠策略角色，各自建立這些策略角色構面的標準化組合。Ferdows的策略角色可以分爲「尋求低生產成本」（境外加工廠、資源提供者）（offshore, source）、「尋求技巧與知識」（信息收集者、領導者）（outpost, lead）、「尋求靠近市場」（服務者、貢獻者）（server, contributor）等不同的策略角色，所以，必須先建立這些策略角色標準化的構面內容組合，以便與各評估工廠做比較。

發展出各類型策略角色構面組合之後，可以應用此一標準，對各工廠進行評估，界定該廠所歸屬的策略角色，此一工作大致上可以透過以下步驟來進行：

1. 透過與總部／事業單位管理團隊，組成德菲法分析小組，界定受評估工廠的策略角色類型。

2. 根據分析結果，把受評估工廠依照策略角色進行分群

3. 根據第一階段中，各工廠不同能力評價的分數，確認各類型策略角色工廠應該具備的共同能力。

4. 進行第二階段德菲法分析討論，對照上述的共同能力，提出各種策略角色類型「必須具備」與「建議具備」的能力清單。

完成此一階段的分析之後，將可以就不同策略角色類型，各自建立共通性的「必須具備」與「建議具備」能力清單，以及應該具備的能力等級，接下來就可以把受評估的工廠與此一標準進行對照。不過，由於各工廠在供應鏈區段、規模、負責生產的範圍、事業單位性質的差異，即使是相同的策略角色類型，他們「必須具備」與「建議具備」的能力項目也可能不同。圖5.5及圖5.6舉例說明分析個案，不同策略角色類型共通性的能力項目與等級。

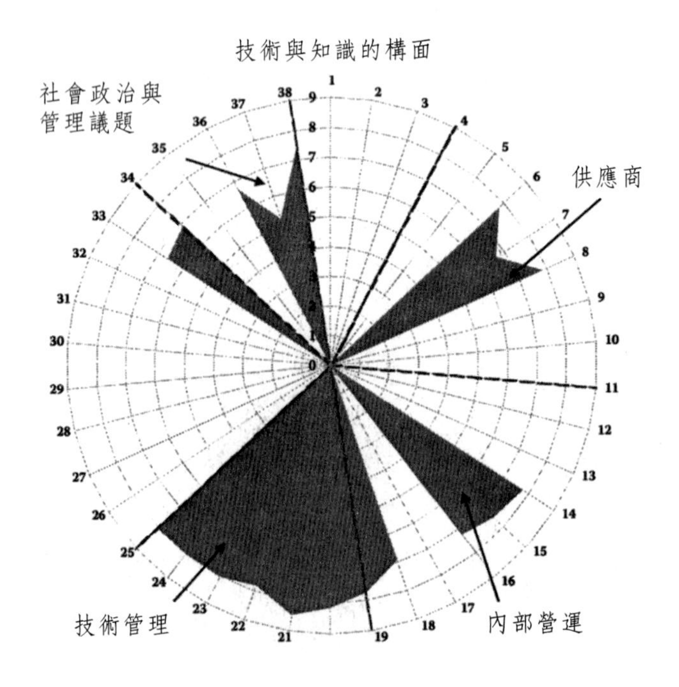

圖5.5　某一領導型策略角色工廠「必須具備」的能耐組合

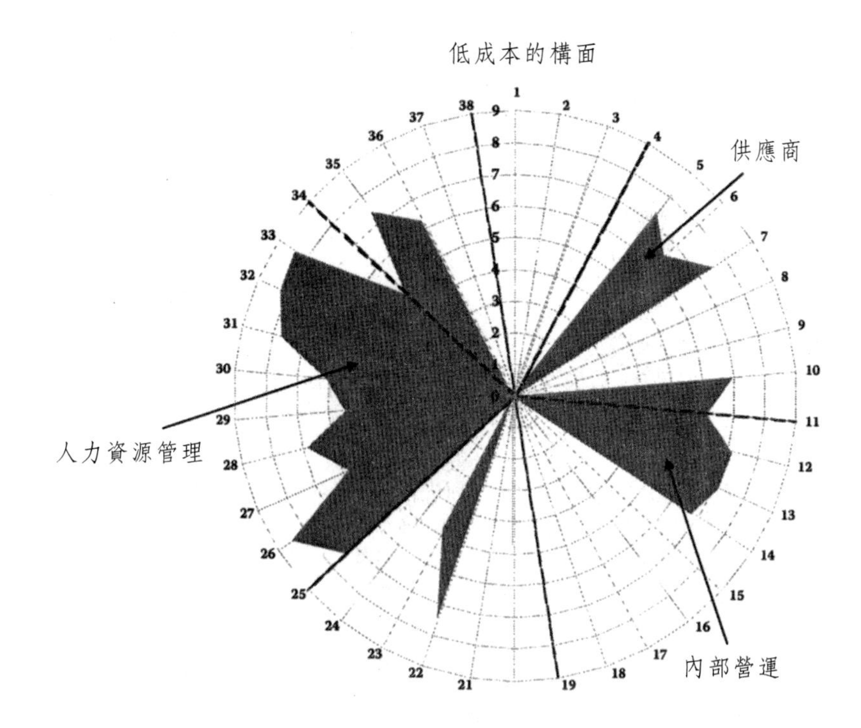

圖5.6　某一海外型策略角色工廠「必須具備」的能耐組合

階段3：定義工廠的角色

透過第一階段針對各工廠的能力分析，以及第二階段建立策略角色類型的共通能力項目與等級，兩者對比就可以定義受評估工廠目前的策略角色類型，以及能力差異現況。

在第二階段的分析中，已經界定出每種策略角色類型之共通性「必須具備」與「建議具備」能力，接下來就可以運用這些能力項目，和受評估工廠進行量化資料的比較分析，根據該量化資料比較靠近哪一種策略角色類型，歸納與該工廠較爲靠近的策略角色。

在本章所提的個案分析當中，研究團隊即應用這些步驟進行分析，將受評工廠的策略角色類型進行歸納，其步驟即依照Ferdows的架構，先建立三個重要的策略角色類型（「尋求低生產成本」、「尋求技巧與知識」、「尋求靠近市場」），再根據能力等級高低，建立更細的角色類型，例如，「尋求靠近市場」類型中，依能力等級高低，又細分爲「服務者」與「貢獻者」兩種角色。

圖5.7中列示了六個個案工廠在Ferdows所分類的策略角色類型當中，究竟是歸屬於哪一種類型（在圖5.7中，工廠一（F1）的能耐得分較近似「尋求靠近市場」的策略角色類型）。圖5.7僅以三種角色類型（「尋求低生產成本」、「尋求技巧與知識」、「尋求靠近市場」）來歸類，當然，實務上也可以用六種類型的模式（亦即「尋求靠近市場」再細分成「服務者」、「貢獻者」兩種）。

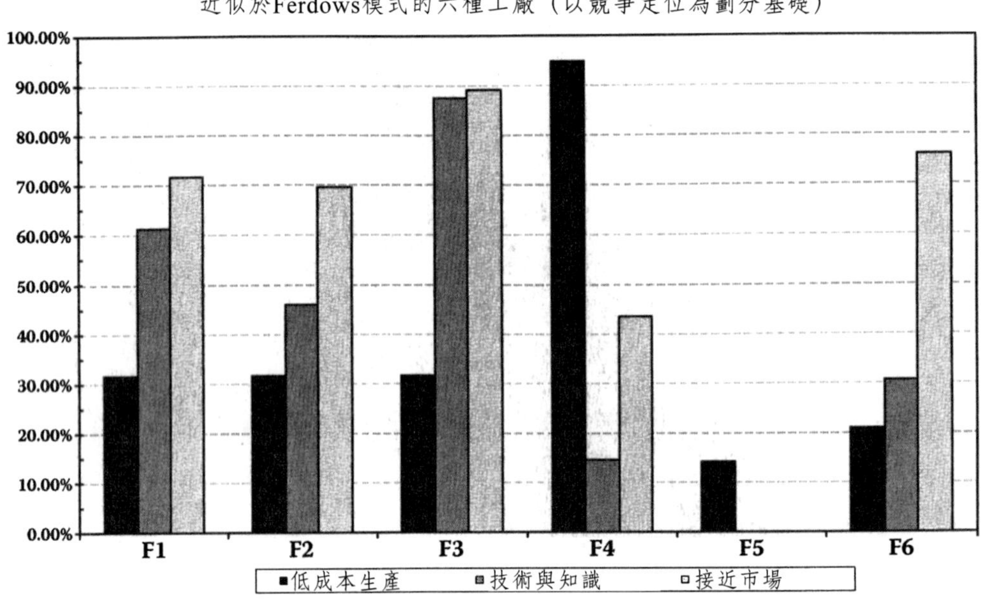

圖5.7　近似於Ferdows模式的六種工廠（以競爭定位為劃分基礎）

最後，每一家工廠的策略角色類型，可以圖5.8的方式，作更清楚的表達。圖中，可以將每一座工廠在各角色類型完整的以圖形表現出來。

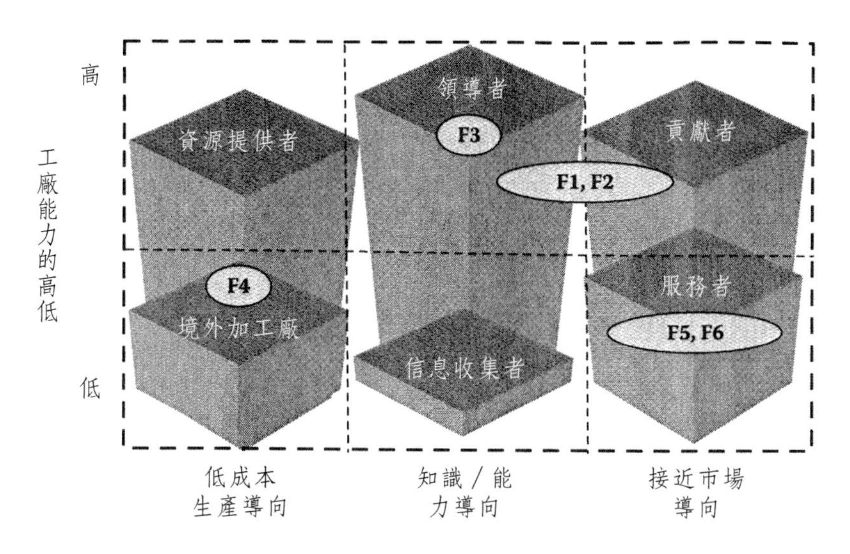

圖5.8　工廠依照Ferdows策略角色類型呈現

▌提升策略角色的發展路線圖：階段4

階段4：定義工廠的改善路線圖

Akondia分析架構的最後一步，是聚焦於如何發展出另一種不同的策略角色（在多數的情況下，這意指提升到更高附加價值的角色）。爲了有系統的推動此一步驟，建議可以依照以下兩步驟，界定角色提升各方案的優先順序：

1. 強化目前的工廠角色
2. 發展出工廠新角色的改善路線圖

Akondia分析架構建立在兩個層級，第一個層級是以整體分析的觀點，執行步驟一、二，分析各工廠在六個分析項目的現況，第二個層級是以個體分析層次，再針對六個分析項目，提出個別的改善路線圖（例如，針對內部作業面向的不足，可以精益生產（lean production）進行改善，針對市場與顧客面向的不足，可以供應鏈運作參考架構（Supply Chain Operations Reference, SCOR）來因應。唯有透過先從整體分析，再到個別項目分析的方式，才可以提出改善計畫，提升工廠策略角色的價值（圖5.9）。

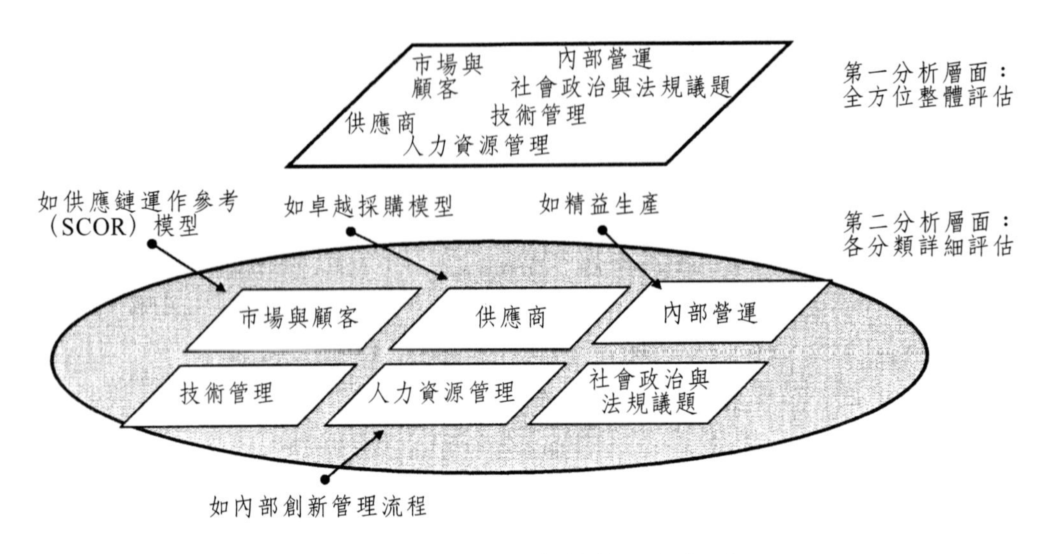

圖5.9　Akondia架構的分析觀點

為了強化現有的工廠角色，首先必須找出受評單位最不足的能力項目。透過問卷調查，可以衡量受評對象的兩個面向，一為能力強弱面向，另一則是受評單位對該能力提升具有自主影響力的高低（influence）。根據這兩項資料，就可以界定出需優先改善的項目，例如，影響力較強的項目，受訪單位自主性高，就可以列為優先改善。圖5.10則是以矩陣呈現Akondia分析架構下，各種能力提升的優先順序。

優先順序矩陣以圖形化的方式顯示38個評估能力的強弱現況與改變的難易。圖5.10中，y軸表示每個能力的等級，x軸則表示受評估工廠對於提升該項能力的影響力大小。同樣的分析結果，也可以圖5.11的雷達圖來顯示，在圖5.11中，影響力的分數由0到9，強弱的評價分數則由0到5。

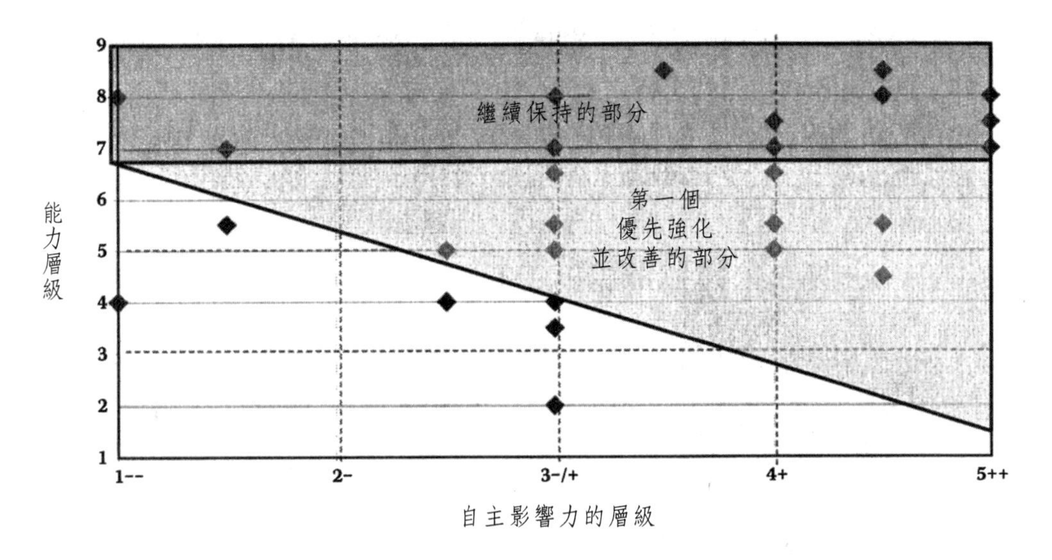

圖5.10　根據問卷調查所得出的優先順序矩陣

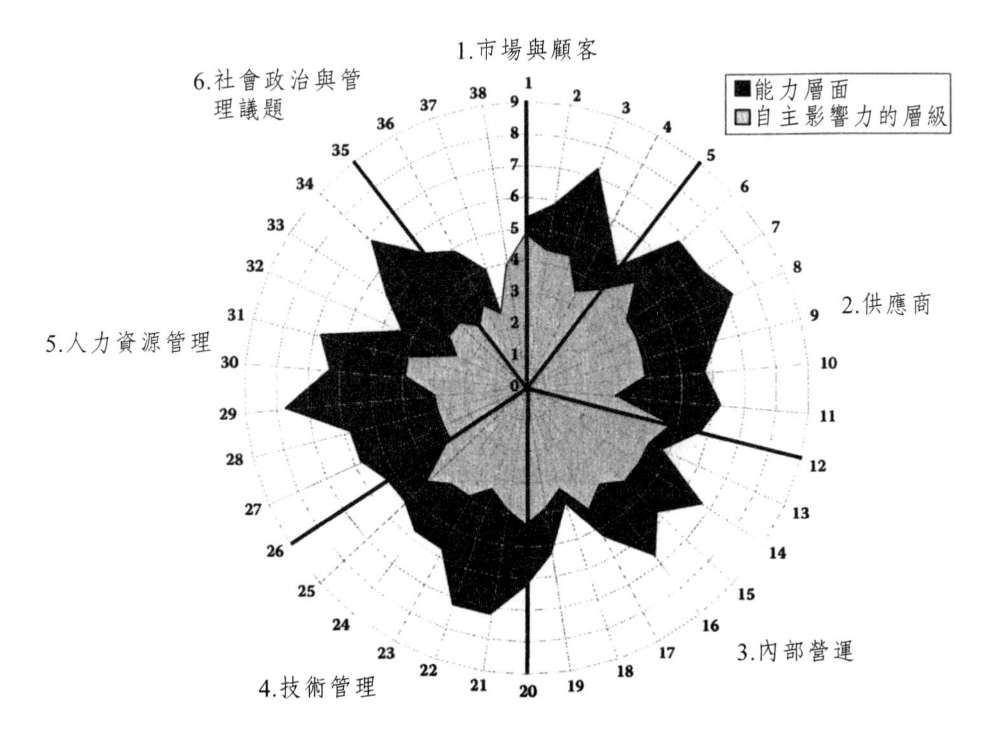

圖5.11　能力強弱與影響力程度之雷達圖

除了聚焦於個別能力項目的改善，受評估工廠也可以進一步依照Ferdows的策略角色模式，針對個別的策略剖面，提出由中期到長期的能力發展（提升）地圖，作爲整合資源的努力目標。此一能力發展地圖，最好包括所分析的六個面向，各剖面的能力現況（能力高低與影響力），以及具體的改善行動（例如，藉由授與受評估工廠更大的責任，以提高該工廠在改善特定能力的影響力）。此一策略角色類型的改變，可能也涉及組織管理決策，以及責任的重新分配。所以，任何一項能力發展地圖，除了高層次的議題之外，也應該涵蓋作業層面的業務。

表5.4乃根據實例，應用Akondia分析架構，歸納出個案工廠在Ferdows六大策略角色類型下，必須具備與建議發展的能力項目彙整。此一表格乃根據能力強弱來做評估，另一個受評估工廠對於提升某一能力的影響力高低，也可以同樣的方式來做分析。

表5.4　Ferdows工廠角色「必須具備」和「建議發展」能力項目

策略位置的原因	必須的競爭能力	推薦的競爭能力
低成本生產導向境外加工廠	• 充足的低成本藍領勞工 • 充足的低成本工程師	• 具有成本優勢的供應商網路 • 低成本供應商網路的穩定性 • 勞動力的利用效率 • 設備的利用效率
低成本生產導向資源提供者	• 具有成本優勢的供應商網路 • 從供應商的網路中獲得可靠且靈活的訂單交付（order-delivery）過程 • 從低成本國家（LCC）得到提供穩定的供應過程的能力 • 採購的生產力（行政價格比率）	• 整合及回應主要市場客户的服務需求 • 採購的生產力（技術材料比率） • 成功整合或與供應商合作的能力 • 供應契約管理能力（貨幣、交貨條件、處罰等），財務風險監測 • 勞動力的利用效率 • 設備的利用效率 • 可靠的訂單交付之管理能力 • 靈活調整生產以應付需求與特殊場合的改變（季節性、特價促銷等） • 員工的承諾／工作動機 • 維持低缺席率的能力 • 對客訴或員工投訴的重視與改善

策略位置的原因	必須的競爭能力	推薦的競爭能力
技術與知識導向信息收集者	• 接近知識／技術網路資源 • 充足的高技術藍領階級 • 充足的高技術工程師	• 整合及回應主要市場客户的服務需求 • 利用新工藝技術進行創新之能力 • 改善現有製程的能力（勞動合理化、Q改善） • 運用或發展工具／技術／方法（最佳實踐）的能力 • 建立其他工廠／子公司的相關配套
技術與知識導向領導者	• 整合及回應主要市場客户的服務需求 • 採購的生產力（行政價格比率） • 採購的生產力（技術材料比率） • 成功整合或與供應商合作的能力 • 設備的利用效率 • 有效利用能源與適當的廢棄物管理 • 先行接受創新應用的能力 • 接近知識／技術網路資源 • 生產技術發明的能力 • 微調現有產品／平台以因應環境的能力 • 利用新工藝技術進行創新之能力 • 改善現有製造過程的能力 • 運用或發展工具／技術／方法（最佳實踐）的能力 • 充足的高技術藍領階級 • 充足的高技術工程師 • 建立其他工廠／子公司的相關配套	• 提供加值服務以支援主要分支機構之策略市場的能力 • 供應契約管理能力（貨幣、交貨條件、處罰等），財務風險監測 • 勞動力的利用效率 • 維持低工安事件的能力 • 對客訴或員工投訴的重視與改善
接近市場導向服務者	• 接近策略市場 • 掌握新舊產品（或製程）之導入與汰換時效 • 獲得供應商的成本競爭網路 • 具備投資、創新或保持營運績效的誘因	• 整合及回應主要市場客户的服務需求 • 從低成本供應商得到穩定供應的能力 • 勞動力的利用效率 • 設備的利用效率 • 靈活調整生產以應付需求與特殊場合的改變 • 總體經濟環境變動時能維持作業穩定

策略位置的原因	必須的競爭能力	推薦的競爭能力
接近市場導向貢獻者	• 接近策略市場 • 掌握新舊產品（或製程）之導入與汰換時效 • 整合及回應主要市場客户的服務需求 • 具有成本優勢的供應商網路 • 從供應商的網路中獲得可靠且靈活的訂單交付（order-delivery）過程 • 採購的生產力（行政價格比率） • 採購的生產力（技術材料比率） • 成功整合或與供應商合作的能力 • 可靠的訂單交付之管理能力 • 靈活調整生產以應付需求與特殊場合的改變 • 利用新工藝技術進行創新之能力 • 改善現有製程的能力 • 運用或發展工具／技術／方法（最佳實踐）的能力 • 充足的高技術藍領階級 • 充足的高技術工程師 • 具備投資、創新或保持營運績效的誘因	• 為戰略市場主要子公司的客户提供加值服務的能力 • 從低成本供應商得到提供穩定的供應過程的能力 • 強大的供應商管理能力：契約管理、財務風險監測 • 勞動力的利用效率 • 設備的利用效率 • 能源與適當廢棄物管理的有效利用 • 符合一個新推廣的引進員的能力 • 微調現有產品／平台以因應環境的能力 • 維持低缺席比率的能力 • 發展其他工廠／子公司的可用性 • 穩定宏觀的經濟情勢 • 勞動法框架的穩定 • 對工廠投訴行為的附件

以精益管理為基礎的改善計畫

愈來愈多的跨國製造公司投入持續性改造方案的推動，這些與製造系統有關的改善方案，通常被標記爲X生產系統（X Production Systems, XPS），其中X代表任何一家推動方案的公司（Neland, 2012），該系統的目的是希望透過各子公司（海外工廠）之間的實務經驗分享，以及鼓勵持續性的改善，達到作業效率提升的目標。這些改善方案，大多源自豐田汽車精益管理的精神，近年來，改善方案也進化到供應鏈成員相關活動的評估（MediVilla and

Errasti,210；MediVilla, Errasti, and Domingo, 2011）。

XPS的策略目標通常被以縮寫的C, Q, S, F, I, R, S2, P和E代表，這些字母代表傳統競爭優勢關鍵績效因素（KPI）的排序（Gobbo, 2007）：成本（C），品質（Q），速度（S），彈性（F），創新（I），可靠性（R），S2（安全），人力發展（P）以及環境績效（E）。因此，XPS的目標在於先提出一個全方位的思考模式，再透過程序改善的手段，提升跨國生產網路多重績效準則之競爭力。

XPS原則

XPS可以視爲一套「放諸四海皆準」的信念，這些信念不會因爲文化差異而有所不同（Hatbison and Myers, 1989），可以被跨國界的移植應用，所以也被貫以「最佳實務」的稱號（Koontz, 1969）。其中，最常見的最佳實務就是豐田生產系統（TPS），以及由該系統衍生出來的精益思維（lean thinking）。在Liker所著的「豐田之路」（The Toyota Way）一書中，詳細描述了豐田生產系統，其內容可如圖5.12所示（McGraw-Hill, 2004）。

跨國公司依據自己的特殊環境和需求量詮釋精益思維，XPS通常建構在：原則、方法、工具等三個不同層次的架構下。

- 原則：我們想達成什麼（具體目標）？
- 方法：我們要如何達到具體目標？
- 工具：哪個工具或是技術可以讓我們達成具體目標？

許多文獻都指出，現代XPS與豐田生產系統間的關係十分密切（Neuhaus, 2009; Netland, 2012），Netland分析了30個XPS並且歸納出12個XPS普遍性的原則（圖5.13）。

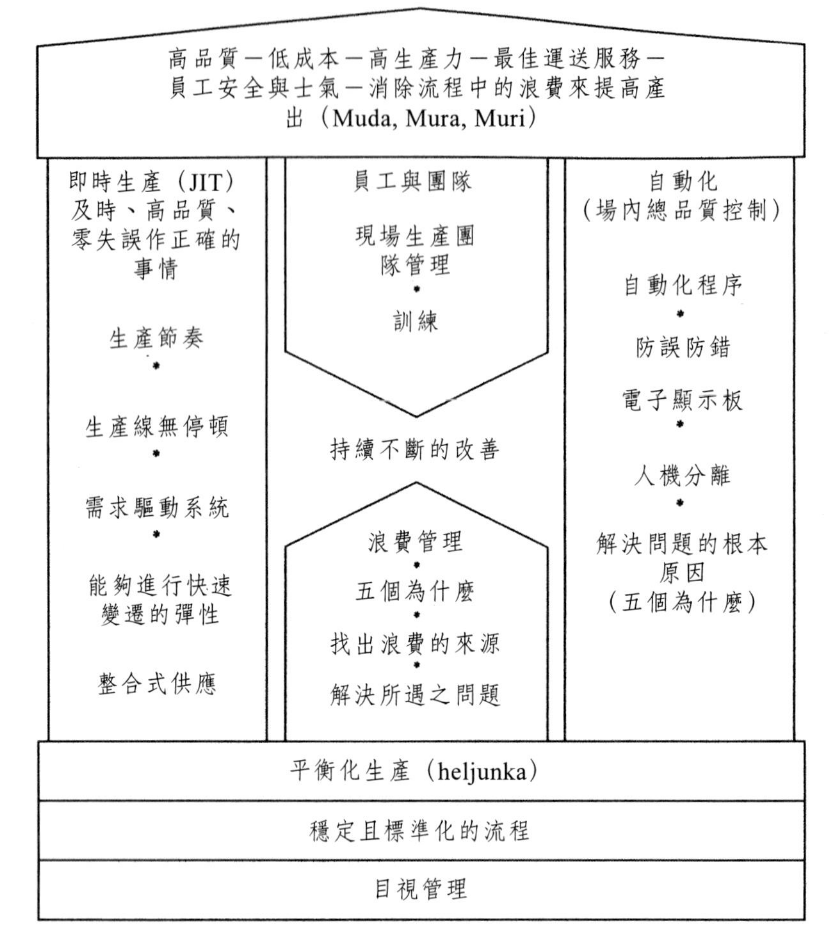

圖5.12　豐田生產系統的方法和工具架構

（改編自Liker, J.K. (2004) *The Toyota way: 14 management principles from the world's great manufacturer*. McGraw-Hill, New York.）

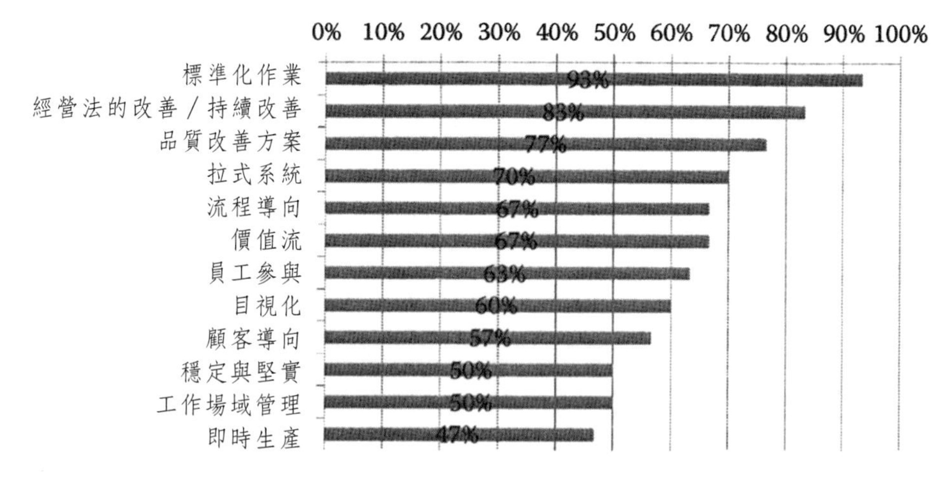

圖5.13　實務中最普遍的XPS原則

（Netland, T. H. (2012) Exploring the phenomenon of company-specific Production Systems: One-best-way or own-best-way? *International Journal of Production Research.*）

▌XPS的管理

愈來愈多的公司以及產業，藉由XPS的導入讓本身提升到精益思維的層面。XPS的落實可以經由降低成本、較佳的品質與增加銷售來提升競爭力。所以，對一個跨國性的公司而言，XPS的導入應該被認為是必備的策略；然而，人們應該知道眞正的競爭優勢並不是系統本身，而是透過系統所建立的聯結與所形塑的企業文化。XPS並不是提升競爭力的萬靈丹，推動的公司不應投入大量精力在開發XPS系統與結構，卻忽略了企業文化相關議題的關聯性，眞正持續競爭優勢的來源是於實施和應用XPS的程序，而不是XPS的內容本身（Netland and Aspelund, 2013）。

為了在子公司推動XPS，跨國公司會建立一個XPS組織，這個XPS計畫辦公室一般都建立在總公司，計畫辦公室負責XPS的發展和實施，經常包括：檢視XPS文件、評估子公司XPS的成熟程度，成功經驗分享，以及提供推動XPS方面的支援等。XPS計畫辦公室透過全球化的組織結構來協調，在總部的計畫辦公室之下，各事業單位設置一位全球XPS執行長，而每個事業單位的各個工廠，又設置專職的XPS協調人員。圖5.14呈現此一全球組織架構的概念。

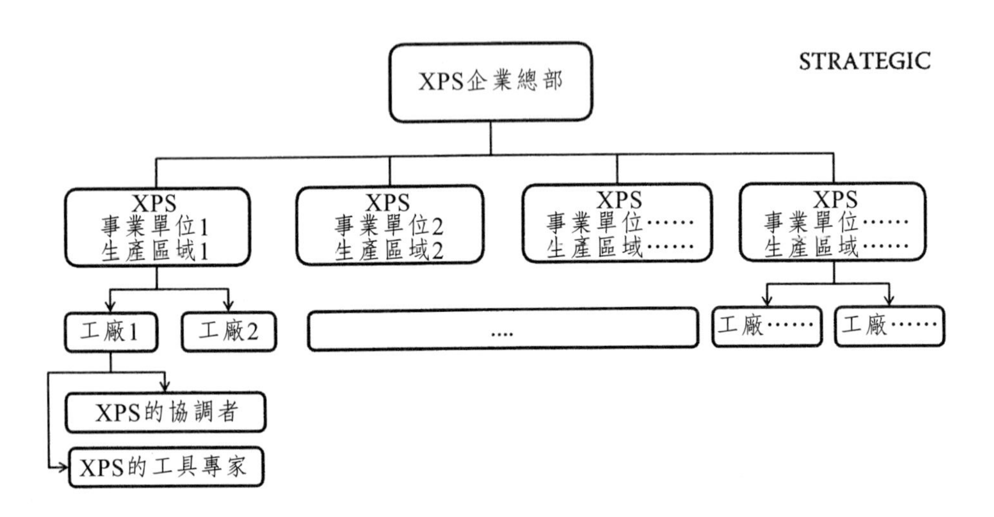

圖5.14　跨國企業的XPS組織範例

管理層級的承諾，是成功推動XPS的始點，也是終點。許多學術研究文獻都指出，XPS變革的關鍵成功因素就是管理層級的支持與承諾。從以下所列舉的Jotun案例中，即可看出管理層級承諾在跨國公司成長過程中，扮演策略性的角色。

▌案例：The Jotun作業學院

Jotun集團是世界油漆、塗料和粉狀塗料的領導製造商之一。Jotun總部位於挪威尤爾（Sandefjord），在世界各地擁有40間工廠和8600位員工；Jotun研發、生產和銷售各式各樣住宅、船舶和工業市場的塗料。Jotun因爲其世界一流的產品與服務而快速成長，在面臨下一個10年的產能需求擴充問題時，Jotun是透過結合綠地投資（green field investment）組合，現有產能的擴充以及建置Jotun作業系統（Jotun Operations System, JOS）等手段來改善現有的作業方式。

爲了維持成長與改善績效，Jotun建立了一個可經驗分享平臺，讓全球各地的員工與經理人可以分享實務經驗。其中，Jotun營運學院（JOA）就是一個重要的能力發展方案，而此一營運學院也是Jotun的XPS（Jotun的XPS即Jotun Operations System）最重要的一個組成。

JOA提供員工學習以及發展論述的機會，透過這些活動，有助於深層組織文化變革的發展，它同時也提供全球各地區工廠分享實務經驗的平臺。JOA透過種子教師，在跨國的各單位之間傳遞共同的企業價值：忠誠、細心、尊重、魄力。Jotun的經營者相信，在多國組織之間建立尊重、合作等共同的價值，是跨國集團能否成功的重要關鍵。

爲了維持成長與改善績效，Jotun建立了一個可經驗分享平臺，讓全球各地的員工與經理人可以分享實務經驗。

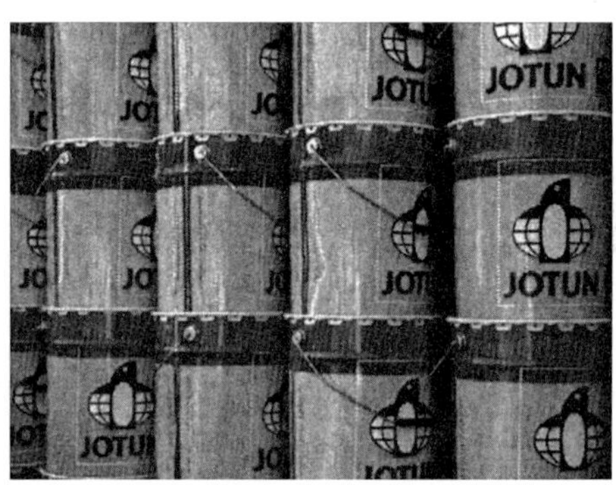

圖5.15　Jotun 的產品

標竿學習和評鑑模型

XPS的主要目的在幫助子公司落實最佳實務方案，標竿學習就成爲持續追蹤該方案發展和傳播很有用的工具。標竿學習是將某個工廠的作業程序和其他工廠做比較的過程，由於推動XPS有一套放諸四海皆準的原則（Koontz, 1969；Kono, 1992），所以在評鑑模式的發展上，應該就能夠建立一套可應用到各個工廠的標準化稽核方案。

許多跨國企業策略性地利用評鑑模式推動其工廠導入XPS，評鑑模式之所以能夠用來當做推動的工具，就是建立在「只要有工作項目能夠被評鑑並要求改善，這個項目當然就能夠被落實」的基本假設。在一般的情況下，詳細的評鑑文件，都是經過實地訪視被評鑑對象之後再設計出來，以下個案就列出了一個跨國公司如何推動評鑑模式的案例。評鑑模式除了由總公司推動，也可以自我評鑑的方式來執行，其目的都在確認目前工廠處於哪一個發展階段與成熟度，並找出下一階段所要追求卓越的方向。就這一個意涵而言，評鑑模式可以看成執行XPS的導引準則。

案例：德國家電公司的生產系統評鑑模型

德國某家電公司是一家業務遍及歐洲、拉丁美洲、北美洲和亞洲，全球共有13個分公司，設立40座工廠，在世界各地有超過45000位員工的跨國公司。為了要提升全球競爭力，該公司建立了自己的XPS，用以改善其全球製造網路中各工廠的生產力。在推動XPS過程中，評鑑模式是很重要，也是所有營運工廠中都必須建立模式。評鑑模式主要包括兩大面向：一個是衡量工廠中的XPS的落實等級，另一則是衡量成熟度的等級（圖5.16）。

在該公司的評鑑系統中，總共有400個問題在評估落實等級，以及150個問題在評估成熟度等級，兩種評分系統滿分各為1000分。根據得分，可以判定受評估工廠的分類等級：A等級（>850分）、B等級（>700分）或C等級（>500分）。在落實程度方面，每個題目的給分標準，大致是以該系統實施的廣度為主，準則如下：

- 0：沒有任何計畫或實施
- 1：XPS已經有計畫

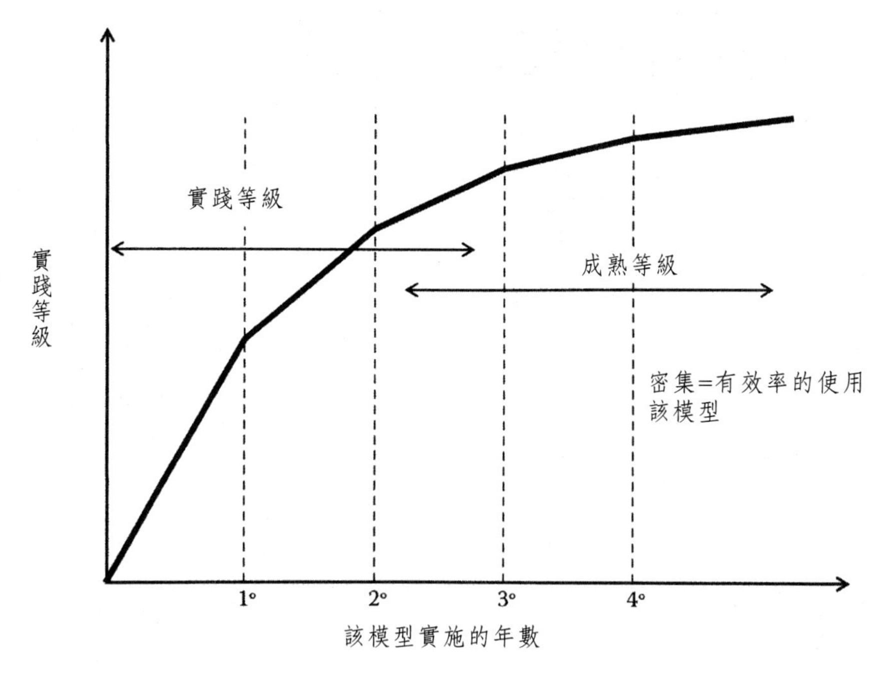

圖5.16　實踐等級與成熟度等級的關係

- 2：XPS已經在某個地區試行
- 3：XPS已經在工廠中的50%作業中實施
- 4：XPS已經在工廠中被完全地執行

在成熟度調查表中共有150個問題，最高分爲1000分，每一個題目各有量化的關鍵績效評估指標，整體的評分標準如下：

- < 200分：執行的效率低落
- 200－400分：高於一般水準
- 400－700分：優異
- > 700分：理想狀態

▌案例：Natra

Natra是歐洲一家擁有超過50年歷史的跨國公司，以巧克力產品私有品牌以及可可加工產品爲主要業務。Natra生產糖果棒、巧克力和比利時特色商品，該公司在歐洲有5個生產中心，供應上述的產品項目。該公司以研發創新配方、包裝和量身訂做的客製化產品，作爲進軍美洲和亞洲市場的策略定位，以及應付歐洲市場的快速成長。

Natra導入XPS的概念，在全球製造網路中推動Natra製造系統，作爲提升效率的手段。這個系統架構包括：指導原則、工作場域中的價值體系和行爲、作業模式和程序、目標與衡量準則、方法與工具等模組所組成。

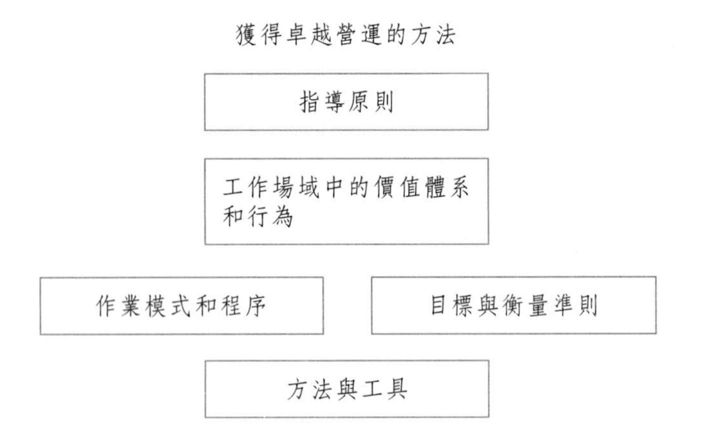

• 指導原則：源自於公司的營運策略，關於公司對於效能與效率的基本信念與哲學，用來指引個人集團對的行爲。

• 價值／行爲：在作業場域中，幫助達到願景和目標的方法。

• 作業模式和程序：工廠管理所須具備的功能與任務，用以配合整個生產價值鏈與整合資訊系統的運作。

• 目標與衡量準則：從策略計劃與年度預算中所衍生出的績效目標（成本、品質、交期、創新、 安全性）。

我們想要達成什麼

- 方法：實施／改善程序的描述

我們要如何達到具體目標

- 工具：針對使用特定方法所發展出來的特定技術

哪個工具或是技術可以讓我們達成目標

第六章　工廠和設施物料流及設備設計

Sandra Martínez and Ander Errasti

蔡豐明　譯

開始一項偉大的計畫需要勇氣。完成一項偉大的計畫需要毅力。

Starting a great project takes courage.

Finishing a great project takes perseverance.

- 緒論
- 設施設計要點
- 什麼優先，佈局或處理系統？
- 外包設施設計要點
- 設施物料流及設備設計要點
- 設施規劃過程
  - 指定所需的製造／組裝過程
  - 流程設計層級化
- 工作站流程：自動化只是為了產量或其他因素？
  - 工作站流程設計和產量流程圖
  - 依據品質設計工作站流程
  - 依據種類及數量設計工作站流程
- 區域內的流程：生產區域
  - 產品設計相對於流程配置
  - 一間公司內部的公司
- 區域或佈局間的流動
  - 佈局配置程序
  - 產品／產量分類
  - 製成類型
  - 生產設施設計

緒論

在此章節，我們探討：

- 基於產量／產品和程序的設施分類
- 外包設施物料流及設備配置因素
- 設施規劃過程和佈局設計（工作站及範圍）

設施設計要點

設施從供應鏈系統的角度來看是一個全球製造業網路的關鍵點。假使我們想要實現最有效率的原則，例如需求導向供應鏈（demand-driven supply chain）（Christopher, 2005），設施的配置應該以提高顧客滿意度爲導向，降低總成本，並提高資本回報的經營管理爲原則（圖6.1）。

一旦該設施的位置（見第四章）及策略角色（見第五章）被決定，則下一步便是設施的配置。

Tompkins et al.（2010）及Muther（1981）陳述設施系統、佈局及處理系統爲設施組成要素。

該設施系統由構造體系、外圍系統、照明、電力和通訊系統等組成（圖6.2）。

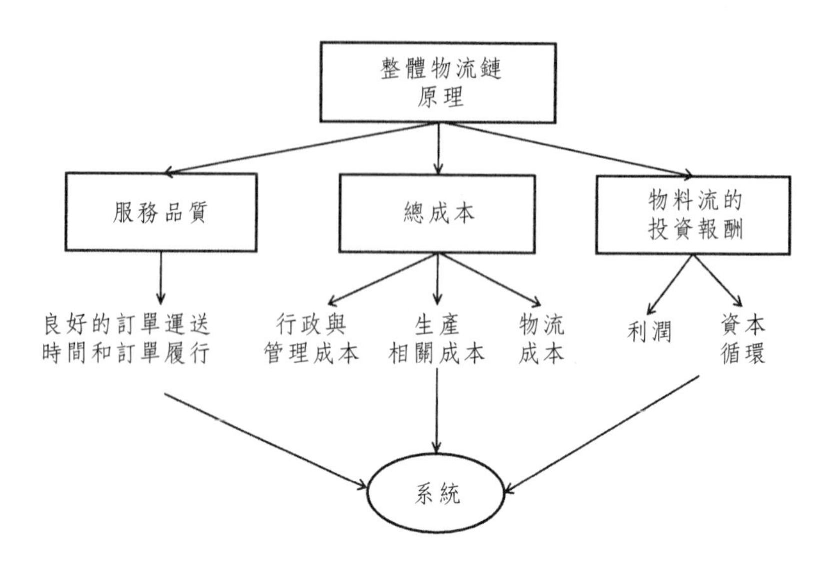

圖6.1　整體物流鏈原理。

（取材自Errasti, A. (2006) KATAIA: Modelo para el analisis y despliegue de la estrategia logistica y productive. PhD diss. University of Navarro, Tecnun, San Sebastian, Spain.）

圖6.2　設施構造系統範例

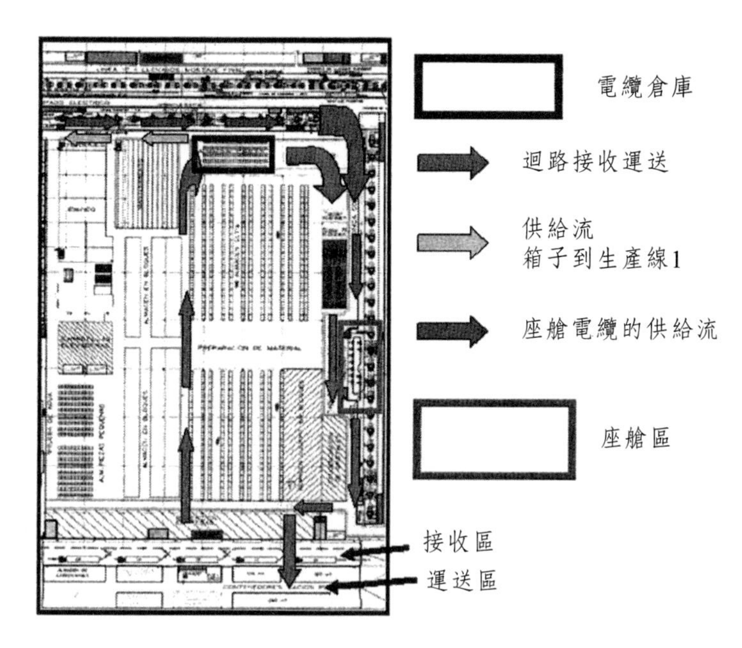

圖6.3　組裝生產線的佈局範例

該建築物由設備和機械佈局而成，分別分散於物流生產區域、後勤及支援區域（圖6.3）。

這個佈局易受到建築物內生產過程中什麼該移動及什麼該被固定的考慮和選擇而影響。這些移動和固定的材料、機器、及人員選擇有不同的組合情形，且每一個都決定了材料的流動性能及隨後的處理系統。

表6.1　在規劃設備的佈局時，不同的材料、機器及人員選擇配置情形

材料	機器	人員	範例
固定	移動	移動	造船廠
移動	固定	固定	生產線
移動	移動	固定	自動化倉儲系統
移動	固定	移動	生產線流動

對於同樣的設施問題不同的概念及不同的處理系統皆爲適用的，且可能有不同的選擇，詳見表6.1。

另一個範例爲在設計揀貨系統時入庫可以是物就人（parts-to-picker）和人就物（picker-to-parts）的選擇（圖6.4及圖6.5）。

什麼優先，佈局或處理系統？

即使在製造的過程中可顯示所有活動執行的順序，但在整體的佈局計畫圖被完成之後才提出有物料處理的方案是不適當的。

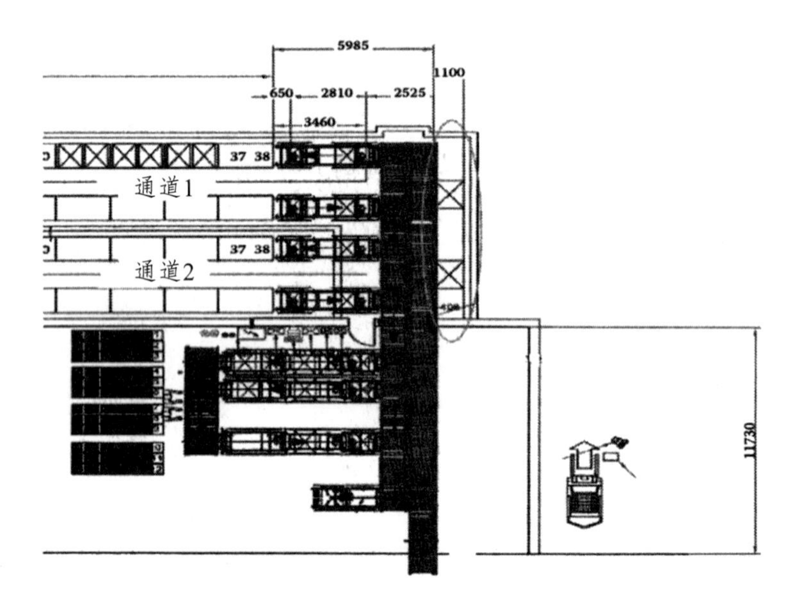

圖6.4　二個工作站及一個電子標籤分貨系統之物就人自動化倉儲系統範例（AS/RS，Automated Storage/Retrieval System）。

取材自 ULMA Handling, San Sebastian, Spain. (With permission.)

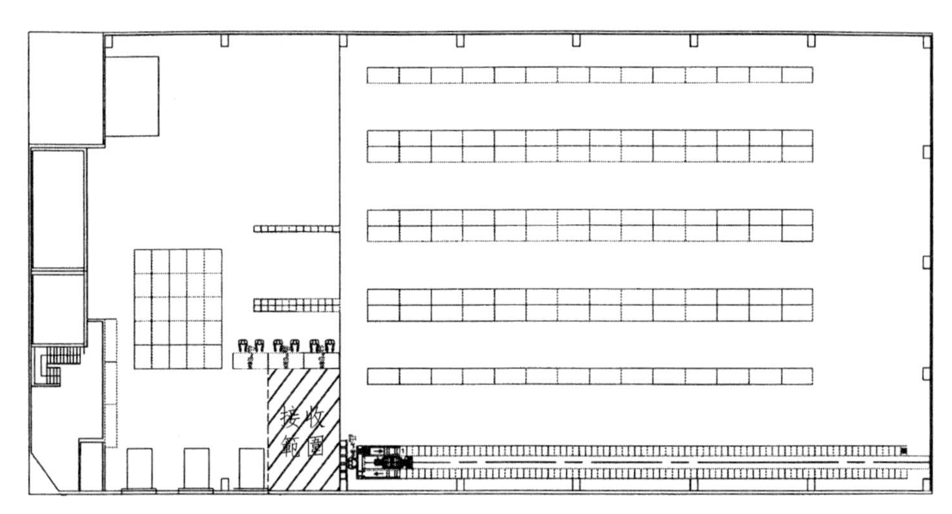

圖6.5　物流中心常見的料架系統，人就物和物就人的自動化立體倉庫範例。
（取材自 ULMA Handling, San Sebastian, Spain.With permission.）

舉例來說，把處理效率用於考慮的因素時，物料處理單元取決於機器生產區位及生產批量大小，因而可能形成兩個截然不同的選擇，而每一個選擇受到不同的概念影響（概念A和概念B）。

- 概念A：蜂窩平衡（cellular-balanced）是以一個裝置處理工作站間所有或單一生產流程，對於多種產品的製造做出平衡的需求和短暫的前置作業時間及較短的移動距離。一個精實的生產方式會強調單一生產流程的模式，排除規模移轉和用U型設計來平衡工作站以達到員工利用的最佳化。

- 概念B：生產線在系統的限制下以平衡需求產量及生產複雜性。此概念最佳化生產量及附屬轉移規模調度的瓶頸。工作的過程對他們是次要的因素，主要考量機器間移動距離最小化及移轉數量最佳化。這排除了降低機器之間距離的需求。相反地，一個限制理論方法認爲平衡生產力和設置時間的難度將著重在特殊混合產品的限制條件，以及提出緩衝區／儲存區從上游製造過程移除，這概念提出生產線而非蜂窩式生產方式，可以在所有限制條件下最佳化生產規模。

本章節考慮物料流和設備配置方面的問題，深入地探討生產佈局及處理系統。（本書非針對結構系統設計之課題。）

外包設施設計要點

有關外包設施的不同選項已經被發表在相關文獻，這些選項取決於空間及所有權的方面，然本書著重在國際議題（表6.2）。當考慮到全球市場的動態觀點，以靜態配置規劃新的外包設施將不適用於廠房的整個生命週期。

這意味著，極少數企業將能夠保留他們的設施或佈局而不嚴重損害其市場中的競爭地位。因此，設計中應考慮的不只是效率的性能參數，還有製造業重新配置及適合的範例（見第五章）。

總之，外包設施物料流及設備的配置必須考慮效率參數以及經由不斷地重新佈局和重新排列以更新營運的能力。

此外，管理者普遍認爲一個設施和管理系統可以被複製或在世界上任何其他地方「複製使用」。不過，這是不正確的，因爲近期研究（Errasti, 2009）強調處理和管理系統的修改及適應當地的特性之需求不應總是由管理者來考慮，例如勞動成本、設備維護、產品需求種類和相較於設施模型的產量、及供應商當地的網路。

表6.2　不同的外包選擇取決於空間及所有權

		所有權	
		內部	外部
空間	國家	國內輪調	國內外包
	國際	國外輪調	國外外包

設施物料流及設備設計要點

一般設施物料流及設備設計的整體目標包括：

- 藉由訂單交付過程的需求和整體客服投訴的需求來提高顧客滿意度。
- 藉由減少物料搬運、最大化週轉率及透過工作站及生產區位設計達到最佳化員工效率，以增加資產收益率（ROA, Return to Assets）。
- 對於未來需求的適應性及重組性。
- 有效地使用設備、空間能源，透過現場生產管理準則系統來提高設備可用性（Takahashi and Takahashi, 1990）並簡化工作程序（Womack and Jones, 2003）及降低能源消耗。
- 爲了使工作流程標準化及施作員工持續改善作業績效（Suzaki, 1993），透過視覺品質、生產流程管制（Hirano, 1998）及現場生產管理準則系統來提高生產力。
- 提供員工安全且符合人體工學及環保的要求。

當設計或重新設計設施時，公司的價值鏈及擴展供應鏈功能有顯著的影響（見第五章）（表6.3）。

設施規劃過程

前面已陳述佈局和處理系統應該同時被設計（Tompkins et al., 2010），因此，這也是爲什麼一旦一個生產區位的基本條件已經被蒐集，在細部規劃被執行前，一組合適的區位選擇規劃圖就應提出。

對於製造和組裝的設施規劃過程包括（Tompkins et al., 2010; Muther, 1981）：

- 確定要被製造及組裝的產品。
- 將必須的製造／組裝過程及相關活動列入清單。
- 確定活動之間的相互關係。
- 確定所有活動的空間需求。

• 訂定、評估及選擇設施的計畫。

表6.3 重新規劃設施配置時價值鏈的功能及影響

價值鏈功能	特徵	變因／動因
需求管理	產品組合、產品需求	需求及各種反應／彈性
產品開發	產品複雜性、模組化、標準化、及設計穩定性	產品價值感
製造業網路設計	集中與分散製造聚集過剩的工廠	全球網路結構
流程發展	工廠規模、機器技術、自動化類型和程度、品管系統	流程核心技術
生產計畫及安排	批量、安排優先順序、決定生產計畫範圍、人員編制	操作核心技術
服務決策及配送策略	存貨生產、接單生產、訂單組裝配送策略 庫存需求及物流當地-國際 拉-推原理	時間反應
供應商開發	來源位置、來源型式（要素、組件等）、及供應商附加服務（合資、共同設計、 精實物流、補給系統等）	擴大供應鏈發展
人力資源管理	員工招募政策、員工能力及技術組成	資源管理政策

• 執行設施的計畫。

• 維護及適應設施的計畫。

• 更新策略角色和設施、更新產品製造／組裝及重新定義佈局（見第五章）。

一旦產品、流程及決策設計表已經被決定，該設施的規劃團隊需要產生和評估佈局及處理的方案。爲此，一些學者（e.g., Tompkins et al., 2010）提出了7大管理及規劃方案工具。

指定所需的製造／組裝過程

一旦產品種類及數量已知時，製造的過程就必須依據這些資料設計。因此，操作／流程圖對於顯示營運數量（生產、運輸、儲存）、檢查及操作次數是一個有用的圖解工具。

圖6.6可解釋為一個網路（Muther，1981）或生產過程中的「流」，如同匯流進大海的河流。正如河流收集來自雨水及其他溪流的水源，它可能立刻開始往下流動。同樣地，零件及原料是河流的開端。

水繞著國土在渠道運行，我們稱它為溪流和河流。製造的過程是河流的中間點，如果水是被包含且緩慢的，我們稱它為湖泊和池塘。同樣地，這件隨在存貨的過程，因為存貨可以在製造或組裝之間緩衝。

離開高海拔的山區和丘陵接著進入平原，河流減慢且改變成一條主流。這些是製造過程的主要裝置或生產線或單元。

最後，河水流進另一大片水域，如海洋、海灣或湖泊。同樣地，製造結束在配送或出貨區（圖6.6）。

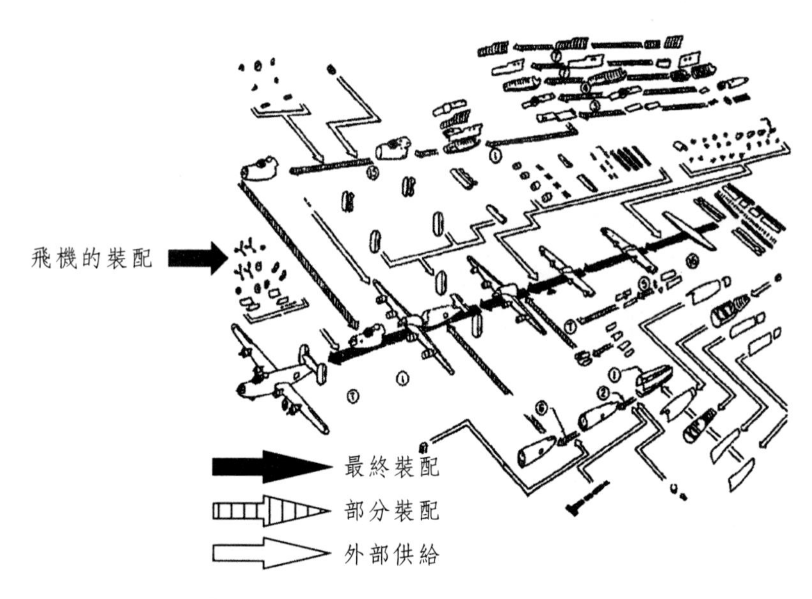

圖6.6　一架飛機的組裝過程範例

（取材自 Muther, R.(1981)Distribucion en planta, 4th ed.Editorial Hispano Europea, S.A. Barcelona, Espana.）

對於建構製造過程，Tompkins et al, (2010)建議以成品及追蹤產品履歷至它的基本零件開始（圖6.7和圖6.8）。

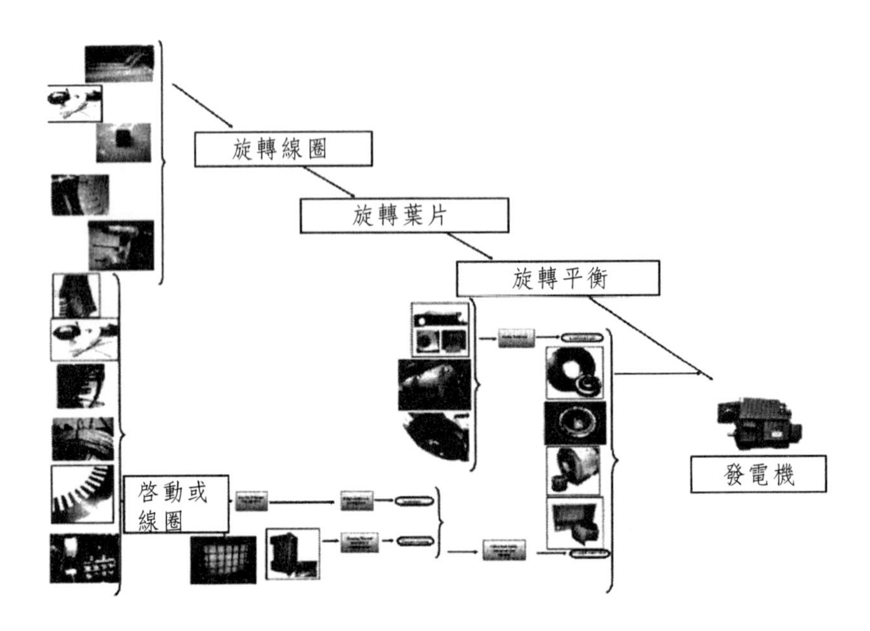

圖6.7　一台風力發電機組裝過程

（取材自Indar Ingeteam, Bilbao, Spain. With permission.）

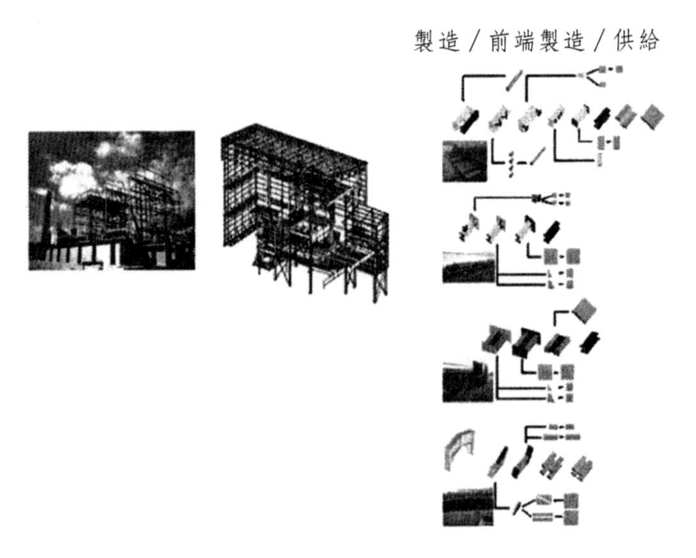

圖6.8　鋼鐵結構設施組裝過程

這個生產過程中的「流」表示一個單一的、離散的產品之生產特性，但該產品及其他被生產的系列產品數量應該被進行分析。因此，在設計生產數量時，系列產品的共通性及模組化程度應該被考慮。

爲此，採用群組技術是恰當的，將零件分組爲系列，接著以系列的特性來做設計決策。分組通常基於形狀、大小、原料類型及加工需求，該方法試圖集中營運生產量，以便選擇標準化流程及挑選出適合的機器、自動化程度及佈局。

變化量的資訊通常來自於企劃書中的需求分析，根據物料流以決定佈局類型及機械投資數量是非常重要的。爲此，依據產品和流程特性，採用適當的模型（見第六章）找出佈局的選擇方案是有幫助的。

流程設計層級化

一個設施的流動系統不只是原料流動到製造工廠，即「進料到出貨」，還包括了決定這些活動的資訊流及物流資訊（圖6.9）。

用來分析組織流程的方法和技巧在第七章解釋。

流程規劃分級制度（Tompkins et al., 2010）：

- 工作站的有效流程（見第六章）
- 區域內的有效流程（見第六章）
- 介於區域或佈局的有效流程（見第六章）

工作站流程：自動化只是為了產量或其他因素？

工作站流程設計和產量流程圖

圖6.10顯示當在設計製造過程時，決定自動化程度是其中一個難題。由產量決定經濟上的可行性，且這已作爲在平衡自動化、半自動化或手動製造部分的投資花費與營運花費。

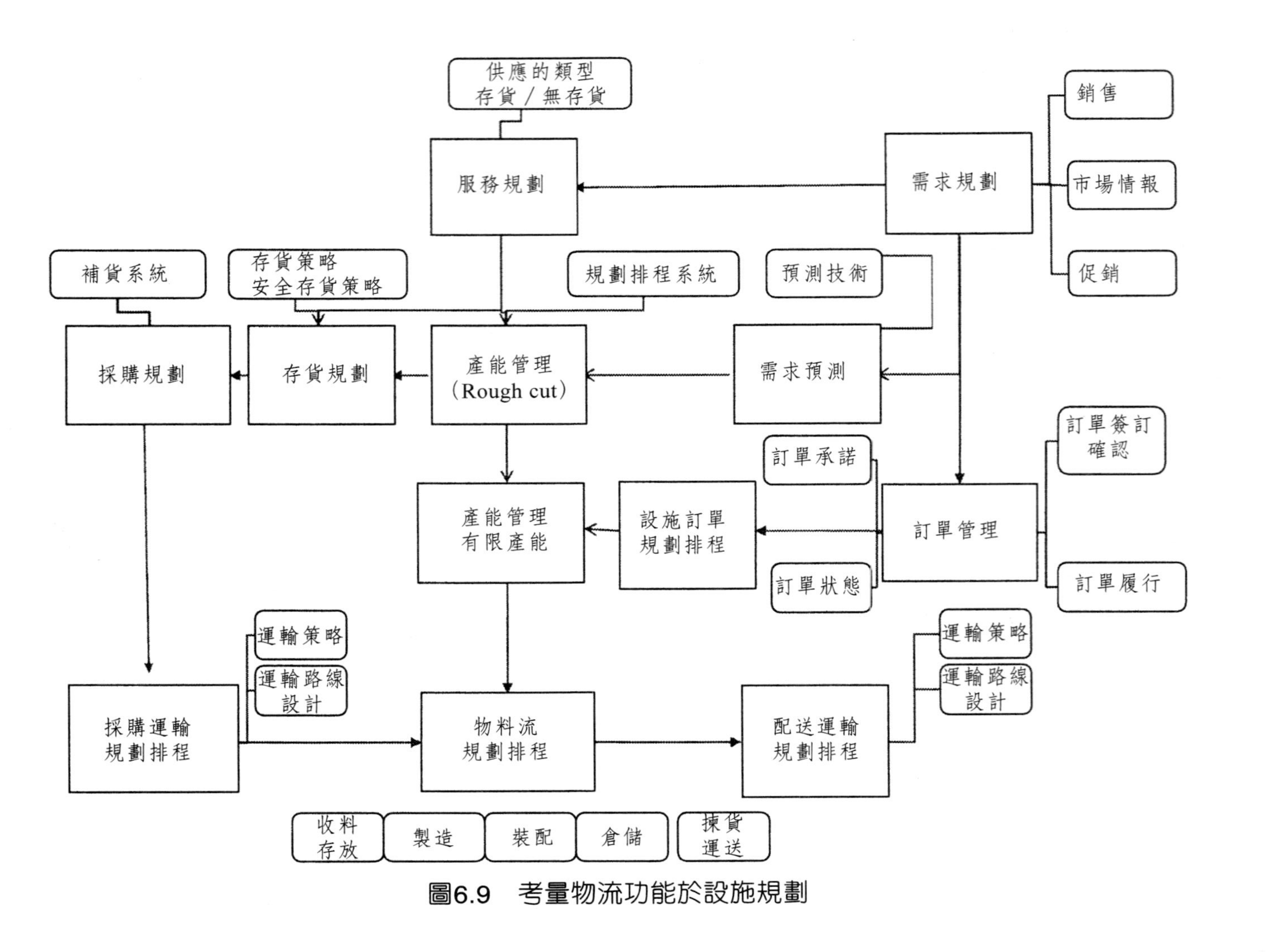

圖6.9　考量物流功能於設施規劃

營運組裝系統和不同的自動化程度取決於產量的大小，因此，該工程發展的過程允許每種型態的製造過程有不同的選擇（表6.4）。

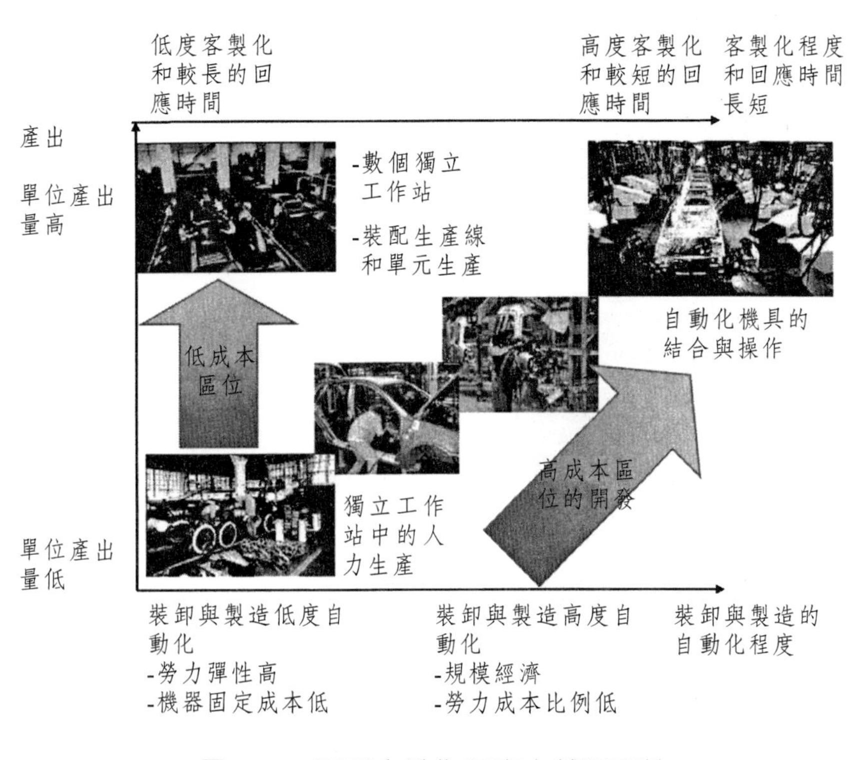

圖6.10　不同自動化程度之營運系統

▌依據品質設計工作站流程

使用可替代的製造技術在工程階段進行中是一個關鍵問題。Corti al.,（2008）提出當改變或重新設計一套自動化程度，整個製造過程應該被檢視。工程部應該提出對該自動化程度的理由，尤其就品質和成本面來說。

如果主要原因是「降低一個高工資國家生產成本」而遷移生產線到一個低成本國家，則自動化程度應該改變。另一方面，如果主要原因是「品質

表6.4　不同焊接方式的比較

焊接裝置			
	自動化製造及處理	人工作業使用自動化／機械化處理	人工作業和部分機械化處理
資本額	極高	中等	低
最大產量／天	3500單位	100單位	20單位
最大勞工勞動量（關聯性）	1-10	10-50	> 50

資料來源：取材自Abele, E., et al. (2008) Global production. A handbook for strategy and implementation. Springer. Heidelberg, Germany.

改善」且自動化過程沒有降低生產費用，製造過程中應該維持相同的設計（圖6.11）。類似的製造過程，物流及倉儲操作流程應該被檢視（圖6.12）。

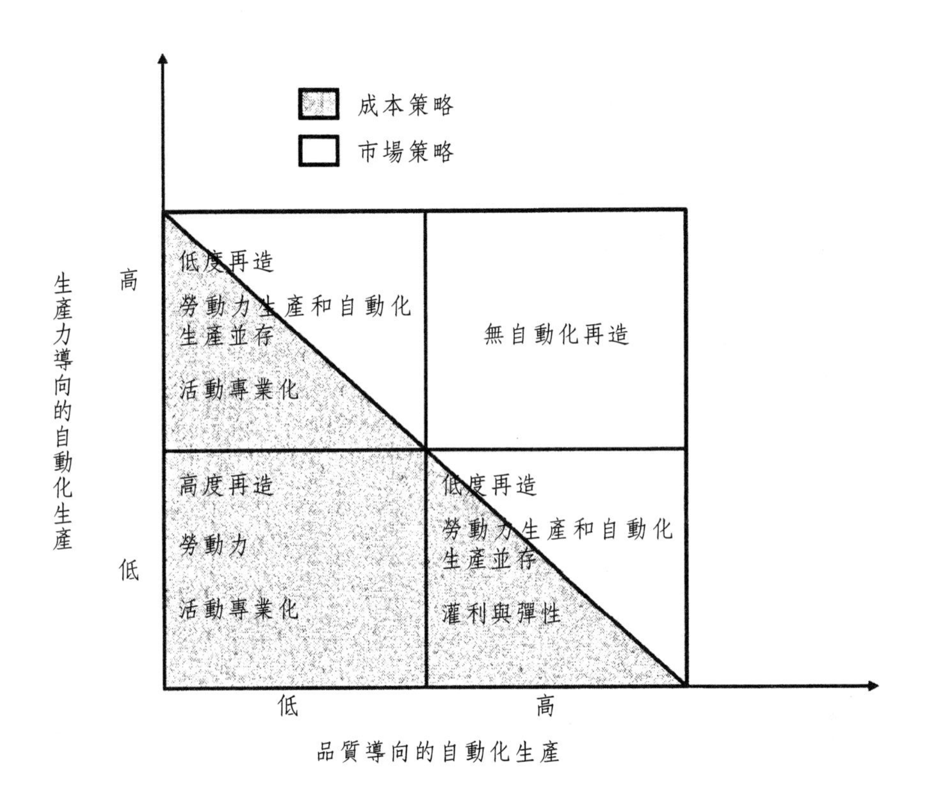

圖6.11　過程自動化程度以品質及成本為方向重新設計

（取材自Corti, D., et al. (2008) Challenges for offshored operations: Findings from a comparative multicase study analysis of Italian and Spanish companies.Paper presented at the 2008 EurOMA Congress, Groningen, The Netherlands.With permission.）

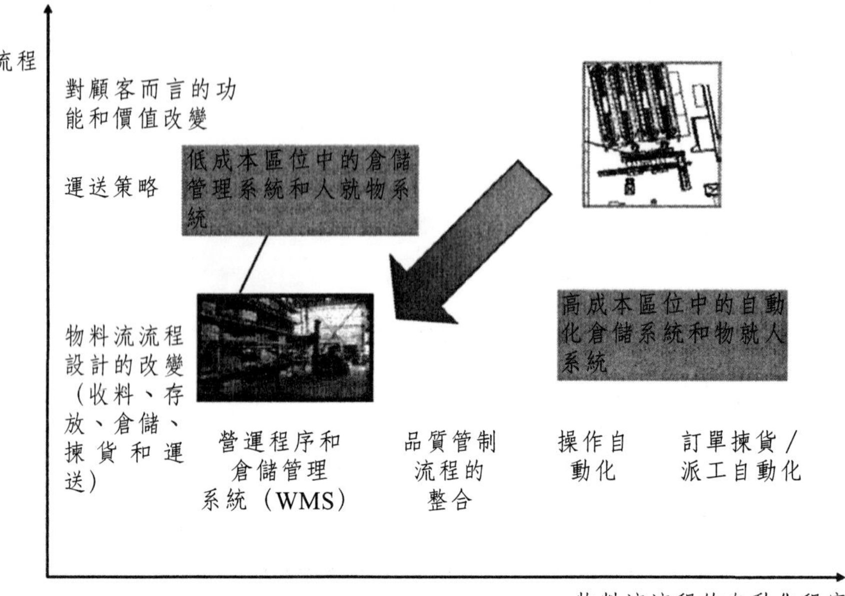

圖6.12　替代的製造方法及過程改變範例

依據種類及數量設計工作站流程

當單位零件數量少而種類多時，高度自動化生產對於大量且更簡單的方法是有吸引力的（表6.5）。

產量簡化了自動化的流程，但產品的種類及共同性的不足可能是一個阻礙。這個範例強調了高成本國家對於加強高附加價值製造業的策略，以生產標準化程度低及高度訂做設計（客製化）。所有相關範例皆在製造業架構（圖6.13）

區域內的流程：生產區域

生產區域是工作站在設施配置過程被組合在一起的集合，這個群集可以由兩個方面或座標軸來執行：

- 工作站在相似的產品或產品配置執行營運
- 工作站執行相似的流程或流程配置

表6.5　製作帆布鞋的概念

	獨特的鞋子	簡樸的鞋子
	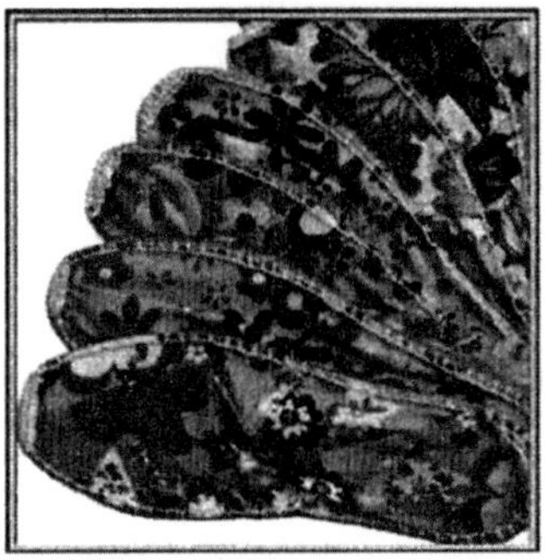	
限制條件	100種款式 500雙／年	10種款式 1千萬雙／年
技術	手工	機器
資本額需求	低	高
勞工需求	多	少
生產成本	高成本國家30歐元	低成本國家3歐元

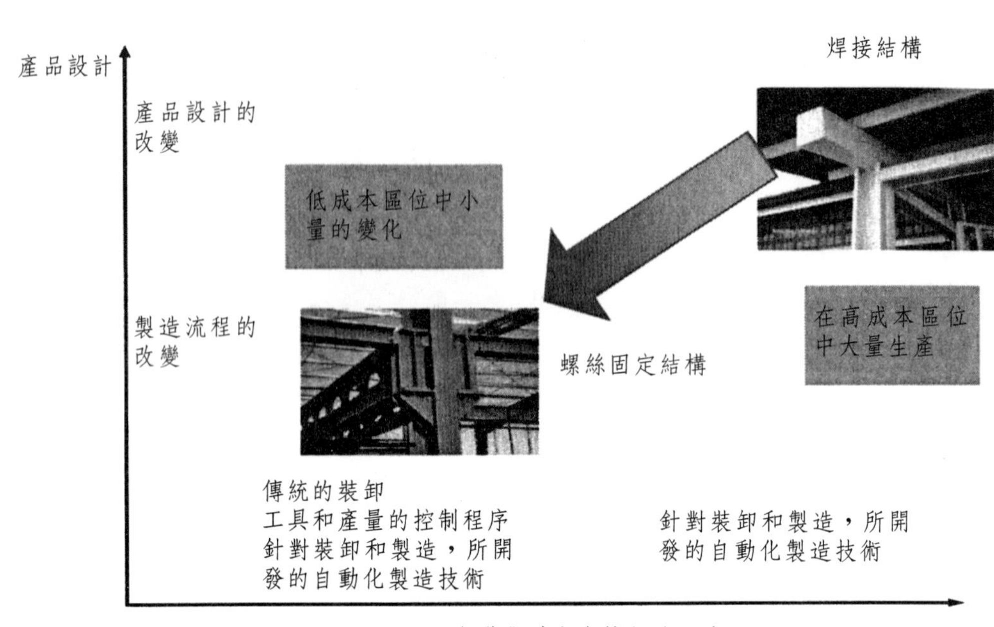

圖6.13　範例選擇製造方法到產品設計的改變

產品設計相對於流程配置

如同一些學者已經提出，一個決策樹狀圖對於決定製造過程配置相當有用（Cuatrecasas, 2009）（圖6.14）。

依據相似的製造作業流程整合中間及數量多元的零件時，製造所需的機器被組合在一起形成單元式製造。群集法通常被用做設計單元（Tompkins et al., 2010），包括用列表清單和機器組合在一起，根據工作量因素和生產時間或生產節奏的整體平衡，藉以分配機器至每個製造單元。接著爲了配置單元的佈局，調整機器、員工、原料、工具、原料裝卸及倉儲設備。

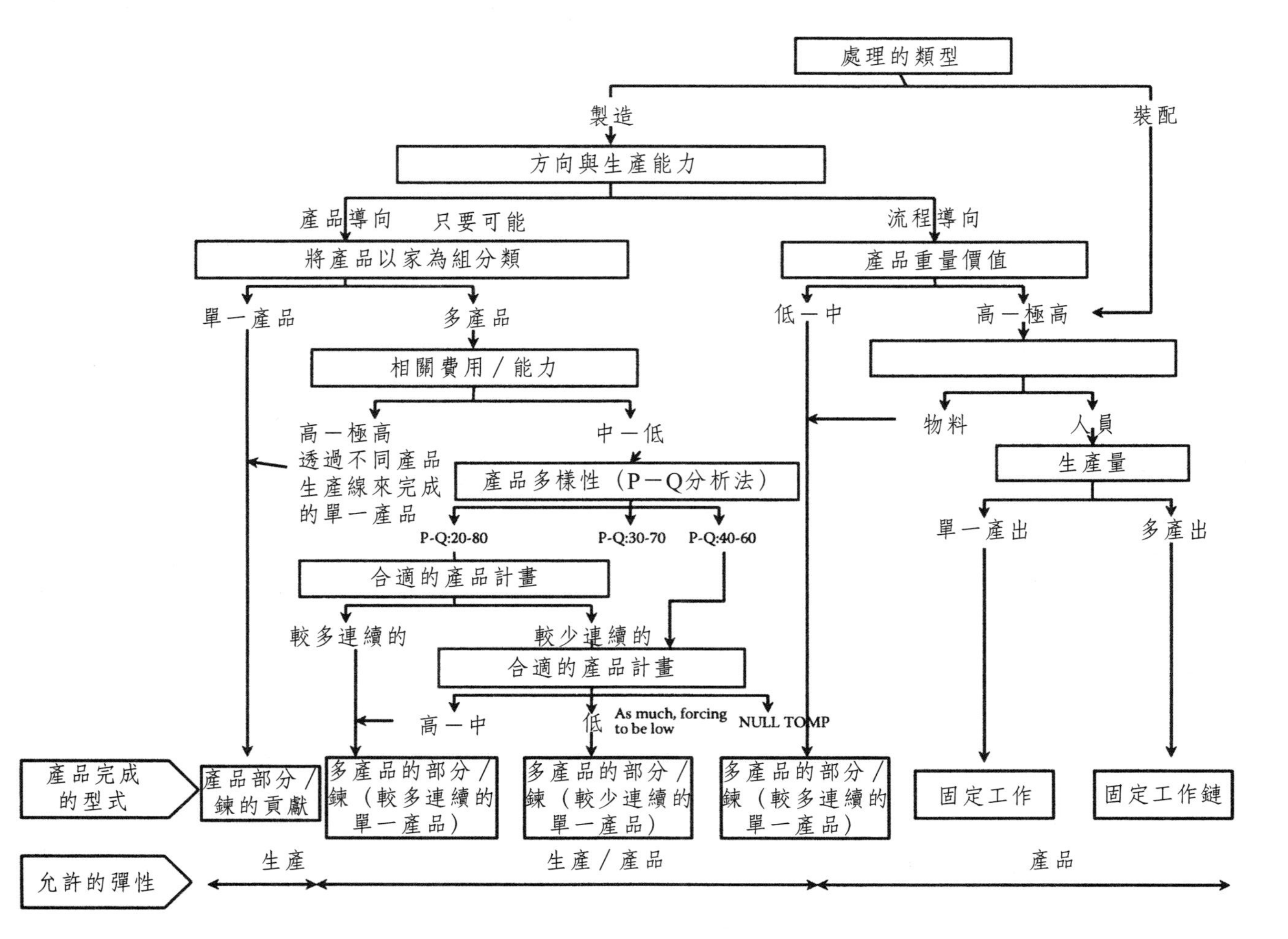

圖6.14　多種產品類型執行分類標準

一間公司內部的公司

迷你公司（Suzaki, 1993）或分形結構（Warnecke, 1996）是給任何一個在公司內獨立且動態組織團隊單位的名稱。因此，一個迷你公司有其顧客、供應者、銀行業者（老闆）及員工。這些可能包含在公司內部或來自於公司外部的人。這個結構被稱爲「全部（holon）」，這是一個希臘字的組合，Holos（全部）和on（個別的）。這裡，一個組織中的一個單元是整體的一部分，且在同一時間已區分出次要的成分。

其目的是爲每一單元展現出主動性及工作時充分利用其才能。再者，因爲每個人都是客戶，供應商在同一時間對應其他人，實行這個想法對所有人帶來好處。

例如當有人爲經理或管理者時，他或她考慮成爲迷你公司的董事長。此人定義使命及闡明誰做爲銀行業者、客戶、供應商及員工。而且爲完成使命，此人設定目標及編寫企劃書以達到該使命，並傳遞給利益關係者以便與其他人處於和諧狀態。當然，迷你公司的運作應定期與他們共享，因爲該組織的設施變的平坦且流程導向，故此營運系統廣泛的在日本及歐洲被採用，其可提高競爭力並促進持續改善及促進精益生產。

區域或佈局間的流動

大多數設施的組成包括混合產品及生產大量多樣化產品的區域。

佈局配置程序

Muther（1981）發展出一套有系統的佈局規劃程序。根據所輸入的資料及活動中角色關係的判斷力、原料流動分析（流向圖）及活動關聯性分析（活動關係圖）呈現出來。從這些分析中，一個空間關係圖被發展出，並在這觀點上，開發和評價替代產品的佈局配置。

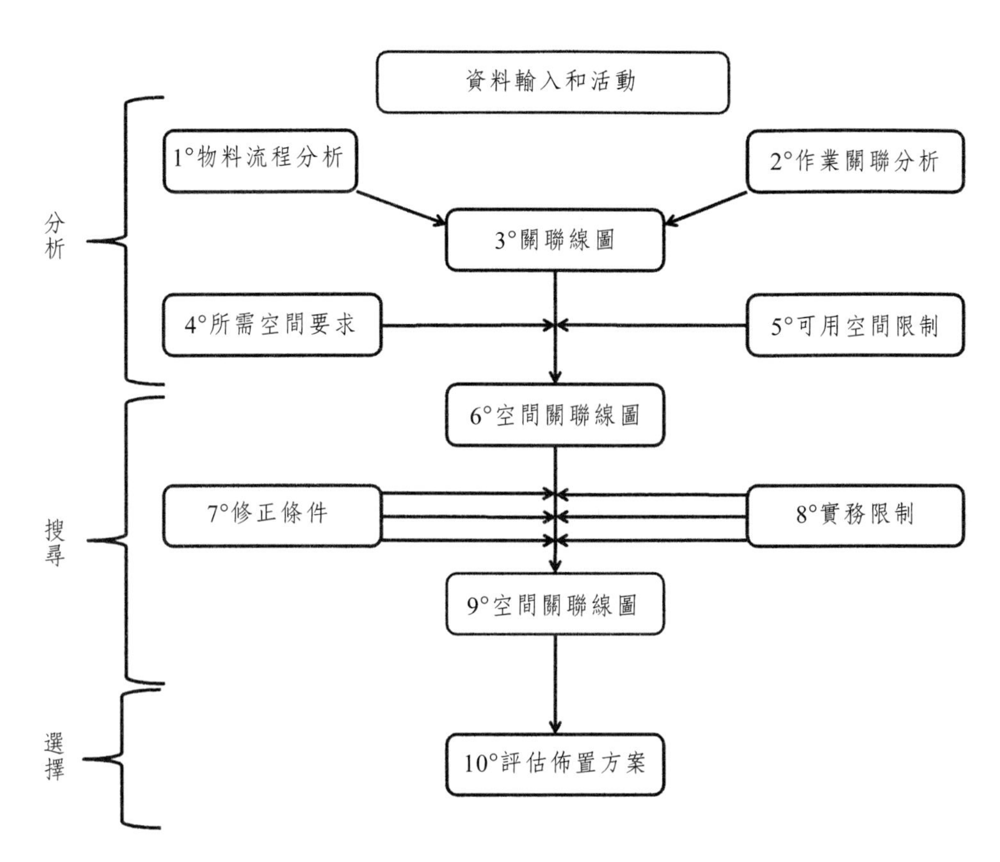

圖6.15　Muther's（1981）系統佈置設計（systematic layout planning, SLP）程序

產品／產量分類

Hayes和Wheelwright（1984）陳述設施配置依靠產量、多樣化及生產過程的特性。

Cuatrecasas（2009）補充說明，除了標準的零件型工廠、製成工廠及產品工廠的單元式製造外，彈性製造系統也應該被考慮（圖6.16）。

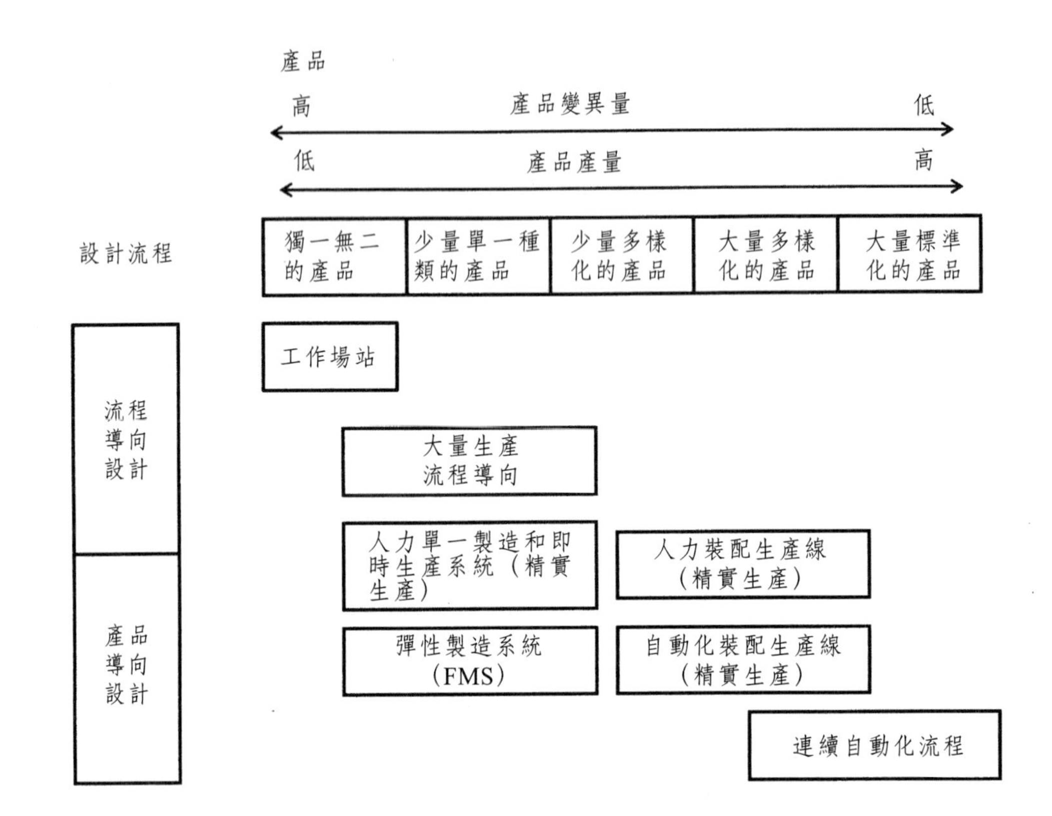

圖6.16　產品及生產過程特性之設施配置選擇

製成類型

主要有三種製成類型的設施，按產品及程序分成：A、V及T類型。

在「V」設施，具有少數原料且過程被設計成最終獲得較大量的成品，不同特性（不同原料）在應用上是相似的。鐵工廠爲典型的V設施。

在「A」設施，有許多不同原料、成分及組件轉變成小型的成品。此類型的範例爲飛機生產的設施。

在「T」設施，最後的成品裝配有不同組合及結構。在第一部分的過程中，產品用相似的方法生產（第一部分可以是V或A類型），在第二部分，裝配用不同的方法去執行。此設施概念和大量客製化的概念相互協調，且大部分情形產生在製造的最後流程。然而，一間公司可能有不同的生產策略或客製化解決方案，其影響多樣化過程及技術（圖6.17及圖6.18）。在表6.6，顯示出A、V及T的主要特性。

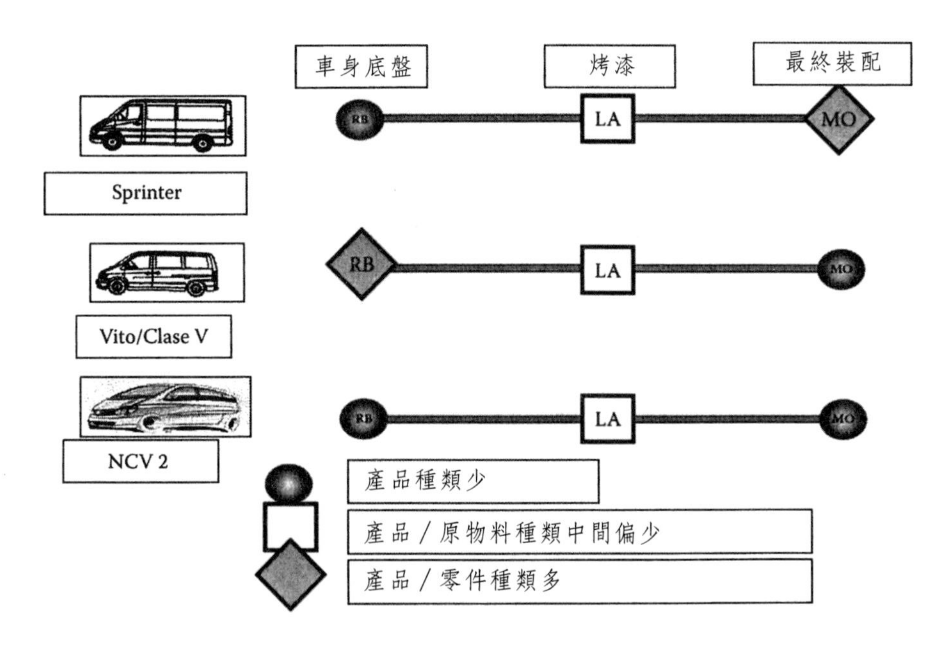

圖6.17　不同的產品／過程之產品策略選擇

（取材自 ACICAE (automotive component industries), Bizkaia, Spain, 2003.）

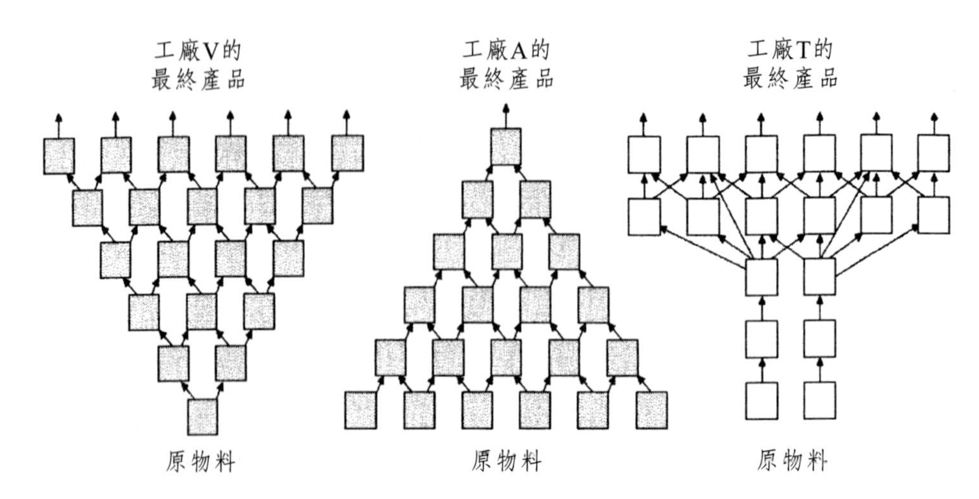

圖6.18 V、A及T製成類型

表6.6 A、V及T設施的特性

V設施	極高度投資機械及設備 高自動化程度 集中工廠及產品配置 機動性有限及時間反應於數週 缺點：設備效率是一個關鍵因素，因為他們通常以設備成本為導向且依據混合及數量產生不同的瓶頸
A設施	高度投資機械及設備 不同自動化程度取決於位置、產量及種類 主要產品或市場集中於工廠且流程混合配置 高度重視時間、品質及多樣化 缺點：原料管理非常複雜且需要被固定
T設施	高度平均投資機械及設備 不同自動化程度取決於位置、產量及種類 主要流程為裝配 主要產品或市場集中於工廠且流程混合配置 高度重視短暫時間、品質及多種類 缺點：原料管理非常複雜且需要被固定

生產設施設計

以下特性必須考慮在生產設施設計的過程中（生產營運系統將在第七章詳述）：

- 設施的技術水平及過程的自動化程度
- 設備和機器的分布及位置
- 單元式製造設計及平衡調整（流程概念）
- 設計需求生產量（操作且結合生產平整化、產量及物流的能力）
- 機動性（「0」設置時間）、有效性（「0」損壞）、品質（「0缺點」）
- 自動化
- 先進規劃及調度系統
- 目視管理
- 生產人員組織
- 區域及工作站設計
- 現場生產管理準則設計（任務、人員、區位、供需雙方關係、流程、工作表、訊息及持續改善系統）
- 關鍵績效指標（品質、成本、交貨、安全及道德）和改善動作

在過去十年中，「敏捷製造」下的概念模式及可重組製造系統，已經出現考量產能機動性的傾向，這是改變生產水平及變動產量至另一快速且低成本的能力。有四種方法可以做替代或互補。

1. 機動性的設施具有「移動」設備及構造，可被拆卸、重組生產及維修。該設施適合在動態價值鏈的條件下（見第五章）。

2. 根據低成本設備產生機動性的過程及製造系統，根據模組化及共通化產生較高機動性及客製化產品種類。

3. 機動性操作人員，具備多項技能及能力處理不同種類的工作及改善方案。

4. 擴展能力，在需要委外及外包活動時和供應商甚至競爭者簽訂協議。

第七章 規劃／排程整合系統和現場管理

Jose Alberto Eguren, Carmen Jca, Sandra Martínez, Raul Poler, and Javier Santos

盧華安 譯

達到高峰非難事，難在懂得如何留在峰頂。
What really matters is not arriving at the summit,
but knowing how to stay there.

緒論

產品屬性和適用的管理原則

- 精良和靈活的製造原則

現場管理躍昇策略：設施改善藍圖提案

適用性和轉移到海外設施現場管理

流暢銜接組織

- 生產規劃和排程系統
- 進階的規劃和排程功能
- 做為大型企業整合者之規劃排程系統

持續改善的組織

- 持續改進之基本要件
- 組織學習觀點

緒論

在此章節，我們將討論：

- 產品屬性和適用的管理原則
- 現場管理基礎和進階層級
- 持續改善組織

產品屬性和適用的管理原則

精良和靈活的製造原則

在過去的二十年，小型和大型企業皆密集地應用精良方法（lean approach）。精良製造之起源可追溯至Toyota生產系統（Toyota Production System, TPS）。此方法的核心爲削減浪費。七種浪費已被確認：過量生產、等待、運輸和無用的搬運、糟糕和低落的程序、過量的存貨、無用的動作、和瑕疵零件之產出（Ohno, 1988）。爲減少單一產品或一系列產品於製造過程中存在的浪費，必須區分能創造價值和未能創造價值的階段。精良製造已發展出精益思考原則（lean thinking principles），該原則實行方法可歸納成：具體指出特定產品之價值，確定各個產品的價值流程，建立一不受干擾的價值流程，讓顧客得以從生產者處，取得價值和力求完美（Womack and Jones, 2005）。這些原則亦適用於中小企業（small and medium enterprises, SMEs）的生產流程中（Lyonnet, Pralus and Pillet, 2010），他們在確保持續之產品流程下尋求削減浪費。除了使用價值流程圖（Value Stream Mapping, VSM）以凸顯創造價值階段之可見度（visualization）外，有些作者亦提出下列的計畫工具：流程活動圖（process activity mapping）、供應鏈回應矩陣（supply chain response matrix）、生產多樣漏斗圖（production variety tunnel）、質量過濾圖（quality filter mapping）、需求放大圖（demand amplification mapping）、決策點分析和實體架構（量－價值）（Jones, Hine, and Rich, 1997）（圖7.1）。

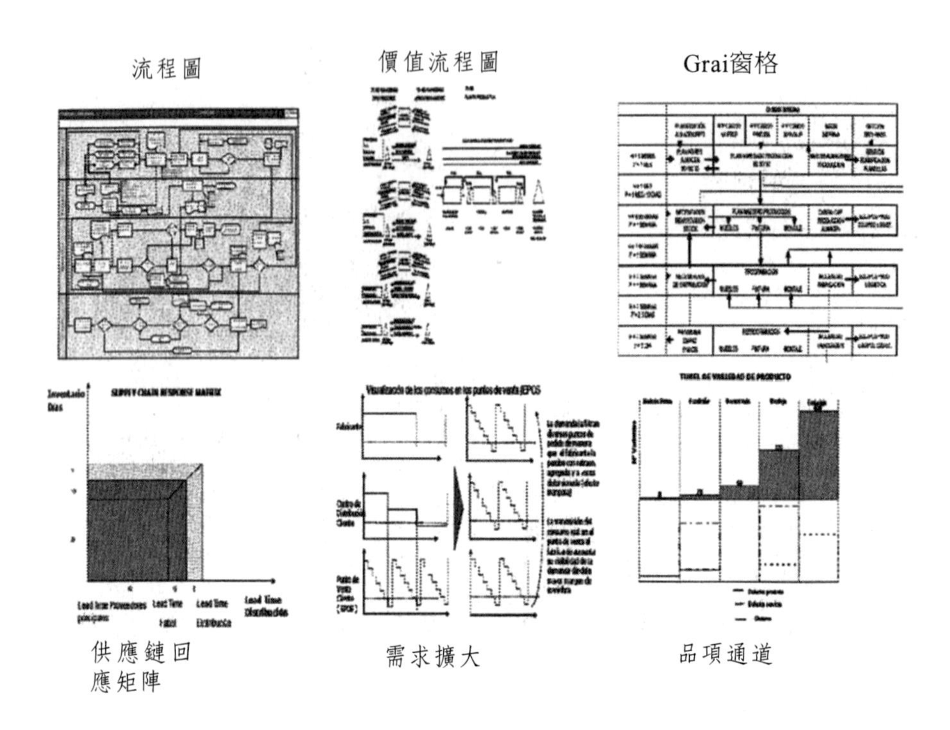

圖7.1　補強精良物流工具

（取材自Jones, D. T., et al. (1997) Lean Logistics. International Journal of Physical Distribution and Logistics Management, 27(3/4): 153-173）

Christopher and Towill（2000）將靈活製造（agile manufacturing）定義爲「組織可快速回應需求改變（數量和種類兩者皆是）之能力，以因應多變和可預測的市場。」Harrison and van Hoek（2005）則認爲精良製造在穩定、可預測的市場之下最能發揮效用，而該市場應是多樣性低且將精良製造限制在工廠的傾向。

Mason-Jones, Naylor, and Towill（2000）指出，使得精良或靈活概念之執行更加合適的產品和需求屬性（表7.1）。

表7.1　產品和需求屬性和精良或靈活概念的施行

	精良（Lean）	靈活（Agile）
典型產品	商品	流行品
市場需求	可預測的	具波動性的
產品多樣性	低	高
產品生命週期	長	短
資訊強化	高度渴求的	強制性的
預測機制	演算式的	諮詢的

相反地，有些作者則認爲此兩項原則皆可適用，並提出供應策略和顧客訂單分歧點（order decoupling point）將決定在何處使用精良製造，而在供應鏈何處使用靈活製造（見第三章）（圖7.2）。

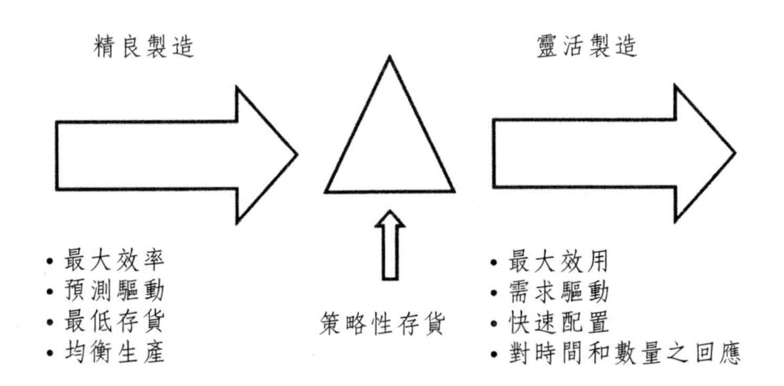

圖7.2　分歧點前精良的套用和分歧點後靈活的套用

現場管理躍昇策略：設施改善藍圖提案

本書作者強調在一新設施之初始階段，應有基本的組織層級，且在較少成本和時間偏差之條件下使用設施、設備和資源，會較執行整套和精良製造相關工具和技術來的更爲重要。此方法並非要求一次便百分之百套用在系統上，且受到一些研究者的推薦，可考慮在已存的半自動生產線上執行精良管理。

一些作者（Taylor and Brunt, 2010）已指出在一設施中，執行精良製造時，必須先確認精良工具的順序。而可用的工具和方法之順序，則是一令人關注的貢獻。

然而，此方法卻未考慮到，這些工具其實是具有文化背景和置入性價值的理論（Nakano, 2010），且這些工具若未能漸進式的套用，將可能無法持續。因此，訓練和中、高層級主管的承諾，是改變員工心理和引領管理上改變的先決條件。

Prajogo and Sohal（2004）定義永續性（sustainability）爲「一個組織在商業環境中，適應改變和獲取當時最佳實務方法的能力，並取得和維持超級競爭績效。」有許多因素可能降低或提高永續性（Jaca et al., 2010），如：

1. 管理上的承諾
2. 關鍵績效指標
3. 與策略性目標連結之計畫目標
4. 結果的成果和執行
5. 適當之方法
6. 特定的計畫資源
7. 專案小組之參與
8. 充分適當之訓練
9. 結果的溝通
10. 員工參與度之提升
11. 團隊合作之提升

12. 支援計畫之服務商
13. 適當的改善空間
14. 對環境之適應
15. 參與者之認可

表7.2　精良管理工具之應用

創立	第一個S、第二個S，工作場所基礎組織				
	修正性維護				
	瓶頸時之計劃性維護				
	品質控管步驟				
	團隊創造				
團隊和設備穩定性	標準操作表				
	微型佈局設計				
	計劃性維護計畫				
	自我維護				
	總體設備；效率衡量和關鍵問題消除				
	問題解決；技術				
改善	標準化製造可見程序步驟				
	第四個S、第五個S				
	總體品質控管進階技術（Poka Yoke, Jidoka）				
	APS計畫／排程系統（推／拉、看板、安燈）				
	持續改進計畫改善				
	與關鍵供應商之持續改進計畫				
	標竿計畫				

卓越	分公司管理				
	工程再造計畫				
	關鍵供應商整合				
	工廠角色定位和升級				
	關鍵顧客整合				

資料來源：取材自Taylor and Masaaki

因此，一方面適應傳統精良工具和實務，以強調目前躍昇過程的限制（見第九章），另一方面提出一個以Toyota生產系統爲基礎的三階段精良施行策略有其必要。前兩個階段較致力於獲得營運穩定性和設備可得性，第三階段則注重內部品質和即時生產（Just-In-Time, JIT）原則，同時所有的程序皆應考慮到人爲因素（圖7.3）。

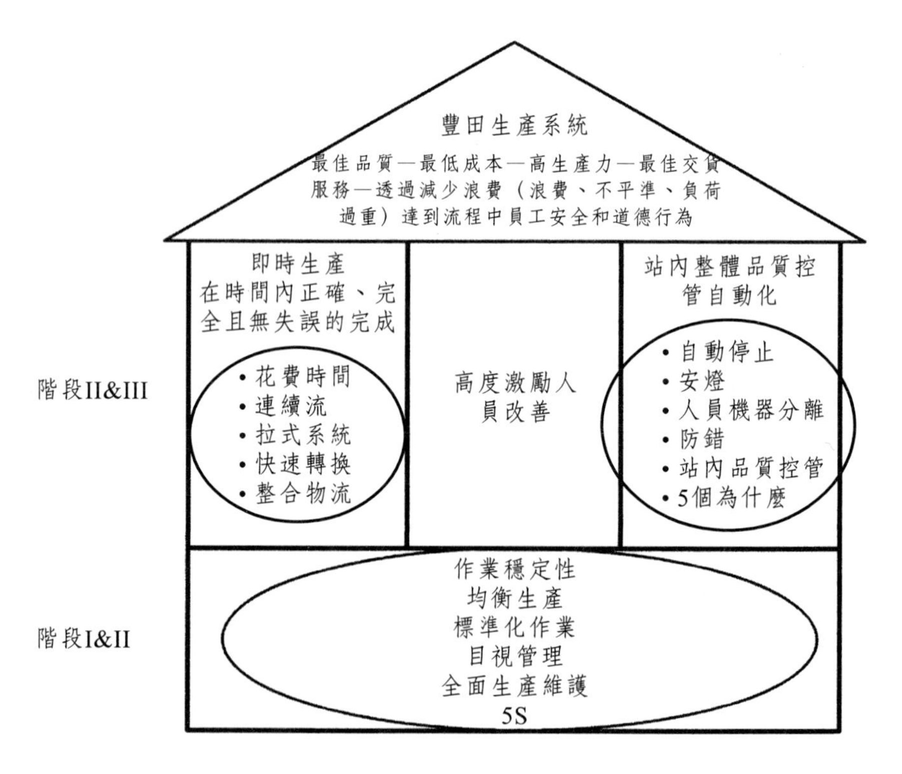

圖7.3 自Toyota生產系統（Toyota Production System）提出之三階段精良實行策略

此策略可使短期內達到類似精良製造程序之效果，並讓精良製造合作文化得以發展，進而達到精良製造程序長期的永續性。

在此要注意的是，這些階段係建構於Toyota生產系統精良工具和Masaaki（1990）（圖7.4）所提出持續改進時程計畫之上，而此一新的時程計畫將在下文列出。

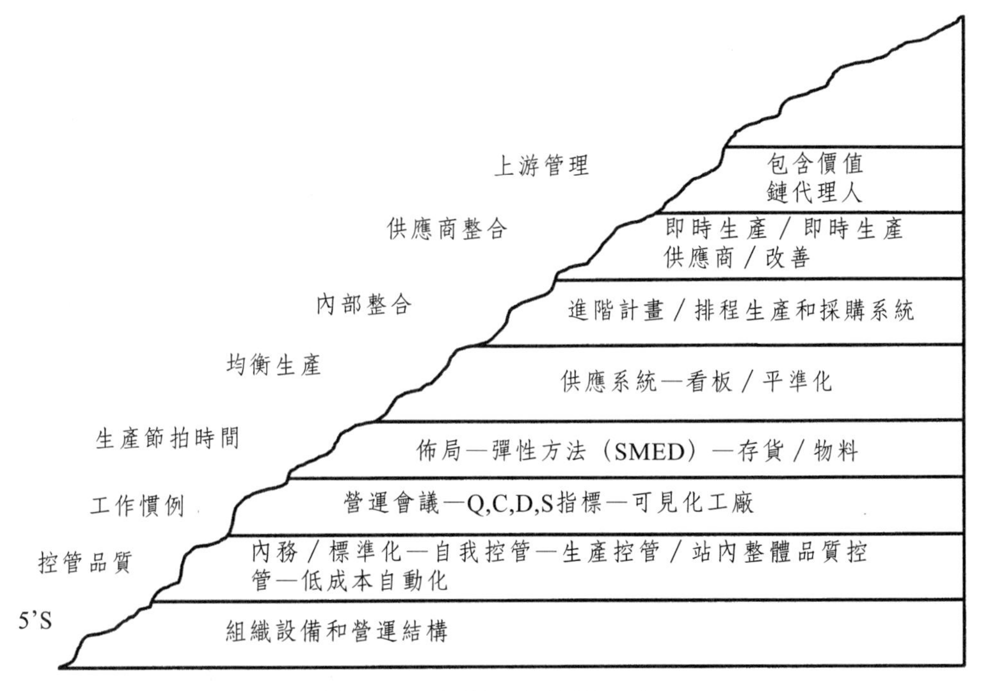

圖7.4　持續改進時程計畫

（取材自Masaaki（1990））

此時程計畫係由本書編者和本章節之撰寫人發明，計畫中提出四個階段（基礎、穩定、改進和卓越）爲的是利用一有效的方法管理躍昇策略。

階段I：創立基礎組織

- 製造步驟程序分析和繪圖（Ishiwata, 1997）
- 微型佈局設計：

  - 第一個S整理排序（Seiri-Sort）：確保生產和後勤區域之設備及工作場所之處理系統、工具和工作表，皆已分配到適當的位置上或確認是不必要而被移除。
  - 第二個S整頓（Seiton）：將原料和設備整理分類以便容易尋找和使用。
- 基礎設備可得性：
  - 工作場所的安全與程序分析和繪圖之修正管理
  - 瓶頸及關鍵設備之規劃維修分析與繪圖
- 關鍵產品功能之內部品質控管程序
- 營運改進小組的創設和測試管理者和工程師承諾之建議工具

階段II：團隊和設備穩定性

- 安排工作站和可視工作區域內製造步驟程序（manufacturing process procedure）
- 細部格局設計：
  - 第三個S清掃（Seiso-shine）：維護、清潔並淨化工作區域、清潔檢查表和行程表
- 設備可得性：
  - 安全和人體工學控管及改善活動
  - 條件式預防性維護的實施
  - 全面生產維護（Total Productive Maintenance, TPM）等級4（修正性維護和預防性維護／自我維護）
  - 啓動自治維護
- 人機分隔（person-machine separation）之品質控管程序
- 生產區域的品質服務關鍵績效指標（key performance indicators, KPI）和以安全、品質和服務導向的員工品質圈小組（quality circle teams）
- 進階規劃和排程（advanced planning and scheduling, APS）基於限制和供應商瓶頸之規劃／排程系統程序（服務優先，再者存貨和使用率改善）
- 生產力的整體設備效力（overall equipment effectiveness, OEE）KPI指標和

管理者監管之供應商品質／服務評價

階段III：改善開始

- 標準化製造可視步驟程序（manufacturing visual process procedure）
- 細部格局設計：
  - 第四個S清潔標準化（Seiketsu-Standardize）：規格化程序和實務以創造一致性和確保每階段被正確地執行。每個人都了解該何時、如何、應該做些什麼。一看便知生產情況。
  - 第五個S訓練（Shitsuke-Sustain）：創造改進、維護管理支援、訓練和獎勵之意識
- 設備可得性：
  - 簡化設備檢驗（目視）
  - 標準化修正和預防性維護程序
  - 量測及改善維護管理相關之整體設備效力（OEE）計畫
- APS規劃／排程系統改進：
  - 訂單分歧點（order decoupling point）推拉執行
  - 可視和分級補給系統（看板（kanbans）、能量需求規劃（Capacity Requirement Planning, CRP））
- 目視之生產控管系統（安燈Anton）
- 生產區域之品質、生產力的整體設備效力（OEE）和服務KPI指標，以及朝向營運競爭改善的團隊
- 供應商發展以改善品質和服務
- 隨領導工廠和產業範本生產系統（industrial reference production system）成熟模式評估及改進計畫進行標竿化

階段IV：卓越

- 改進並修正標準化製造可視步驟程序
- 微型佈局設計：
  - 第五個S訓練（Shitsuke-Sustain）：創造改進、維護的管理支援、訓練和

獎勵之風氣

- 設備可得性：
  - 新設備之早期管理和工程維護發展
  - 強化自我維護
  - 關鍵設備發展預防性維護
  - 隨領導工廠之OEE設定標竿和維護成本目標配置
  - 預防性維護之強化和品質維護之發展
- APS規劃／排程系統改進：
  - APS和ERP及生產控管系統之整合
  - APS和顧客之整合
  - APS和關鍵供應商之整合
  - 可視和分級補給系統（看板（kanbans）、CRP）
- 關鍵供應商在品質、服務及成本上之整合和新供應商之開發
- 在製造網路中工廠角色之定義
- 關鍵顧客、關鍵會計經理以及和顧客間之設施營運策略性結盟
- 因應新顧客需求而對廠房／設施所做之重新配置（產量、彈性、多樣性……等）
- 最佳實務標準化和對群體之溝通

然而，所有的這些階段，皆須在考慮到組織之特色和特徵下始得實行。此外，Jaca（2011）提出一個透過改善團隊之架構模式，執行了上述所有工具（圖7.5）。

此模式結合改善團隊之使用，作爲形成持續性改善的方法。在模式中，環境背景（社會、政治和文化）係持續改進計畫中重要的輸入因素。

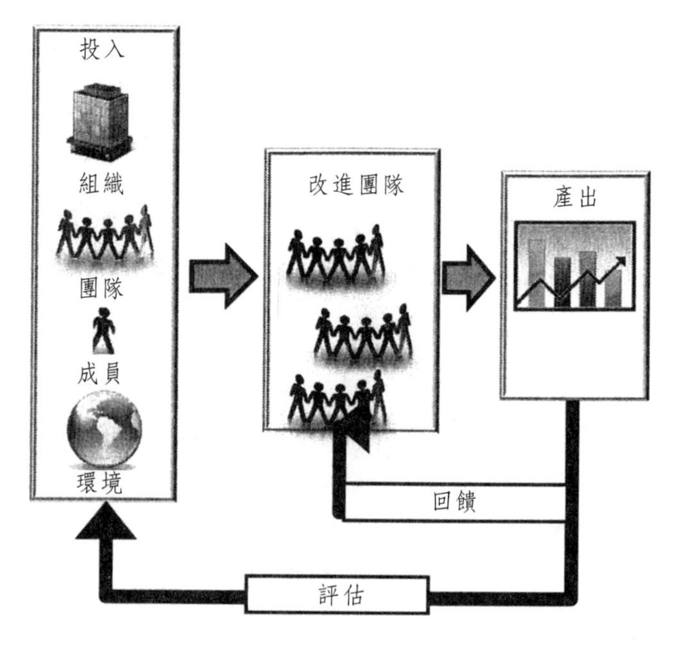

圖7.5　持續改進計畫之模型

適用性和轉移到海外設施現場管理

某些作者（如Olhager, 2003）曾提出，營運策略應建構於強烈系統化且標準化之工作方式上，而該方式係透過結合經授權的現場團隊，致力於標準化作業中持續改善。

精良製造、TPM、持續改善和供應鏈管理，係提升設施產能進而提升整體績效和強化現場團隊的關鍵方法（有些作者使用管理原則一詞）。然而，現場管理之施行同樣需要一個躍昇的過程，使管理工具能逐漸地步上正軌，以確保設備之可用性、生產過程之品質、設施之效率以及供應商和運送之條件。此過程應由營運策略管理者主導，爲此，某些作者提出如何從知識管理（knowledge management）角度聚焦於此類計畫（Baranek, Hua Tan, and Debnar, 2010）。

因此，現場管理之執行似乎是關鍵的問題，尤其要考量將製造移轉至較合適的地點時，僅小部分的管理者會對知識和經驗（Nonaka, 1994）轉移進組織（Ruggles, 1998; Szulanski, 2003; Errasti and Egana, 2008）之方式感到滿意。Szulanski（1996）所提出之移轉知識過程和最佳實務方法，包括起始、實行躍昇和四個里程碑之整合：移轉速度之定義、移轉之決策、使用第一天和滿意表現之達成

Baranek, Hua Tan, and Debar（2010）亦指出，有效率地吸收全新的生產實務方法之能力，取決於移轉所在之環境。一個既有的製造環境（棕地（Brownfield））考驗目前的做法，因而使管理原則之轉移益發困難，另一方面新的製造設施（綠地（Greenfield））則因爲不具先入爲主之想法或作法，因此較易吸收知識和實務方法。

流暢銜接組織

生產規劃和排程系統

一旦可得性、品質和彈性問題皆獲得解決，生產過程中浪費的主要來源即獲得控制。Nakajima（1998）列出與可得性、績效和品質相關之主要損失並將之分類。他訂立「6大損失」：(1)不良品質導致不良的生產力和營收損失；(2)產品組合（product mix）改變的方案和調整；(3)暫時性故障導致之生產損失；(4)設備設計速度和實際運轉速度的差異；(5)故障設備導致之瑕疵；(6)生產前期階段之起步和營收損失。

按照Masaaki爲持續改善所做之指導方針，一旦全面品質控管（Total Quality Control）、機具之可得性和大量生產之系統彈性皆在合理範圍，**系統流動性（system flow）就應被考慮**。

精良及靈活原則應用在流暢銜接組織之關鍵，在於生產規劃按部就班的作法（Hann et al., 2010）：在各分層計畫中預測系統，讓整體計畫（aggregated plan）已可提升至決策後續的短期產能（1～3個月）；在這之後，即可要求在

較短的固定期間或主計畫時程（2～4週），進行客製化產品或持續更細微的商品預測；其最終在要求更緊縮時間範圍（24～72小時）的規劃。這些提升規劃步驟，因爲其精確性，或多或少已等同於顧客訂單，而這些訂單在百分之百控管的生產過程中也會準時完成（圖7.6）。

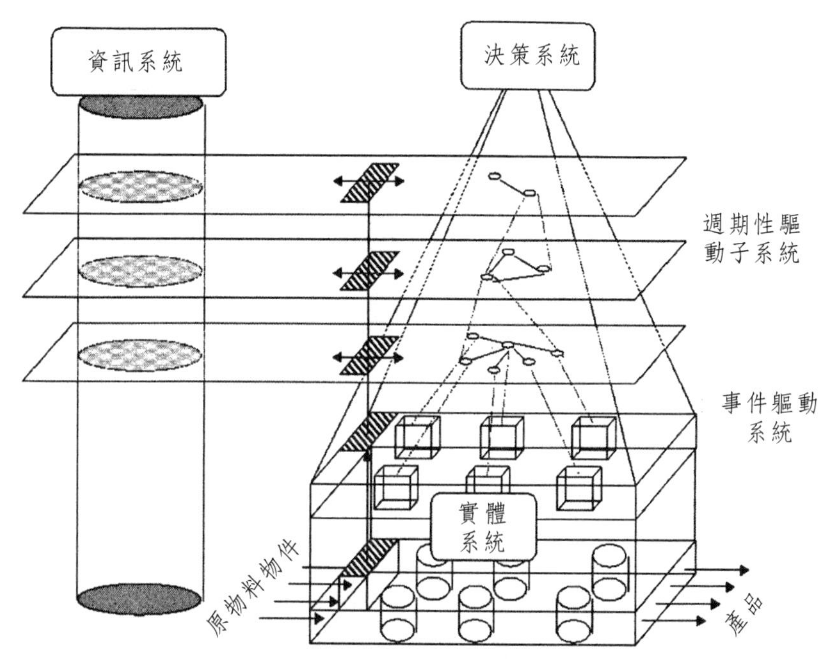

圖7.6　調節實體系統之營運計畫決策系統的階級組織

欲達成此複雜任務，有一較不爲大家了解的方法，即爲GRAI法（Doumeingts, 1984）和GRAI網格（Errasti et al., 2006, 2012）。在各種不同分析企業決策系統的工具中，GRAI法在兩個維度上提供企業決策的分類：決策層級和功能。企業決策位於GRAI網格之特定位置代表決策中心，決策活動則畫在GRAI網上，以顯現出決策流程。

管理一企業，許多決策中心同時運作。決策流程和回饋，將各決策中心連結在一起，以達成決策協調和一致。運轉的商業步驟，如生產和採購規劃以及排程，皆透過一個決策功能層級予以驅動。不同的決策功能考慮到不同資源議

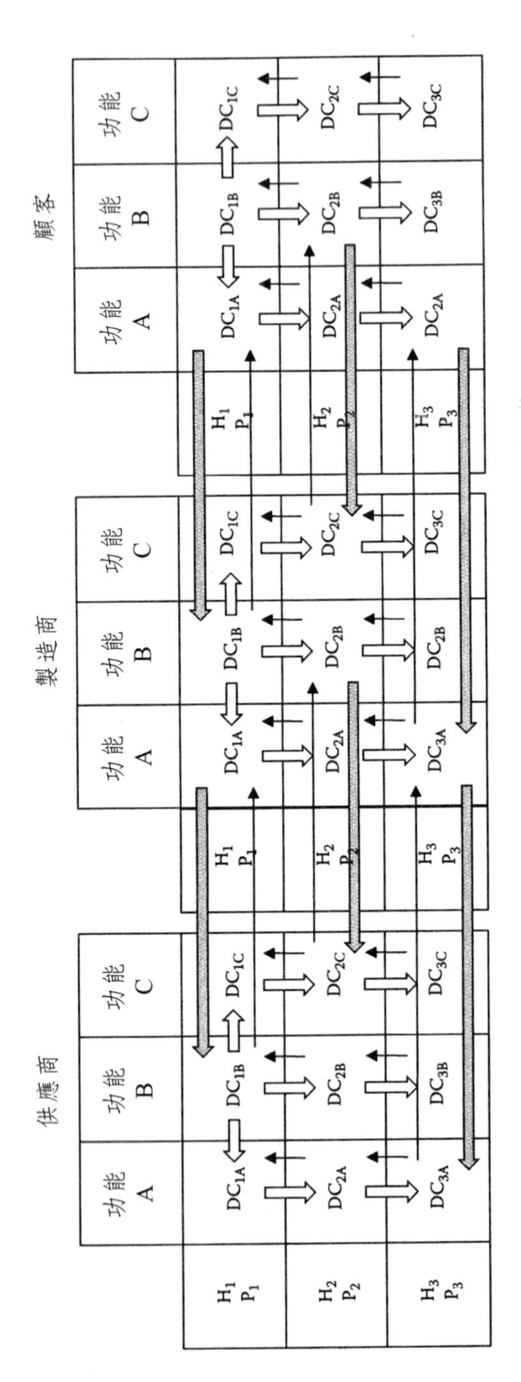

圖7.7 包含供應商和顧客之延伸規劃決策系統層級

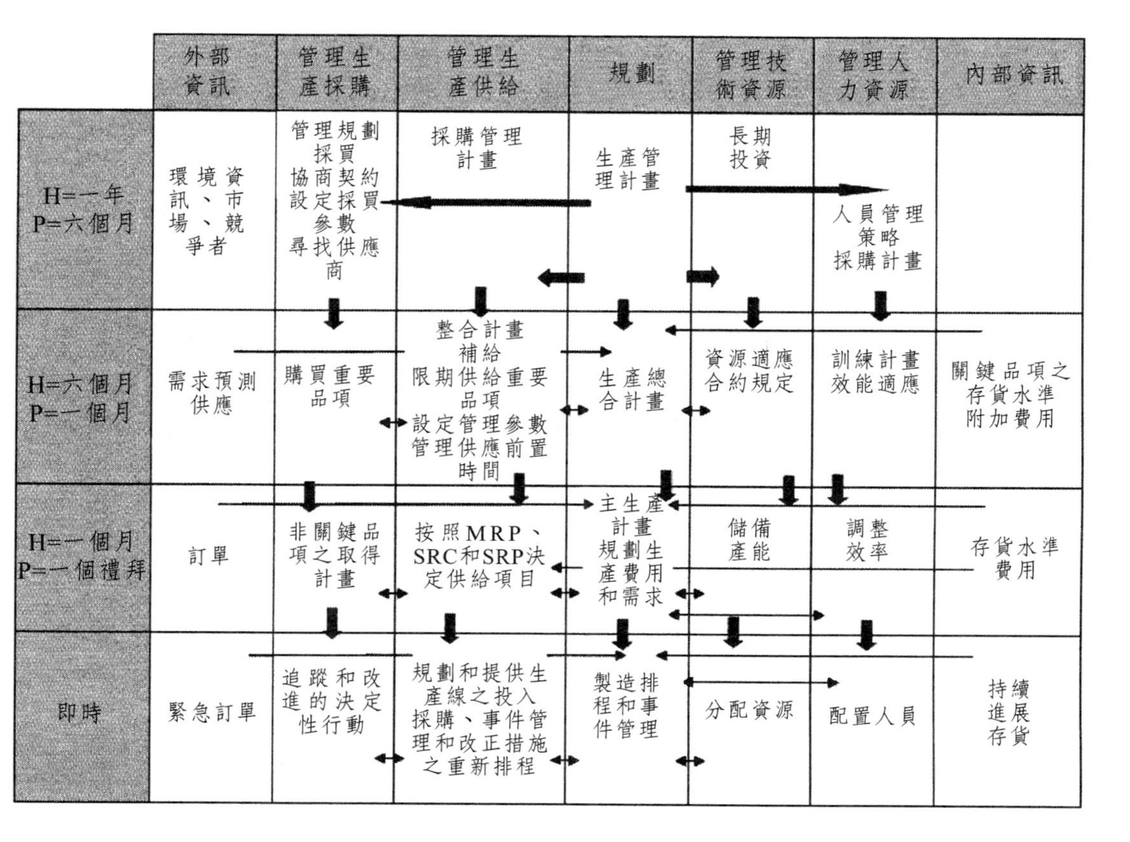

圖7.8　GRAI網格所監控的工廠規劃／排程系統

（取材自Poler, R.（1998）Dynamic Analysis of Enterprise Decision System in the frame of the GRAI method. Doctoral Thesis. Polytechnic University of Valencia）

題（時間、能力等）的組合、不同時間範圍之階段和不同決策中心（生產、購買等）。此項技術能使工廠之規畫／排程決策層級（圖7.7和圖7.8）和延伸的供應鏈，包括供應商，皆可獲得監控。

進階的規劃和排程功能

在一個企業或網路中，須制定許多不同類別的決策。而決策常被分成三種層級：戰略性（strategic）、戰術性（tactical）和營運性。將決策分類成三者之一的標準，爲時間的涵蓋性（temporal coverage）和合理的細密度（logical granularity）。從時間的涵蓋性來看，戰略性決策較戰術性決策，涵蓋更長的時間範圍，而營運性決策之概念亦然。再來談合理的細密度，當決策較偏向營運性而非戰術性時，資料和變數之詳細程度會變得較爲精細。

即便有些作者已確認，當施行自動即時（real-time）規劃和控管系統（ERP-APS-MES），製造公司將獲致極大的益處（Arica and Powel，2010），但本書從個別廠房的層次，建議生產規劃和控管（production planning and control, PPC）系統，並介紹其與供應鏈的整合。

爲此，企業資源規劃（ERP, enterprise resource planning）系統必須被適應，且容許先進規劃和排程（APS）系統得以實行。這些系統有助於創造一個營運規劃層級的規劃和決策支援機制。

這些系統是整合下列之進階版：

- **物料需求規劃**（MRP, materials requirements planning）：物料規劃法乃運用物料生產清單、存貨管理技術和主要生產排程，來決定物料需求和補貨時點。
- **產能需求規劃**（CRP, capacity requirements planning）：有限的產能資源，如人力、機具工時（machine hours）和程序。
- **限制驅導式規劃**（DBR, drum-buffer-rope）：將來自最佳化生產技術（OPT, optimized production technology）和限制理論（theory of constraints）之系統性原則的基礎，應用至營運規劃或DBR。

這些系統擁有下列之功能：

• **處理不同資源之能量限制**，如物料、勞工、運輸和廠房。因此，APS系統結合ERP系統後，取代了MRP中無限產能之思維，並容許明確的、產能受限制的生產規劃和控管。這些系統不僅考慮到現場產能限制，也包括存貨和物料清單之限制、存量和補貨水準，以及訂單產生政策（Turbide, 1998）。

• 在已知瓶頸的初略產能和細部產能分析的**限制下進行排程**，即從瓶頸中向外細分與排程。

• **確保可得性**以承諾系統得以配置供給顧客。

• 透過對影響規劃決策之較長物料前置時間（採購之信號）的採購時機和數量，**進行多個製造廠房的規劃**。

• **規劃多個製造廠房**。若企業僅有有限的製造地點，則此項功能或許可能和戰術性企業整體（business-wide）規劃合併。維持原始到期日並計算更新後之交貨日期、每個執行之時間排程、重新排序之活動和訂單。

• **確保生產水準和平穩政策**（smoothing policies）在JIT系統中扮演重要角色。

• **確保班別**（shifts）**和工作平台**（workingstations）**均可被勾勒與設計出**來，以因應不同程度需求所需之生產水準。

做為大型企業整合者之規劃排程系統

另一個顧客如何評價產品之重要差異即為客製化（customization）。顧客若想影響產品特性，唯有創造出獨有的產品才有可能；意即產品在某種程度上是設計出來供下訂的。在此背景下，部分物流活動的執行係因顧客的等候，但有時也有一些先行活動的執行，乃因生產前置時間（lead time）較所需的交貨時間為長之事實（Wilkner and Rulberg, 2005）。一個經常被使用的觀念，可追尋營運策略上的這種方向，即顧客訂單分歧點（customer order decoupling point, CODP），它把營運分成兩部分（Hoekstra and Romme, 1992）。在CODP之上游，係根據預測進行活動，即人們所知的推式生產（push production）；在其下游則依據訂單活動，即拉式生產（pull production）。四種典型的CODPs被定義為：接單施工（engineer to order）接單製造（make to order）、接單裝配（assemble to order）和存貨生產（make to stock）（Olhager, 2003）。

以圖7.9為例，我們可以從一個配送網路中，看見不同分歧點和方案。

另一例，分歧點進入設施，一般而言就是和訂單進入點（order penetration point）一樣（物料依據顧客訂單分配），決定了推／拉邏輯，以及緩衝存貨之位置和管理（圖7.10）。

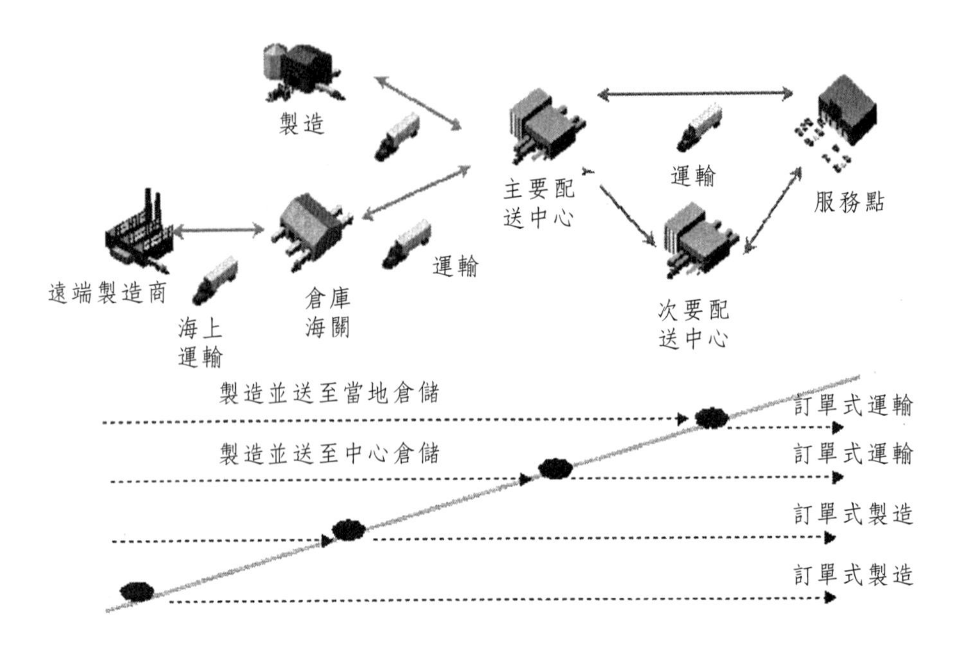

圖7.9　配送網路中不同的分歧點方案

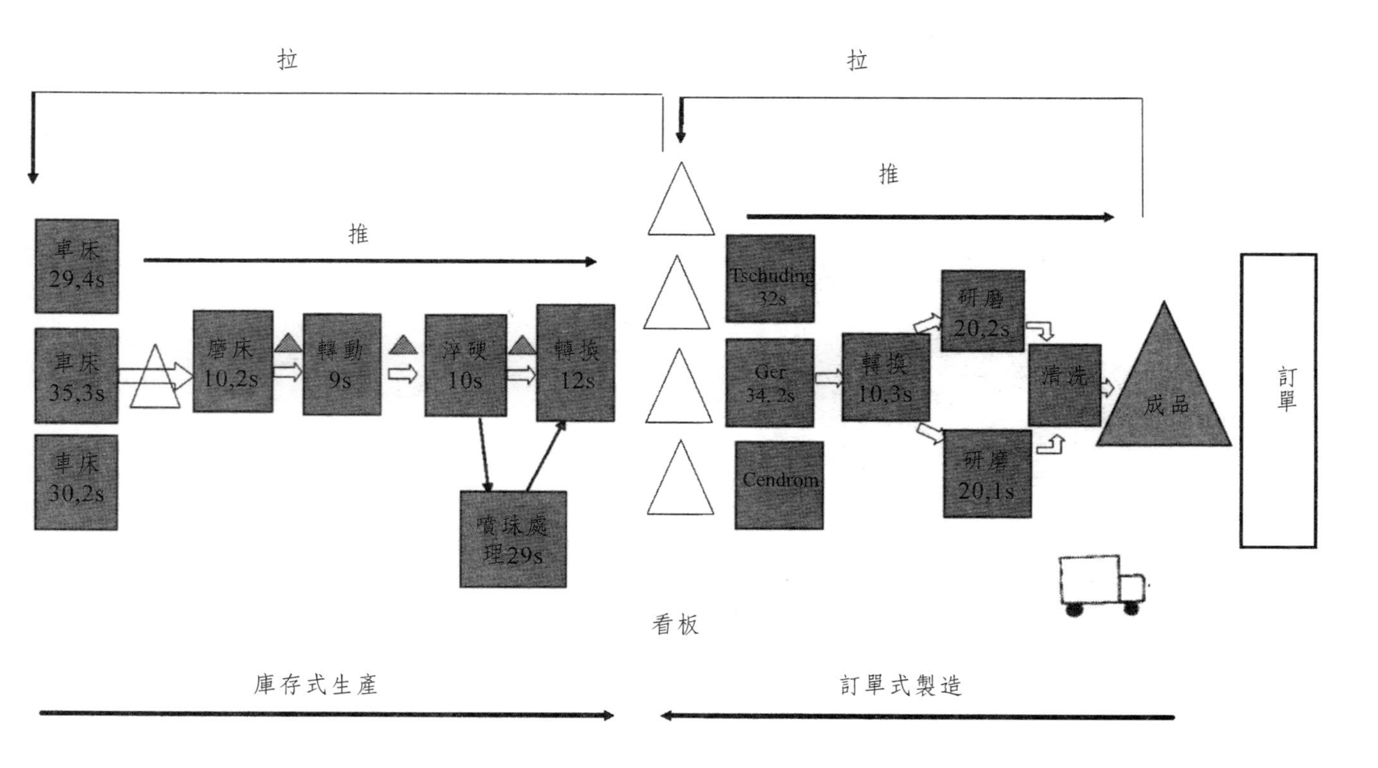

圖7.10 一個雙層設施和分歧點與下單點的案例

這種管理生產的方法可讓供應鏈上游，甚至供應商，進行分層和生產順暢。在圖7.11，我們可以看見接單裝配（assemble to order）系統，利用緩衝應對各種顧客需求的變化，進行需求分層，以及對較長前置時間之供應商下單。

規劃／排程生產和採購系統，亦可應用於改善品質服務和減少多生產組裝線之整合成本。

此系統係由「定位轉輪」（setup wheels）之概念構築而成，其可讓大量消耗的物件，在考慮瓶頸產能、主要規劃和排程時段與範圍，以及配送策略（存貨生產或接單製造）下，盡可能的輪換。這些生產系統的形式，在汽車和家用器具供應鏈中頗爲常見（圖7.12）。

當它們被整合至規劃系統中，透過模擬那些取決於物料和準備時間共同性的不同訂單批量或分群，以及存貨和準備時間所顯現之績效，進階規劃和排程系統（advanced planning and scheduling）便能被應用（圖7.13）。

再者，進階規劃和排程系統容許生產規劃者，在不同班制（**shifts**）和工作站配置之間，決策出正確的生產水準，以使不同生產水準可配合不同的需求水準。在圖**7.14**中，我們看見在四種裝配區塊中，不同的班制和勞力調配替選方案。

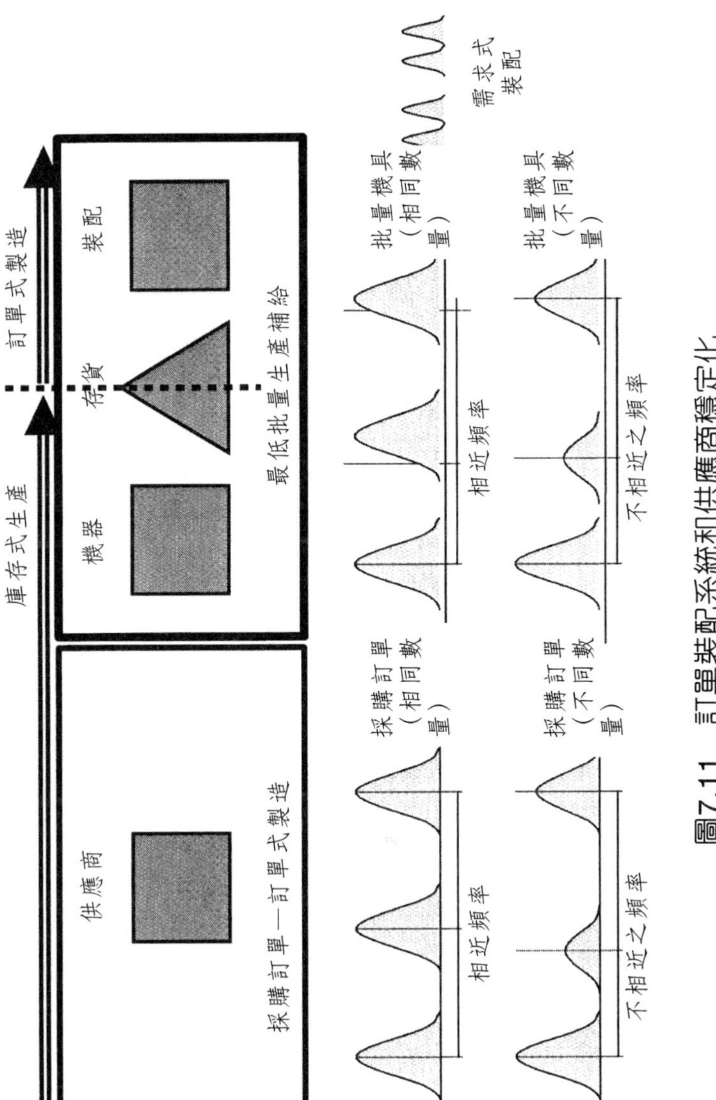

圖7.11　訂單裝配系統和供應商穩定化

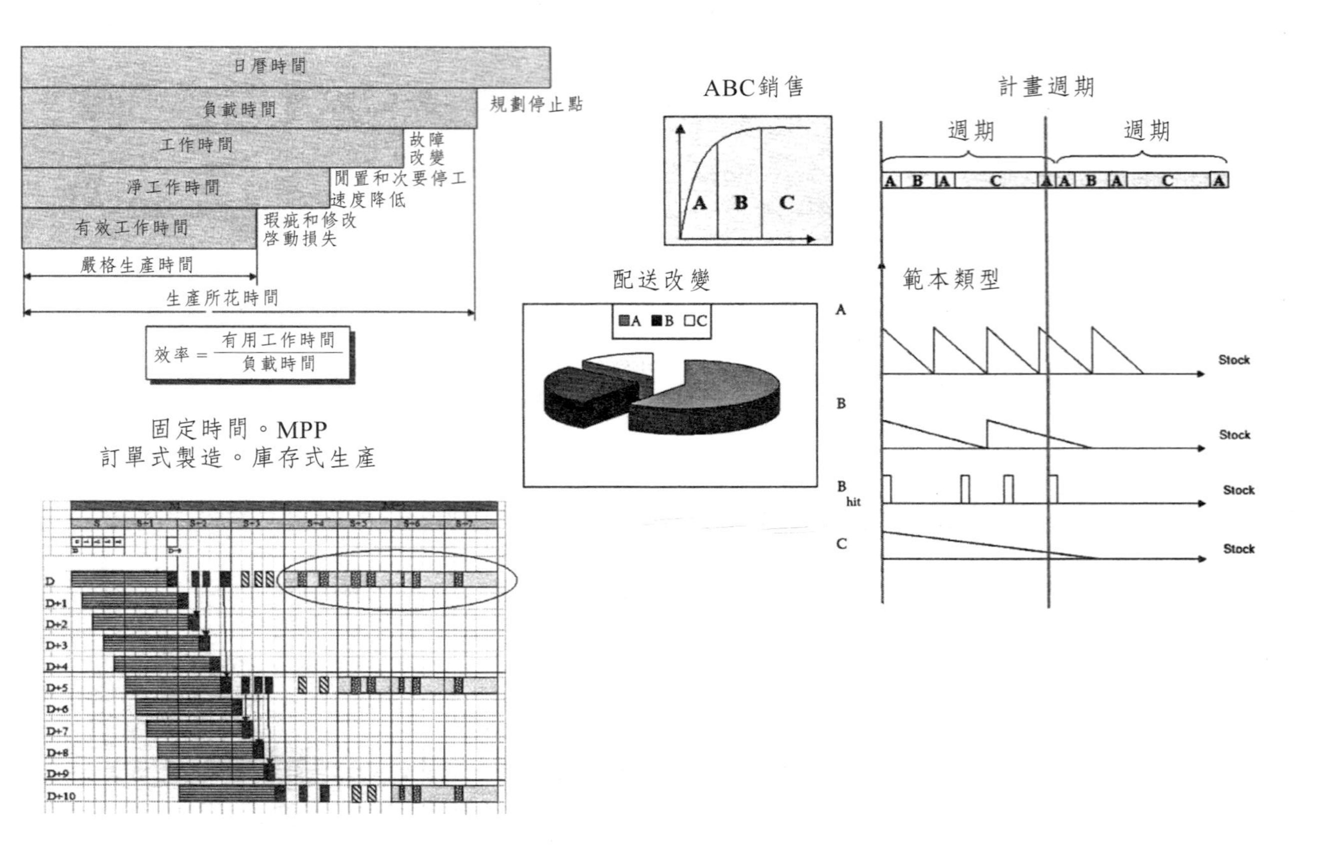

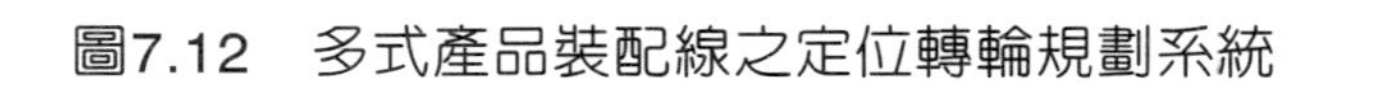
圖7.12　多式產品裝配線之定位轉輪規劃系統

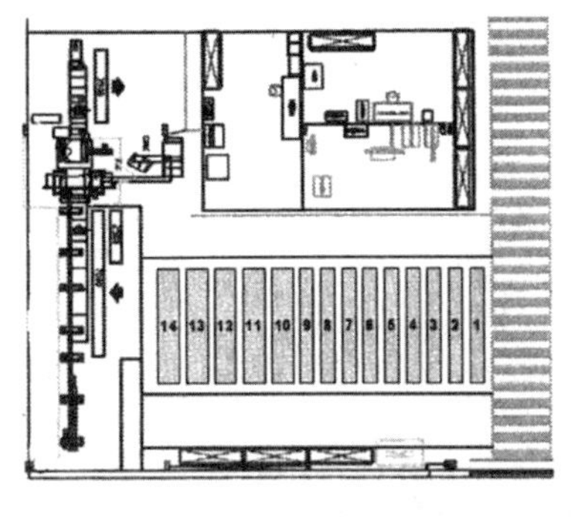

替選模擬群體／批次（每日、每週、每日A/B-每週C之群組）和對停工、工具及物料改變之影響

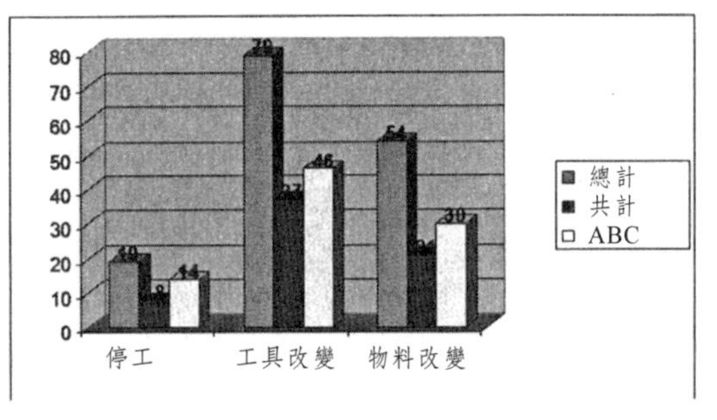

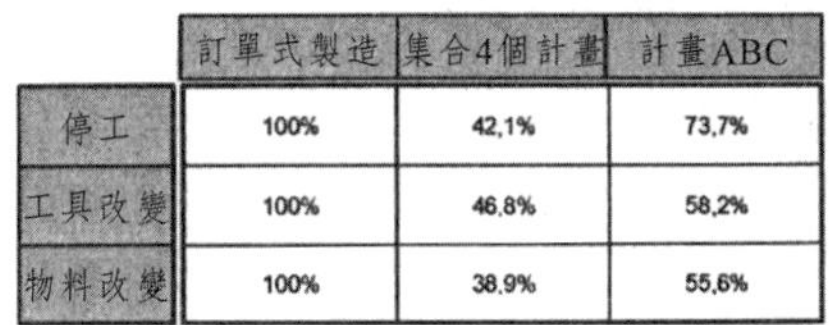

	訂單式製造	集合4個計畫	計畫ABC
停工	100%	42,1%	73,7%
工具改變	100%	46,8%	58,2%
物料改變	100%	38,9%	55,6%

圖7.13　單一裝配區塊中不同批量和分群方案之模擬

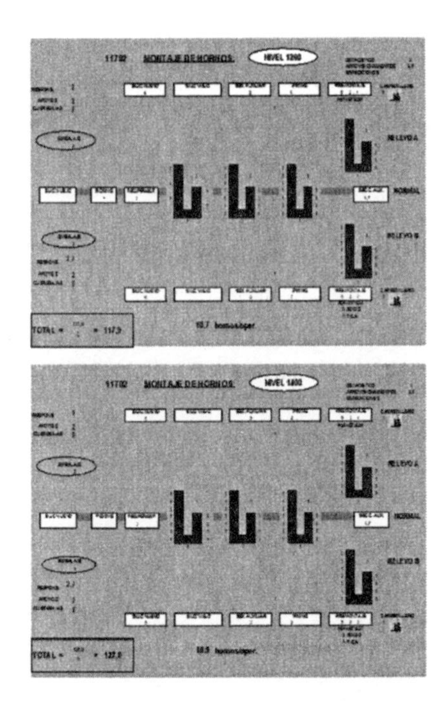

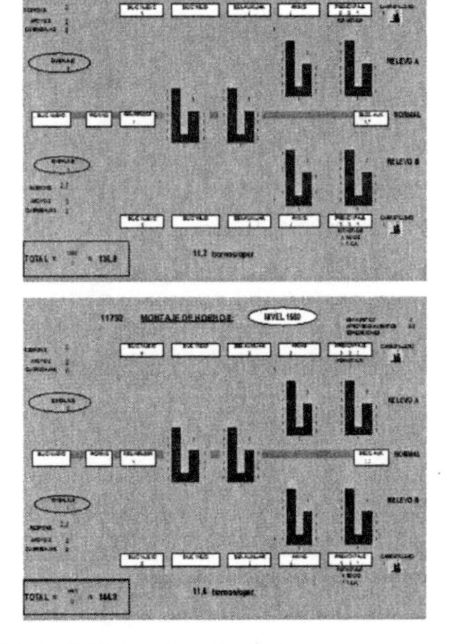

圖7.14　四個裝配區塊中不同的班制和勞力調配替選方案

持續改善的組織

持續改善（continuous improvement, CI）（Masaaki, 1986）被定義爲穩定地和逐步地改善公司不同區塊的過程，以追求更大的生產力和競爭力。

CI之目標可總結爲：

1. 在改善績效過程中，專注於公司的活動
2. 透過逐步創新逐漸地來改善
3. 透過公司全體的參與，從管理高層到生產員工，來執行活動
4. 提升創造力和學習，發展出一個促進個人晉升的環境

成功實行CI計畫之敘述已有大量報導，在公司內套用不同模式以達成CI的過程亦同（Jorgensen, Boer and Gertsen, 2003; Bateman and Rich, 2002; Bateman and Arthur, 2002; Bessant, Caffyn and Gallagher, 2001; Upton, 1996）。然而，有許多作者提出要長期維持CI有其困難度，尤其歷經最初的2到3年之後（Bessant and Caffyn, 1997; Schroeder and Robinson, 1991）。而根據文獻紀錄，組織之慣例和對系統的接受成果通常需要5年的時間（Jaca et al., 2010）。持續改善計畫傳統上多由成熟的產業所使用。這些產業需要面對CI以增加其生產效率。然而人們發現實際上仍有可提升生產效率和過程永續性之改善空間，因此需要研發新模式（Eguren et al., 2010; Jaca, 2011）。

從此方向來看，Corti, Egana and Errasti（2008）之研究提出質疑，爲了提升生產力，組織的持續改善策略應隨生產廠房之位置而改變。

Eguren et al.（2010）提出一稱做MMC-IKASHOBER的永續性CI模式，一旦設施通過躍昇程序，則適合套用此模式。

CI之基本要件和組織學習（organizational learning, OL）之關鍵概念均已被確認足以設計此一模式。

持續改進之基本要件

有許多的研究舉出與CI相關，且於設計持續改善模式（continuous improvement model, CIM）應考慮之要件。大部分的研究原則上皆同意前述的觀念，即便每項研究會因其執行的方法不同，而強調不同要件之重要性。先前提到的研究大都同意這些要件應列入考慮，如同圖7.15所見，這些要件包括：

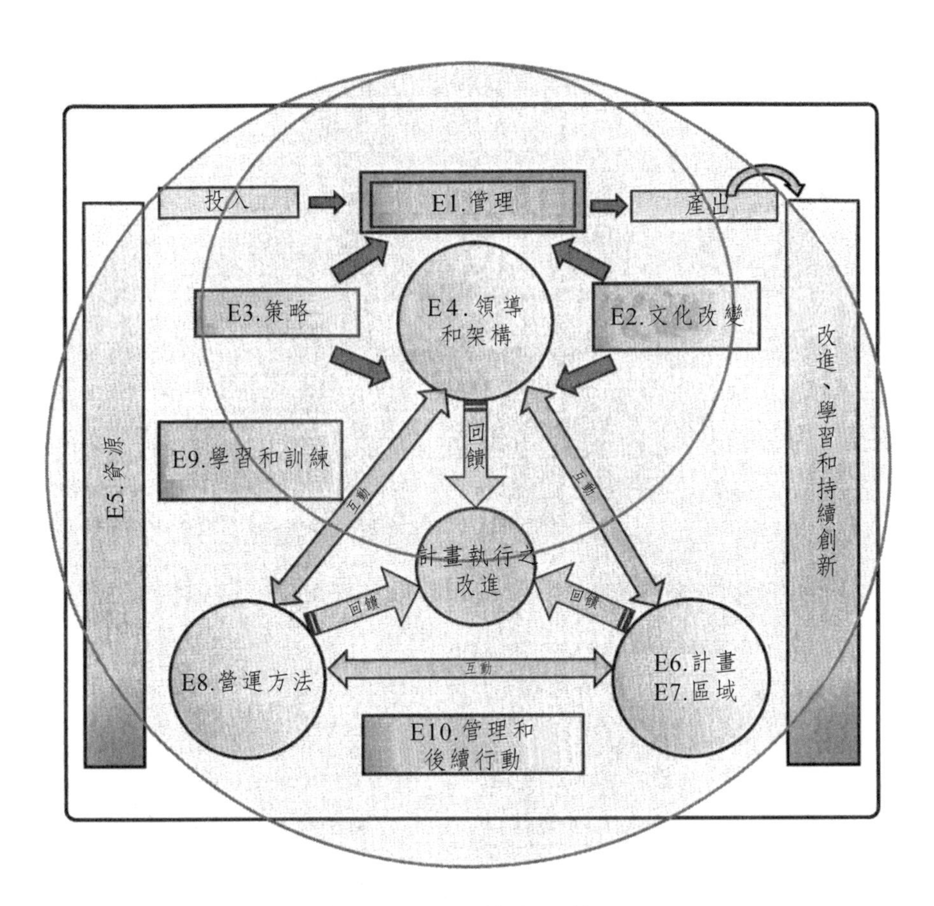

圖7.15　CI基本要件

- **E1**：管理階層之承諾（**Commitment of the management**）。如欲強調一持續改善過程（continuous improvement process, CIP），便需要管理階層之

支持和參與（Deming, 1986; Juran, 1990; Feigenbaum, 1986），而管理風格應能鼓舞組織針對常規和程序持續改善（Curry and Kadasah, 2002），為達此目標也必須組成一領導團隊指引CI的步驟（Crosby, 1979; Sezto and Tsang, 2005; Magnusson and Vinciguerra, 2008）。

- **E2：**公司文化（**Company culture**）。為激起文化變革，即需發展組織內所有成員適用之新的行為和常規，包含持續學習和創造一高水準之組織化學習（Bessant, Caffyn and Gallagher, 2001），利用溝通克服拒絕變革和確保CIP可創造利益（Deming, 1986; Juran, 1990; Feigenbaum, 1986; Kotter, 2007）。
- **E3：策略**（**Strategy**）。CIP應為營運計畫之策略性的一環，而該計畫則透過使用自CI習得之技能並將之轉換為常規，以在不同策略層次上創造利益（Hyland, Mellor and Sloan, 2007; Bessant, Gaffyn and Gallagher, 2001）。
- **E4：領導能力和架構**（**Leadership and structure**）。一個CI的專責組織架構是必要的，該架構需負責設計策略性目標和責任、管理預算和設計衡量改善的系統（Middel, Gieskes and Fissher, 2005），並加以運用。一個無縫整合至組織內的結構性模式，正是六個標準差方法（six sigma methodology）所倡導的（Schroeder et al., 2007）。
- **E5：資源**（**Resources**）。財務資源，從參與CIP之其他任務中釋出，且要將訓練時間騰挪出來（Szeto and Tsang, 2005; Bateman, 2005; Juran, 1990）。
- **E6：專案**（**Project**）。專案必須清楚、有力、特定、可行、實際且可衡量的，並有強烈持續的可能性。它們需由管理者選出，和策略方向一致，且應能導引客戶之創造價值（Goh, 2002）。專案應作為學習要件，同時也應考慮到團隊作業所能預期之專案難度的層次和應開發的技能。
- **E7：區域**（**Areas**）。焦點應放在關鍵步驟上，過程改善應被徹底執行，同時對於組織一般業務之衝擊也應考慮在內（Garcia-Sabater and Martin-Garcia, 2009）。
- **E8：作業方法**（**Operational method**）。以計畫—執行—確認—行動（plan-do-check-act）之PDCA循環和其個別性工具為基礎，所擁有之適當的RSP作業方法係必要的（Pyzdek, 2003; Middel, Gieskes and Fisscher, 2005; Magnusson and Vinciguerra, 2008）。

- **E9：訓練（Training）**。特定訓練應根據全面性發展之技能和行為設計，此訓練之內容基本上應包含作業方法和其個別工具，以改善相關技巧和人際關係，如溝通、解決問題之技巧和團隊合作（Hoerl, 2001）。學習程序則應依據Kolb循環（Kolb, 1984）和做中學（learning-by-doing）的教育模式（Upton, Brown, 1998）。
- **E10：管理和跟進（Management and follow-up）**。應建立一個CIP跟進步驟，從而定義出以效率、效能和發展自CIP學習基礎的指標（Wu and Chen, 2006）。

組織學習觀點

除此，開發能量學習的重要性已在OL模式的定義中被凸顯出來，這模式是以一個事實為基礎，也就是於組織中採用了MMC-IKASHOBER，故可清楚確認兩種需要持續學習的活動（Pozueta, Eguren and Elorza, 2011）：

- 學習如何解決問題
- 學習如何避免問題

若欲學習如何解決問題，則需要讓學習此技能或能力的人負責問題。而這些人們皆從心智模式（Mental Model）開始學習如何執行此活動，此模式一般而言既不精細也不系統化，他們在汲取經驗的同時則會修改，使此模式愈趨完美（Kolb, 1984）。如此，就涵蓋以問題解決程序為基礎之技能建立。

若欲學習如何避免問題，起點則為系統的心智模式，此系統強調行為者和關係（一個公司的程序，一部機器等），這包含了獲得與運作方式有關之新技能，此足以改變決策制定的過程。結果，既有的作業程序因而修改。

在圖7.16中，我們可以看到現行模式所發展之學習模式，學習是由兩個範疇所產生。第一個範疇為實行改善本身之區域，此處專案是使用DMAIC方法，即定義（define）、衡量（measure）、分析（analysis）、改善（improve）和控制（control）。當目標達成時，則產生新的常規，並能幫助改變作業層面之行爲，以使區域程序更具效率及效能。

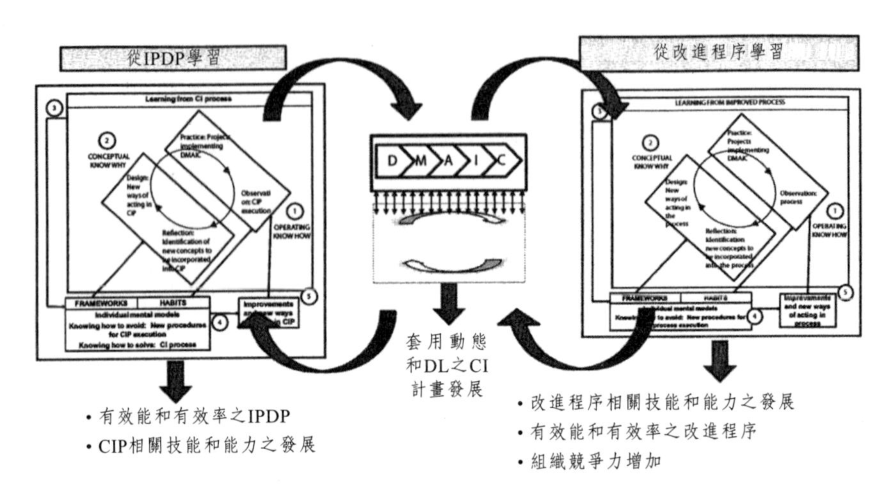

圖7.16　組織化學習（organizational learning, OL）模式

第二個範疇包含CIP學習發生之所在，當專案實行後，方法實行之成果、活動之發展等都會被評估。

改進程序本身之發展，將會受到關注並產生新的常規，而慣例可協助建立個人技能，進而帶領CIP以更有效率和效能之方式發展。圖7.17則呈現出跟隨其後之程序，如同下列：

• 個人將DMAIC之方法論與目標應用在建立秘訣和解決問題之技巧。理論技巧持續運用在不同專案經驗上，引導產生變化和改善，這是個人回應和管理配置MMC-IKASHOBER祕訣所得。個人爲獲得執行任務之技能，則必須設計一項常規，藉以反覆取得已有之技能。已知的常規係以MMC-IKASHOBER爲基礎，進而分享和形成組織知識。

• 爲能設計常規，則必須了解根本（know-why），也就是事物爲何如此運作。了解CIP的個人應設計常規，進而當CI專案實行時，團隊藉由反覆執行常規而建立問題解決之技巧。設計CIP常規是訓練者之責任。

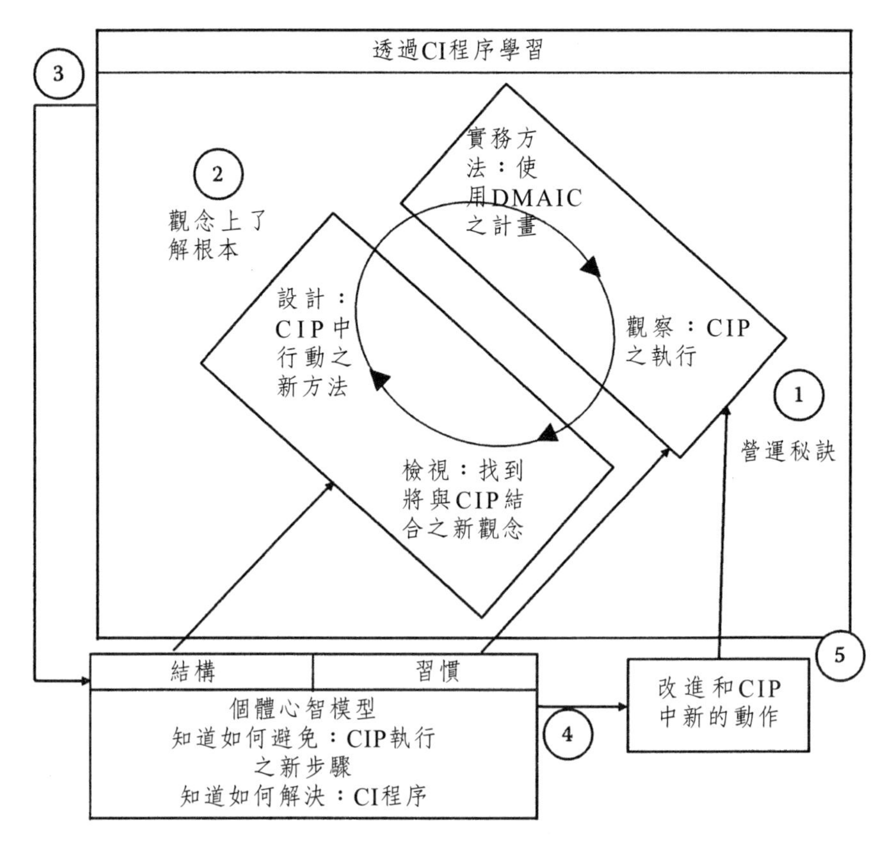

圖7.17　隨MMC-IKASHOBER發展之學習圈

- 當專案中之根源（root cause）被確認，就能知道「爲何」程序無法運作，也就是知道根本了。因此擁有相關知識之團隊必須改變既有之環境，而爲達此目標便須設計可促進技能之常規，使程序獲得改進。
- 擁有技能之人將進入不同層級，並產生心智模式（Mental Model）之修正模式。若他們能了解爲何他們做了特定事情，他們甚至不需要訓練者便能改善他們的步驟，這已是一個自動化的程序。
- 個人與其團隊利用他們累積的知識，擘劃或修改可以將組織知識庫結合的常規。

MMC-IKASHOBER常規係由專業團隊在PR方法中創立，該法對MMC-

IKASHOBER之根本有深度理解。這代表提升CIP之訓練者，和在各組織中按目標所設立某些區域之不同起點皆是必要的。

爲既有系統而創造之常規，係由對計畫之展開程序有深入了解之團隊所擬定。

前項模式之特別應用可總結如下。**模式之概念性觀點**包括：

- **策略（Strategy）**：從策略觀點來看，公司必須做好準備實行此模式，並已事先考慮到公司之策略文化、管理層級之承諾和員工投入適應這些觀念。

- **專案類型（Project types）**：採用之專案必須是不間斷、可掌控且爲改善導向的。適當的專案乃透過團隊動態，在一長期且無止盡之程序——專案法（process-project approach）中所建立的方法。

- **理論的訓練（Theoretical training）**：當設計訓練計畫時，最基本的是讓員工了解其在CI中之角色，並提升員工的能力進行分析、衡量和改善步驟。一些作者加入了個人和組織的訓練所需，構成CI專案。

- **行動中訓練（Training in action）**：持續地以新的技術訓練參與者是十分重要的，如此一來可解決更多更複雜的問題，亦能增加參與者本身之興趣。

採用MMC-IKASHOBER於MONDRAGON COOPERATIVE GROUP旗下之汽車備品和家用產品公司

上述之集團係巴斯克自治區中最大，西班牙第七大之商業集團。

從2007到2012年，12個不同之汽車和家用產品單位所屬的生產廠房，皆使用此模式。在此CI爲策略性要件之一環，並擁有從上到下之佈局。首先，管理部門需了解程序和其角色，以及即將實行之訓練計畫的特色。第二，事先要選出領導專案的人，以及預訂在面對困難時提出建議方法的人，這些人須有持續質疑和數據思考爲底之診斷技能、具備溝通和團隊領導技能，並有可行的時間。第三，團隊應開發已被確認和使用之作業常規和技能，以有效率和效能地掌握專案。再者，資料之蒐集、分析、診斷和溝通將花費許多心力。最後，常規的執行係導引至科學方法、統計思考過程和實證溝通的使用。

最重要之結論獲致如下：

- 數據思考之觀念灌輸是最爲複雜的。研究團隊相信提升產能至預想的程度，是一個能抵達終點的較好途徑，因爲這可使決策制定循環在一個規劃構想下啓動。
- 發展一強健的標準化系統是十分費力的。此任務之目標係有系統地整合已被認可的改善。
- 溝通結果來「說服」組織和引起組織訓練而導致行爲改變，是十分重要的活動。
- 溝通必須建立於顯示之證據上，以完善的資料蒐集爲基礎，從而引用新的方法管理所強調的範圍。

模式之操作程序包含操作性方法（operational method），該方法係以六個標準差（Six Sigma, SS）DMAIC方法爲基礎。六個標準差定義爲透過六個標準差策略達到改善之程序或方法論。六個標準差是以統計技術和科學方法論爲基礎，達到策略性程序改進之條理化且系統化的方法。

在此研究專案中，有鑑於先前研究之結果和爲強化六個標準差方法論之實行，修改現有之方法並建議採用下列七個階段是十分適當的：

- **階段F1（確認問題）**：在此階段，你必須確定專案對公司策略性範圍之影響。
- **階段F2（蒐集並分析資料（起點））**：初步的深度診斷有賴已驗證的標準和嚴格定義的瑕疵／機會。
- **階段F3（分析原因）**：在嚴格的方式下經實驗證據確認後，列出數項造成問題根本原因之X變數。
- **階段F4（規劃並執行解決方法）**：透過受控制且嚴格的前導測試、副效用監控和其他幫助修改提案之要件，評估所選之改善提案。

- **階段F5**（**測試結果**）：檢查改善是可隨時間延續，此乃衡量一項包含所有相關部門都認同的指標。

- **階段F6**（**標準化結果**）：依據標準驗證操作過程（反覆流程直到接受；即負責監看任務者之認可）。

- **階段F7**（**反映問題和未來潛在問題**）：專案結束－團隊從職責中解放，評估獲得之成果（專案目標、目的、作業性知識），同時部門接受和認可工作結束。

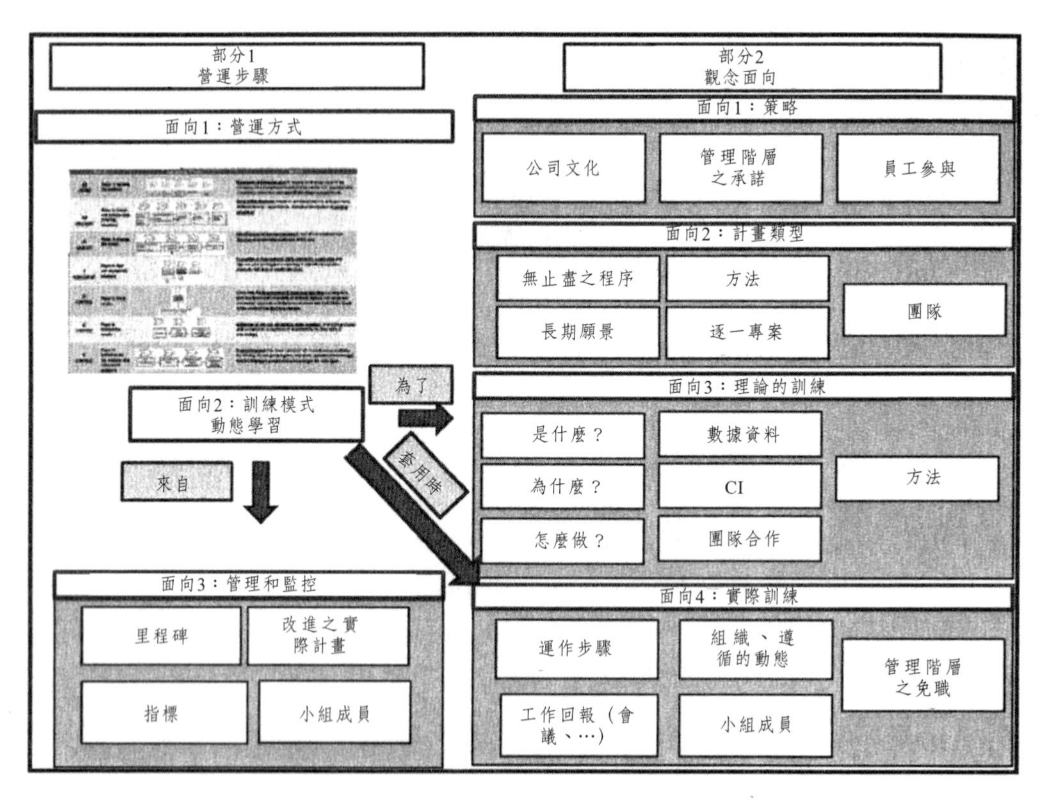

圖7.18　持續改善之永續性模式（Eguren et al., 2010）

一個鑄造工廠（casting facility）的持續改善計畫

此中型製造工廠係汽車工業主要的供應商，致力於加工鑄鐵煞車盤（cast iron brake disk）。爲減少盤軸瑕疵，他們採行由改善團隊解決的動態結構問題，此團隊從管理高層到生產工人都參與其中。參與專案之研究者帶領之模式評估，顯示出此專案之實行既有效率且具效能，再看到剩餘比率、團隊／基礎學習、專案組織、團隊和公司文化，可以相信這些因素和理論的訓練有著強烈的連結。

第八章　供應商網路的設計和蒐源

Ander Errasti

陳秀育　譯

我們都知道遇到問題時要尋求方法並且不斷地嘗試。如果失敗了，就直接承認錯誤，然後再嘗試另一個方法。無論如何，試就對了！

It is common sense to take a method and try it. If it fails, admit it frankly and try another. But above all, try something.

——Franklin D. Roosevelt

緒論
總持有成本
　採購的功能
　低價收購和經濟採購的比較
全球採購
　採購部門
蒐源組織的型態
　集中式、分散式和混合型
供應商市場分析
採購政策
採購工具和技術
採購管理和產品生命週期
　採購程序
案例：Ternua－Astore
　中小企業如何與跨國公司競爭——以戶外與運動紡織產業為例
採購與蒐源
需求能見度與採購管理

緒論

在本章節中，將會討論：

- 價值鏈中的總持有成本（Total cost ownership）和採購功能
- 全球採購
- 採購程序
- 採購和蒐源

註：如欲探討更有深度的分析，作者推薦另一本有關工業採購管理（Errasti, 2012）的書供參考。

總持有成本

採購的功能

採購在過去數十年來從消極的管理角色演化成具策略性的功能，如其他企業功能一樣，能夠爲企業創造競爭優勢（Alinaghian and Aghadasi, 2006）。這樣的發展是合理的，因爲採購占最終產品成本相當大的比例，而且最終產品的品質與績效也深受採購決策影響。從傳統的市場交易轉變成創新供應夥伴關係，此一發展軌跡主要循著兩個階段前進：

1. 第一階段，在生產管理的思維下物流功能績效佳，如即時生產（Just-in-Time）和其他持續改善的管理思維，如全面品質管理（TQM）。這個階段的典範移轉在於將供應商視爲企業延伸（extended enterprise）的一部分。

2. 第二階段，採購管理是從操作層次演化到策略性層次功能，此時所做的策略性決策是爲了協助企業享有持久性競爭優勢。有些採購政策是利用市場的複雜度及與供應商之策略性協議，如透過共同設計以開發產品或先進的供應鏈實務合作。

因此，新採購功能（new purchasing function）的貢獻包括：

- 在供應鏈商市場中設定策略。
- 搜尋新的供應商。
- 收集供應商具附加價值的提案，並開發合適的供應商。
- 在產品生命週期較短的產品中整合行銷和供應的策略。
- 在契約生命週期中明確定義契約管理（contract management）。
- 新產品發展中，連結供應商管理與品質保證。
- 降低總持有成本（Total cost ownership）。

傳統的採購功能爲了讓企業能以較少營運資金和管理成本進行營運，強調供應商服務水準保證。

爲達成以上目的，採購的經理人必須確保：

- 預測需求訊息傳送給關鍵性的供應商，以保證長期供應和確保上游供應商的生產供應充足。
- 供應物料需求的規劃（Planning）、排程（scheduling）和再排程（re-scheduling）必須順應於生產的規劃（Planning）和排程（scheduling）。
- 選定運輸模式並由採購部門將貿易條件（incoterms）固定下來。
- 存貨管理。
- 產品的收貨與儲存。
- 極大化生產線效率／裝配供應效率（如看板生產、補貨和即時生產）。

低價收購和經濟採購的比較

總持有成本（Total cos of ownership）是一套方法和哲學，其考慮的不僅是採購價格，更包括了其他與採購相關的成本，如整體採購活動和品質所衍生的成本。當組織想要更有效管理總成本時，這套方法就愈來愈重要（Ellram, 1995）。

採購功能活動並不會因爲契約簽訂就終止，因爲有時原本好的價格條件也會轉變成較差的條件。

總體持有成本（Total cos of ownership）係透過保證產品與服務的品質以降低在挑選供應商階段所產生的額外成本變異性，並利用下一回合談判來監控供應商額外產生的成本。因此，總持有成本（Total cost of ownership）模型可以再加以劃分成：供應商的挑選和供應商評估。

此法適合用在進行全球蒐源策略時，挑選高成本國家的本地供應商還是海外低成本國家的新供應商，或是用於挑選鄰近海外生產設施的新供應商還是現存生產網路的供應商。

在接下來的例子我們可以發現，勞力成本雖說是個重要的因素，但要準確地預估潛在利益方面，還需要考慮其他相關的營運成本才行（圖8.1）。

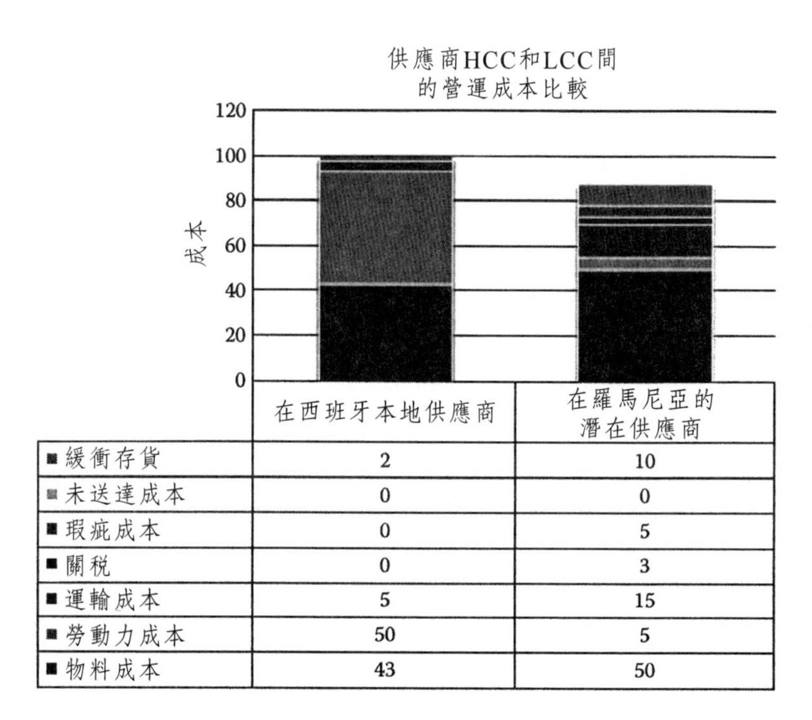

	在西班牙本地供應商	在羅馬尼亞的潛在供應商
■ 緩衝存貨	2	10
■ 未送達成本	0	0
■ 瑕疵成本	0	5
■ 關稅	0	3
■ 運輸成本	5	15
■ 勞動力成本	50	5
■ 物料成本	43	50

圖8.1　本地中間成本國家和境外低成本國家供應商的營運成本比較。

全球採購

採購部門

Fung（1999）、Fant（1999）和Panizzolo（2006）等作者綜合歸納採購部門扮演三個不同的角色：

- 合理化：採購部門透過最小化總成本（生產成本、物流成本、價格和瑕疵成本（nonquality cost），使企業競爭力提升。
- 結構：指企業供應商網路的管理，尤其對特定供應商依賴的程度或利用改善方案。
- 發展：針對企業策略、策略性產品和流程發展間的相互調適（alignment）。

企業剛開始時通常將採購功能交由中央集權管理。然而全球化營運的管理者必須思考如何在境外的新組織中發揮採購的功能，特別是需要建立新供應商基礎來減少總持有成本和改善回應時，或當在新海外設施發展新產品時。

為發展這項功能，對採購部門及其管理者需要著重四個領域（Giannakis, 2004）：

- 產品管理：包含定義、評估和控制企業所交易的產品或服務屬性。
- 採購管理：包含產品規劃和交貨控制等活動。
- 契約管理：除了價格和交貨條件外，契約管理尚包括績效衡量準則、談判與折扣的誘因系統、相互的保證條款和其他重要影響契約的變數。
- 供應商發展：指在買方企業和供應商間建立合作關係以確保採購功能具效率與效能。

這些任務可以根據四個管理領域指派給採購部門中各個功能類別（Giannakis, 2004），如表8.1到表8.3所示。

表8.1　產品管理和採購作業

	契約前的（Precontractual）	制度的（Institutional）	操作的（Operational）
產品管理	1. 收集發展中的新商品資訊，或在供應商市場中早已可得的資訊 2. 以對組織的價值來評估商品／服務 3. 推廣物料採購流程標準化和簡單化	4. 建立商品／服務的技術規格 5. 建立商品／服務的設計變異 6. 建立商品／服務的交付文件（物料批准文件／產品檢驗書）和原型	7. 收到貨物／服務 8. 產品資料管理（資料的產生、轉移等） 9. 建議替代的產品和技術
採購管理	10.採購流程對應（訂單交貨流程） 11.檢查潛在供應商的流程以找出其專長的領域和需要改善的部分（如預測和訂單資訊、運輸模式、包裝） 12.選擇適當供應策略採購產品／服務，如存貨式生產（make to stock）、裝配式生產（assembly to order）、訂單式生產（make to order）	13.建立訂單管理的資訊交換系統（訂單遺漏、確認、交貨、發票開立） 14.建立與第三方物流一致的營運 15.建立運送和交貨的方法（可退貨單位裝載等）	16.主要訂單系統和替代／額外的系統 17.有效率流程標準化，如外部網路（extranet）相對於傳真、工廠交貨條件（exw）相對於未完稅交貨條件（ddu） 18.流程效能的衡量（物流總成本、服務水準、存貨周轉率） 19.標竿流程管理 20.稽查供應商
契約管理	關係的決定要素： 21.考量市場／產業的規範 22.考量企業的策略選擇 23.策略組織的文化 24.評估顧客的需求 25.探索外部市場和供應商資訊 26.攫取並轉移內部學習成果	契約的協議： 27.選擇正當形式的關係（合夥、聯盟） 28.挑選契約的種類 29.選擇契約關係的長度 30.建立契約的保證條款 31.指派角色和責任給供應商和內部顧客 32.提供供應商財務性的誘因 33.針對特殊契約調整關係	監測與控制： 38.確保契約文件清楚明瞭 39.定義採購相關的關鍵績效指標 40.定義與產品品質相關的關鍵績效指標 許可所有合適的花費是為： 41.契約規定的支出 42.使供應商的績效作為外部市場和契約的基準 43.監控採購自其他供應商

	契約前的（Precontractual）	制度的（Institutional）	操作的（Operational）
		非契約的協議： 34.以夥伴關係精神建立協議 35.提供無條件的幫助給供應商 36.利用管理的專業知識 37.確保定期更新供應商	
供應商管理	供應商的挑選： 44.確認合適的策略和戰略的議題 45.建立並維護供應商資料庫 46.準備報價需求 47.發掘潛在供應商（事前評估） 48.投標（tender） 49.評估供應商的信譽、能力、成本等 50.評估企業成本、供應商風險、退出策略（exit strategy） 51.定義供應商的入選資格（篩選） 52.協商契約條款 53.定義供應商的合格資格 供應商發展： 54.確認關鍵流程／產品發展 55.發展跨功能的供應商開發團隊	56.確認入選關鍵供應商 57.提供資源和方法來對入選的關鍵供應商做出診斷 58.建立改善計畫並組織工作坊以發展再造專案 59.建立表揚和獎勵制度	60.監測供應商的改善計畫與方案 61.評估供應商的發展計畫

資料來源：改編自Giannakis, M. (2004) The role of purchasing in the management of supplier relationships. Paper presented at the 2004 EurOMA Operations and Global Competitiveness, Fontainebleau, France.

蒐源組織的型態

採購部門的組織應該以最大化整體效率為目標，並且嘗試適應各事業單位及研發單位與全球化生產單位的需求。為了達成以上目標，採購組織應考慮採購的單位是以產品家族（family level）或是採購品項種類為準（Trautmann, Bals and Harmann, 2009）。

集中式、分散式和混合式

採用集中購買的主要原因包含利用規模經濟和加強與供應商協商的談判力（Mathyssens and Faes, 1997; Karjalaine, 2011）。

規模經濟和購買力指的是透過產品標準化以整合各單位的採購量，之後增加不同事業單位的採購數量來壓低單位成本。

關於原物料、非生產料材以及其他高度標準化或常態化的採購使用集中化採購是很常見的。

另外，集中採購的優勢有兩點，一是採購部門對於產品技術知識的專業性可以設定精確供應規格，另一是對市場專業知識也可在全球網路中找尋合適的供應商（McCue and Pitzer, 2000）。

集中採購的程度可以設在事業單位層次或地理區位層次。依據不同的層次而有不同的採購經理（Gelderman and Semeijn，2006）（圖8.2）：

- **領導買家（Lead buyers）**：採購經理集中採購的管理範圍是以地理區位或工業部門為區分。
- **主要買家（Main buyers）**：採購經理集中採購的管理範圍是以事業單位層次為區分。
- **當地買家（Local buyers）**：企業是採分散式採購，採購經理的管理範圍是以各工廠為區分。

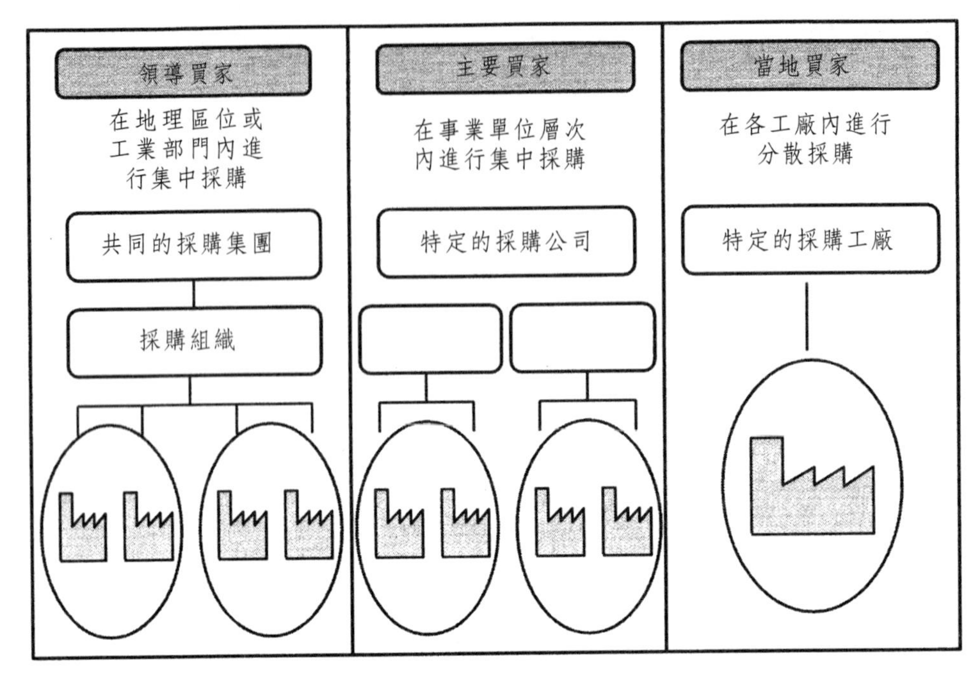

圖8.2　採購集中化程度

另一方面，分散式採購讓採購單位以品質與服務的角度更深入了解當地的需求，而不僅僅考慮成本面。同時分散式採購的組織設計能在企業策略上需要快速回應時獲得較快的回應（如新產品的開發流程）（Van Weele and Rozemeijer, 1996; Hult and Nichols, 1999）。

一個分散式採購的例子即是專案採購經理（project purchaser）。專案採購經理必須在專案的生命週期中爲專案的所有相關事項負責。

通常針對某一工廠或事業單位需要特殊的零組件、非標準化品質的需求以及對交貨時間有特殊要求，企業多半會採用分散式採購。

儘管如此，根據實務上的差異，組織通常會選擇採用混合式，例如以產品種類加以區分。混合式採購組織設計，通常中央總部與地方子公司會進行任務分工。例如，總公司負責長期契約的協商事宜，子公司則按照契約簽訂訂單（Trautmann, Bals and Harmann, 2009）。

供應商市場分析

在製造業中，不同的產品種類及不同的供應商市場競爭行為會產生不同的市場情境。

採購部門必須選擇優先需要改善的產品類別。圖8.3的矩陣圖形適合用來進行優先順序的選擇。此矩陣圖形即為ABC分析法，其利用潛在節省（potential saving）和執行困難（implementation difficulty）為準則確認出A物品（即為需要進行改善的第一波）。

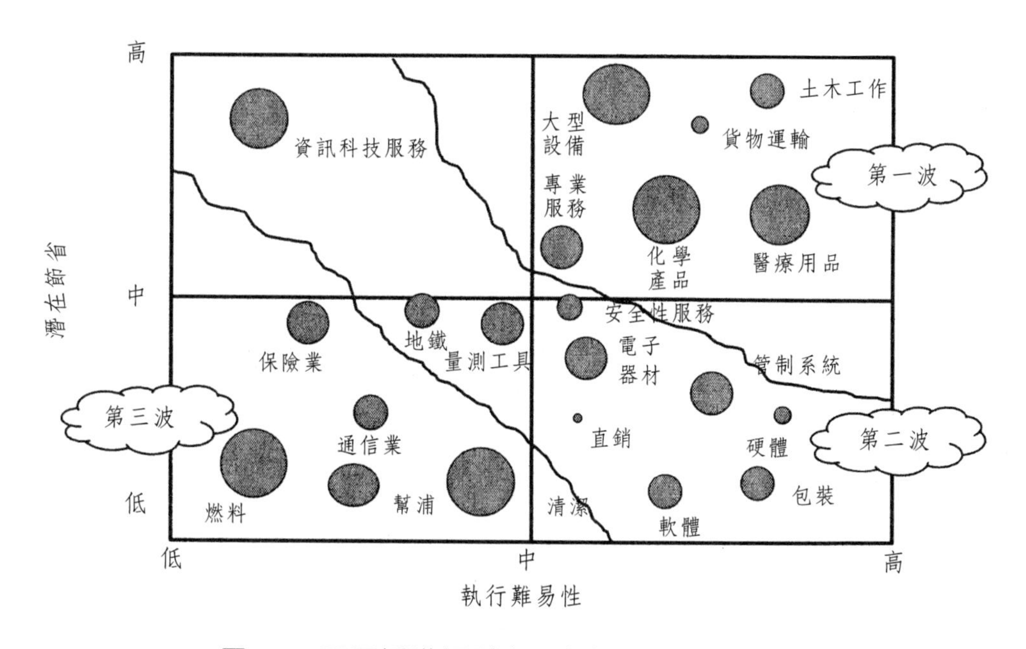

圖8.3　不同採購類別之潛在節省與執行難易性

採購政策

購買政策是依據採購決策的潛在風險／利益以及買方與供應商間的權力關係制訂出來。

影響採購決策的潛在風險／利益的因素包括：

• 未送達的成本：由於物流路徑、社會或經濟問題或品質不良所造成供應中斷的可能性。

• 因物流、品質、資訊與通訊技術（ICT）整合而產生的利益。

• 因優良產品規格或新開發產品而產生的利益。

影響買方與供應商間權力關係的因素包括：

• 供應商市場的競爭（產品與技術的獨特性、市場需求和供應商產能的比較、供應商的數量、供應市場的集中程度）。

• 買方的購買力（採購的數量、改變供應商所必須建立新資本與新知識等進入障礙所引發的成本、改變採購產品所增加建立新資本與新知識等進入障礙所引發的成本以及改變供應商所必須付出的新物流路徑的成本）。

以上兩組因素會影響企業的採購政策在各個階段的有效性（夥伴關係、合作、強迫、貿易和投機主義）（圖8.4）。

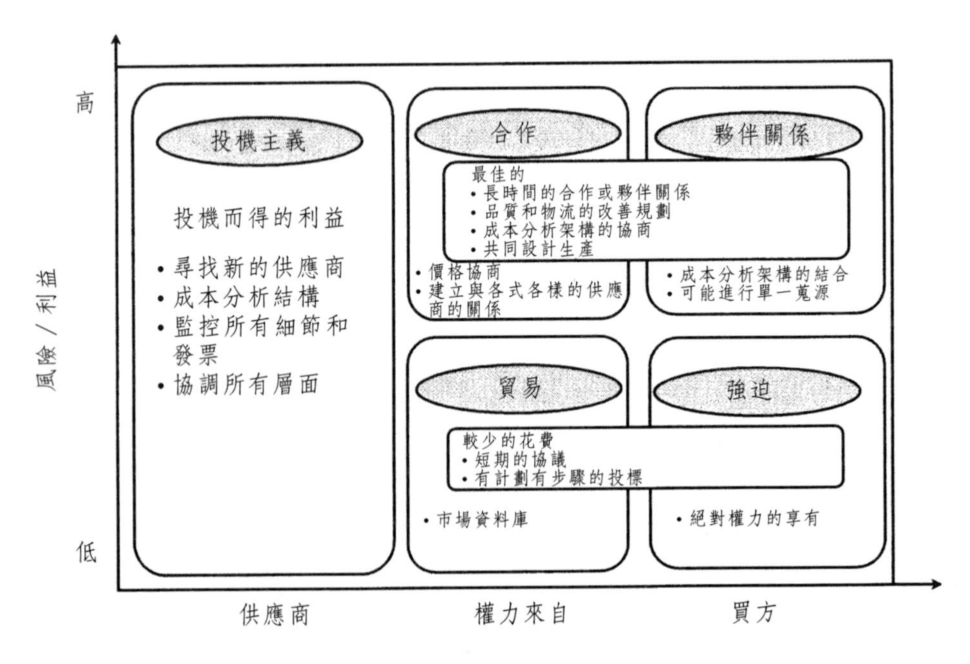

圖8.4　風險／利益與買方和供應商間權力關係之採購政策有效性分析

1983年，Kraljic提出另一矩陣模型來決定最適採購政策。此模型同時考量採購的重要性和供應市場的複雜度。採購策略的重要性衡量準則以產品線的附加價值、原物料成本占最終成品總成本的比例以及對於獲利的影響；而供應市場的複雜度則以供應稀少性、技術與原物料的替代速度、進入障礙、物流成本以及市場結構是獨占或寡占等加以衡量，因此使得採購在許多企業中成爲重要的議題。透過評估這些變數，企業可以同時挖掘採購的潛能並降低採購風險來選定合適供應策略。

以下有四個按供應策略所提出的採購項目種類：(1)槓桿項目（leverage items）或大量供應商（volume suppliers），(2)策略性項目（strategic items），(3)非關鍵性項目（noncritical items），(4)瓶頸項目（bottlenecks items）或次關鍵性項目（midcritical items）（圖8.5）。

若將供應商的成熟度納入考量，則圖8.5的採購政策可轉換爲圖8.6發展成熟度和經濟利益的圖形。

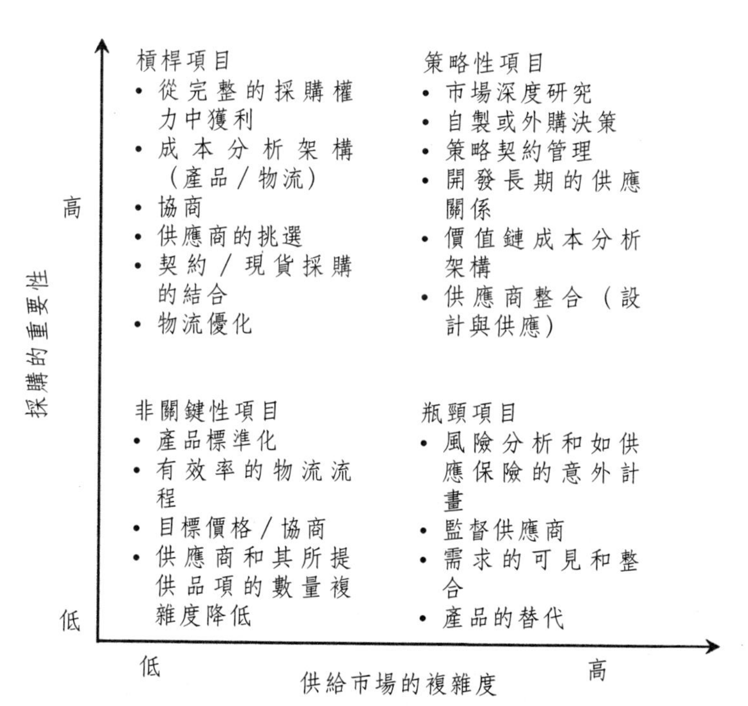

圖8.5　採購重要性與供給市場複雜度矩陣

（改編自Kraljic, P. (1983) Purchasing must become supply management, Harvard Business Raview. 61(5), 109-117.）

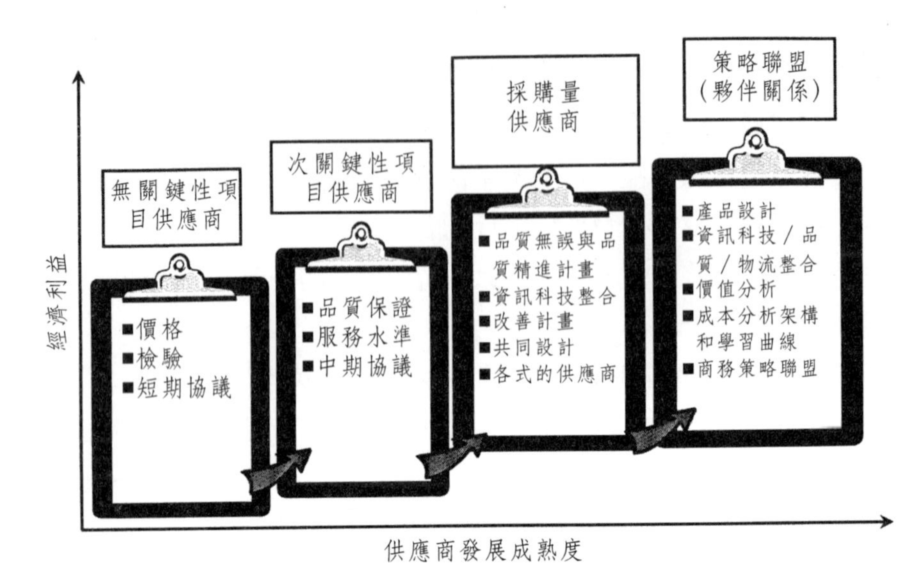

圖8.6 從無關鍵性項目、次關鍵項目、採購量到策略聯盟供應商之最佳供應商發展實務

採購工具和技術

改善採購管理方案可以從市場驅動和技術驅動進行分類（圖8.7）。

市場驅動計畫（Market-driven initiatives）試圖以三個技巧從採購數量中獲利：

- 集中採購量並創造競爭能耐
- 評估最佳價格的監測與協商
- 全球蒐源並藉由蒐尋或創造新的替代供應商來建立新規則

技術驅動計畫（Technical-driven initiatives）嘗試更精確地順應產品需求、打造有效率的供應鏈、並建立策略性的關係。三種技巧如下：

- 改善產品技術性規格來滿足需求
- 改進延伸企業（extended enterprise）的流程與整合
- 重建與供應商間的關係

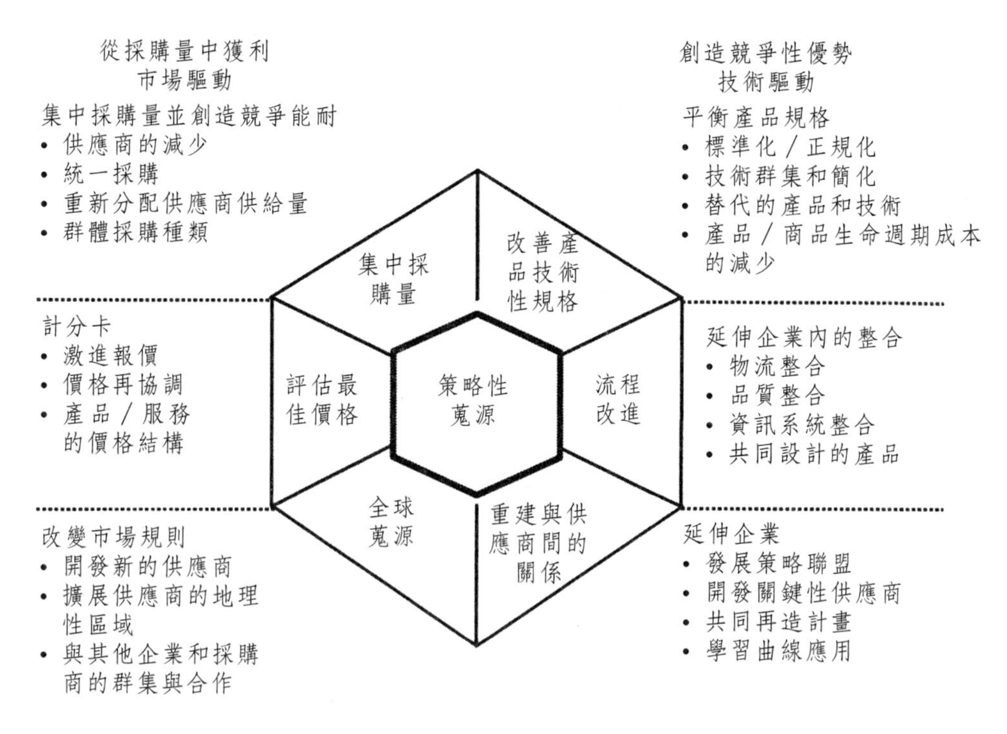

圖8.7　採購管理的技巧

採購管理和產品生命週期

應用採購技術有效性地減少總體持有成本，必須根據產品和供應商的生命週期（圖8.8）。

採購程序

必須將採購程序進行定義、標準化與建立，尤其是境外工廠要開發新供應商時（圖8.9）。

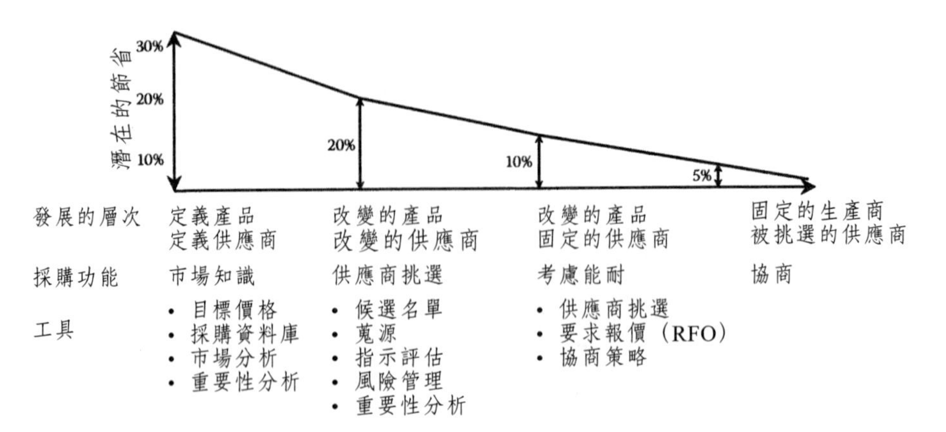

圖8.8　潛在性節省和產品供應商生命週期

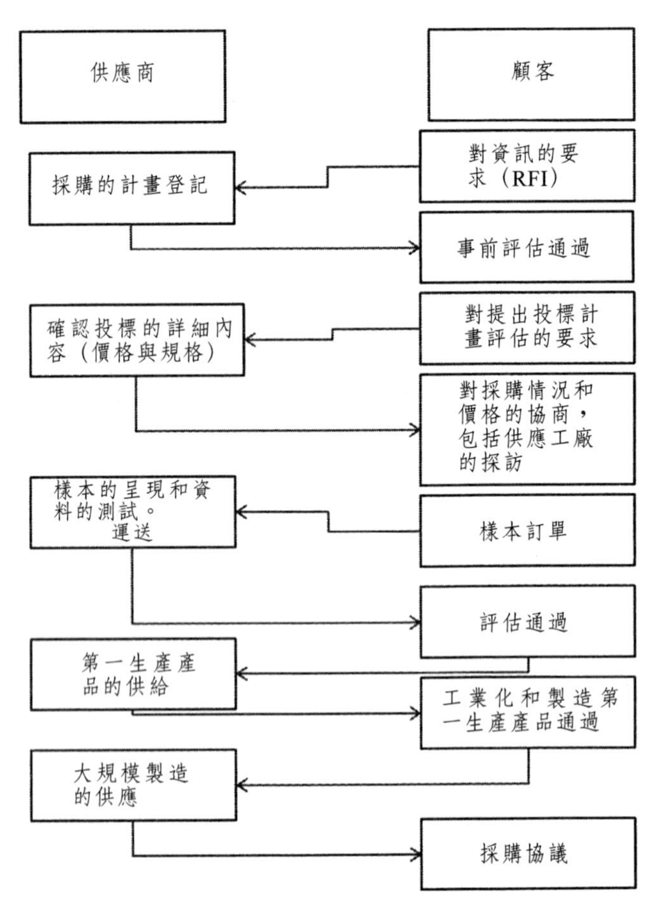

圖8.9　製造公司中為新供應商發展的需求所形成購買程序

案例：Ternua－Astore

中小企業如何與跨國公司競爭——以戶外與運動紡織產業爲例

服飾產業是一個最動態的、零售商驅動和全球化的經濟領域。這項產業以擁有價格敏感的顧客、短的產品生命週期、產品線寬廣、以及易變且無法預測的需求爲特色。有三種類型的服飾零售商：領導品牌零售商（如Benetton、Zara、H&M、GAP）、大型量販店品牌零售商（如Walmart）、品牌價值零售商（如Desigual）。儘管以上提到許多產業的特色，傳統的結構仍是以預測爲基礎推式供應鏈配銷，兩主要促銷季：春夏（Spring-Summer）和秋冬季（Fall-Winter）。

這個方法的有效性常因無法及時到貨與訂單零失誤，預測驅動的製造和採購以及需求預測的誤差造成過多存貨，銷售績效超過預測的衣服品項在促銷期與季末又處於缺貨狀態等等問題而遭到質疑。然而，西班牙服飾Zara打破了這樣的困局，爲Pronto Moda此領導品牌發展既快又準的快速供應鏈（Rapid-Fire Fulfillment）。

位於西班牙北部的Basque Country的Ternua和Astore是品牌價值零售商，其致力於發展戶外、城市和團隊服飾。他們以提供高舒適度和高機能運動服飾爲目標推出最新款式的服飾。這些品牌價值零售商一直以來都是以傳統的供應鏈結構來營運：擁有設計和發展團隊、產品線既廣且深，製造流程高度垂直分工、製造流程彼此距離遠造成前置時間長、分散的供應鏈（織布和成衣製造流程）、眾多配銷通路。企業通常會根據需求預測對不同款式的時裝提供多樣的尺寸，進行兩次促銷（春夏季，Spring-Summer）和（秋冬季，Fall-Winter）。造成現今供應鏈結構和管理無效率的因素有：

- 通路經銷商和批發商認爲提供多樣款式與多種尺寸是不必要的。
- 生產的最小訂購數量（MOQ）造成促銷活動結束後會有存貨過剩的問題。

• 預測驅動的供應鏈導致過剩的存貨。由於服飾面料與輔料採購的前置時間相當長，且大部分的服飾都在海外的工廠製作，因此在銷售契約敲定前就得先向製造商下訂訂單。對於成本較高的高級服飾而言，此種存貨過剩問題更爲嚴重。

• 在服飾業中，經過促銷活動之後，若銷售量超過預期產量，像要進行第二回合採購再生產，那幾乎是不可能的事。

以上所描述的無效率現象促使企業開發新的企業策略。新策略依循兩項目標：完成獲利性的促銷活動和在兩大促銷季之間舉辦更多小型的促銷活動。利用獲利導向的行動方案用來改善無效率與供應鏈結構，具體作法如下：

• 藉著精實原則的運用，企業在促銷活動期間減緩對設計資源的需求，並減少新服飾發展所製造出的浪費。

• 按需求行爲（持續性、季節性等）和價格將服飾進行分類。藉由前者可創造出新穎的類別稱爲「新品」（fresh），後者則可將服飾依照價格高低分成三個類別（低價位、中價位、高價位）。

• 在設計部門、採購部門、製造部門以及物流部門間採用同步工程以節省產品發展的前置時間，同時建立關鍵鏈與多專案環境以避免設計資源與配置資源限制影響到製造的進行。

• 發展一套全球採購策略以及考慮價格定位、樣式更新率以及不同需求型態的全球與當地供應商網路。

爲了解更多的促銷活動是否能提升競爭力，企業將對產品組合進行分析，依據需求型態（消費者購買行爲）和價格進行產品區隔。這項分析結果產生六個產品類別：低價位和連續性、高價位和連續性、低價位和季節性、高價位和季節性、高價位和（一般）新品、高價位和（特殊）新品。其中僅有四個類別需要做改變。最主要的供應鏈策略改變有（見圖8.10）：

• 高價位和連續性：顧客訂單切割點（CODP）往供應鏈的上游移動可以對新需求進行快速的回應，且若需求高過預測，也能及時下單補貨，不致產生缺貨。因此新的供應鏈策略即爲訂單式生產（finish-to-order），其原理是將顧客訂單切割點放在服飾原料蒐源階段，而讓生產活動在低成本國家進行。運

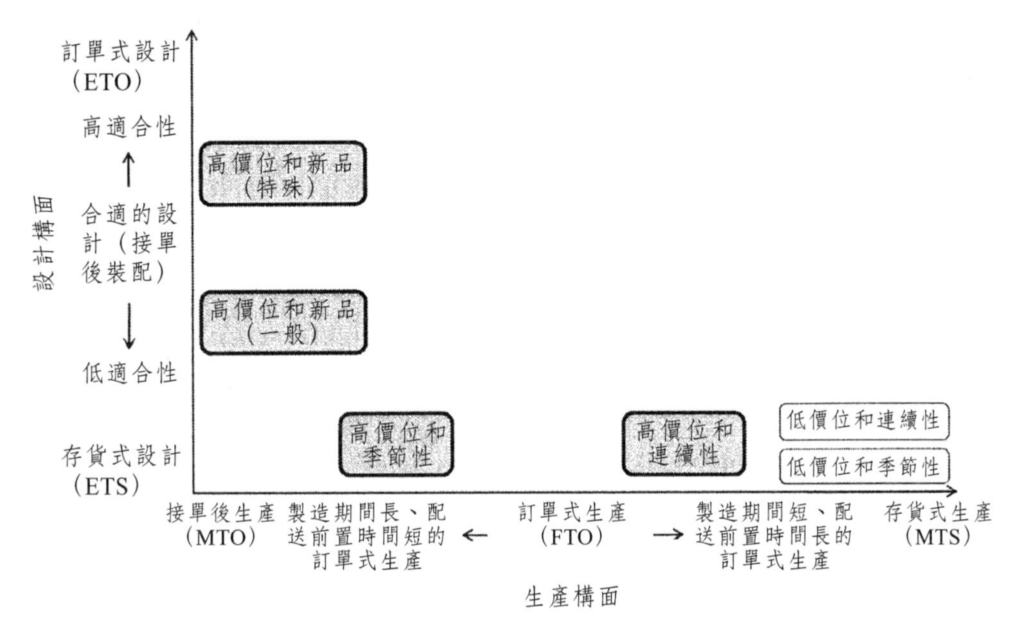

圖8.10　新供應鏈策略之產品區隔分類

用精實原則於製造階段已經為企業節省許多製造前置時間，然而由於製造地點位於低成本國家仍使得配銷的前置時間拉長。

- 高價位和季節性：這個區隔與上述的改變類似，差異在生產活動改到中成本國家進行，如此可以減少更多的補貨前置時間，因此可以進行快速補貨。此策略的重點在於敏捷性的生產已達成數量與時間的彈性。

- 高價位和新品（一般）：指設計彈性有限的接單後裝配（ATO）或接單後生產（MTO）。生產活動集中在中成本國家的進行，運用敏捷的製造來達到彈性的目的，並讓前置時間保持在可接受的範圍中。

- 高價位和新品（特殊）：指接單後裝配（ATO）或接單後生產（MTO），此策略在設計上保有高度的調整彈性。設計與生產大都在高成本或中成本的國家中進行以保持敏捷製造，並在設計變更與顧客需求改變下仍能有彈性地快速回應。

圖8.11為總結產品區隔改變的結果，描述總需求與產品的百分比。自圖中可見，產品區隔在總需求65%時開始修正。在圖右側顯示採敏捷供應鏈以回應

的需求（生產活動盡可能靠近主要市場，策略聚焦在回應性），在圖左側則採精實供應鏈（多數生產活動都在低成本國家）。也有利用顧客訂單切割點（CODP）的兩個構面（工程和生產）將不同產品區隔對應到適合的供應鏈策略。

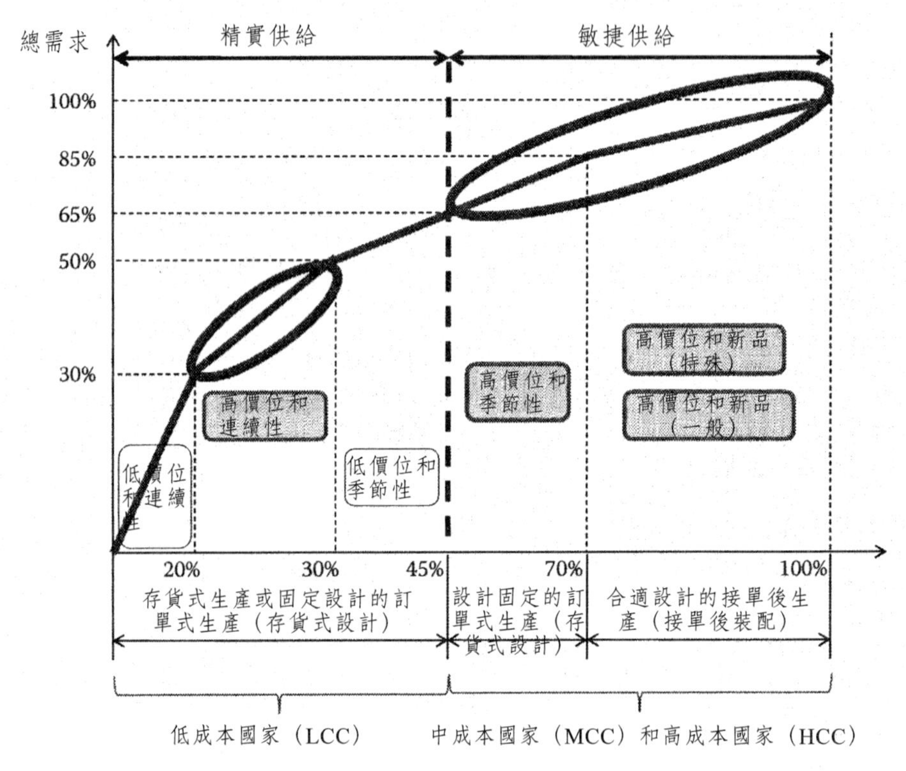

圖8.11　延著精簡／敏捷與總需求連續帶所得6個產品區隔

新產品區隔和產品策略結合新供應鏈策略，不僅縮短所有產品區隔的前置時間，其替代的供應鏈策略也可支應小型促銷活動並縮短其設計與交貨時間。前者在低成本國家中使用推遲策略（postponement strategy），而後者利用在靠近主要市場的中成本或高成本國家進行生產活動以最小化前置時間。

根據經驗與預測的結果如下：

- 若服飾產品能以需求特色（連續性、季節性等）和價格來做產品區隔，並為各個產品區隔建立最適的供應策略，將使促銷活動獲利性更高。

- 服飾新樣式的不斷推陳出新需要有新產品開發支持，另外也需要重新設計訂單履約流程。後者將導致供應鏈與製造結構重新調整。
- 產品平台策略的引進促進同步工程（設計部門、採購部門、製造部門與物流部門），此同步工程將降低新產品開發和訂單履約的前置時間。
- 因零售商與暢貨中心能及時地通報銷售實績，使小型促銷活動（mini-collection）可以同時增加銷售量並極小化過剩存貨的風險。

採購與蒐源

採購中最為人所知最佳實務即為即時生產採購（JIT）（Lamming, 1996），即時生產系統將採購的重要性和供應商的涉入緊密地連結。

由上述可知，即時生產系統透過蒐源和品質保證系統的採購政策來達成生產力提高、最小化前置時間和小批量。目標在於將交貨時程與來自顧客端的生產規劃進行同步化。

Gonzalo-Bwnito和Spring（2000）從營運實務、採購相關實務、品質管理實務和其他互補性實務將即時生產採購進行綜合分析（表8.4）。

表8.4　營運面、採購相關面、品質面和互補面的即時生產購買分析

營運實務	採購相關實務	品質管理實務	其他互補實務
經常交貨（小批量）	分散分擔	品質保證檢定	供應商參與設計與發展
減少存貨	供應商管理庫存（VMI）		供應商發展計畫
看板供應（Kanban suppliers）	供應商管理庫存（VMI）	以品質和可靠度挑選供應商	
短時間窗內履約		短時間窗內的履約發展計劃	

營運實務	採購相關實務	品質管理實務	其他互補實務
資訊與通訊技術（ICT）的整合，如電子資料交換系統（EDI）、外部網路（extranet）等	長期關係		
區域性的蒐源	區域內的單一搜源協議		搭配企業策略
裝載單位和退貨單位標準化	以成本為基礎來計算價格		

資料來源：改編自Gonzalo-Benito, J., and Spring. M. (2000) JIT purchasing in the Spanish auto components industry: Implementation patterns and perceived benefits. International Journal of Operations and Production Management 20(9): 1038-1061.

需求能見度與採購管理

突破單一企業的疆界，供應鏈探討範圍擴大到企業與企業間，此時的供應鏈可以區分爲三個類型：原物料、資訊和決策。物料流係指與原物料、零組件和產品相關的供應。資訊流所指的是詢價報價、訂購單和開立發票等。決策流常被誤以爲是資訊流，然而決策流比資訊流複雜許多。企業與企業間決策的溝通是由資訊傳送所組成，但最重要的是要透過談判才能做成決策。例如訂購單是資訊流，但當「訂購單」變成「需求計畫」它就轉變成決策流了。顧客定期提供固定某一期間（如兩個月）或數週的需求計劃給供應商，供應商會根據自身的產能與供應限制對需求計畫進行分析，然後與顧客進行談判，試圖進行某些修改以達成有效率的生產與供應。企業間雙贏的談判（win-win negotiation）啓始了合作的網路。在這樣一個合作網路中，企業相信合作可以完成目標，分開各自爲政則無法達成。共同合作對於提高整個網路的效率是有力的工具。在衆多不同跨企業合作管理機制中，合作決策制定模型是最具價值機制之一。當在打造企業間合作的網路時，有幾個挑戰必須要去面對，例如信任、文化適應、協同作業能力等，透過決策系統模型可以確認出公司內和公司間的決策流，此是達成合作網路成功的良好起始點。全球可回收資產標誌（GRAI）

曾被成功地用在建模、分析與改善單一企業的決策系統，另外也用於供應鏈與複雜的企業網路。藉由建構整個供應鏈的決策系統，企業可以識別出所有的決策活動、決策流和回饋，而且決策系統可以透過同步化與移除無效率等方法來進行改善。

在採購管理中有兩個與前置時間過長相關的新問題產生。一方面而言，西方工廠通常會在低成本國家中找尋新的供應商；另一方面，西方的製造業在境外設置新設施，但卻不發展當地的供應商基礎。

因此，對以上兩個案例而言，服務水準必須有所保證，但某些零組件，原本就利用物料需求規劃和工廠規劃與排程相連結。然而，在這樣情境下，此種連結已經不可能達成了，因爲工廠的規劃期間比兩點間的運輸時間還要短。因此，零組件的存貨與補貨的需求就必須事先預測，同時要將運輸時間的可靠性列入考量。總而言之，即時生產（JIT）需要改變爲以防萬一（Just-in-case）的管理（圖8.12）。

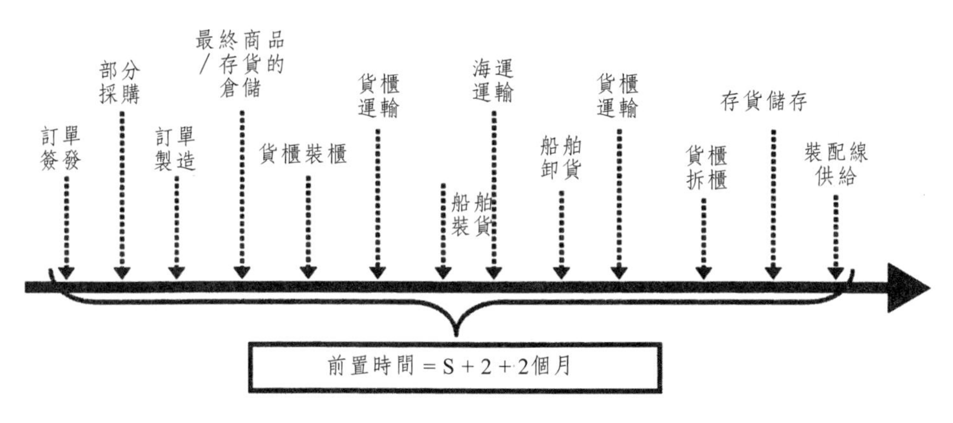

圖8.12 轉換活動時間趨使廠商將對非當地供應商之固定規劃期間提前兩個月

在此案例中，企業藉由固定規劃期間發展一套系統以進行需求預測，企業發展出圖像式工具以動態式地監控存貨部位、記錄眞實的需求變化、供料的收貨時間、在途存貨的狀況、以及訂單傳遞等。總而言之，利用需求預測技巧的進階版物料需求規劃（MRP）仍是一項很好的管理工具。

圖8.13顯示部分利用需求預測技巧的進階版物料需求規劃（MRP），不同程度的存貨意味著：

- 淺灰區塊：過剩的存貨→存貨高於財務報表上最大固定存貨量。
- 深灰區塊：警告→存貨低於安全存貨水準。
- 黑區塊：缺貨 預測的存貨水準低於0。

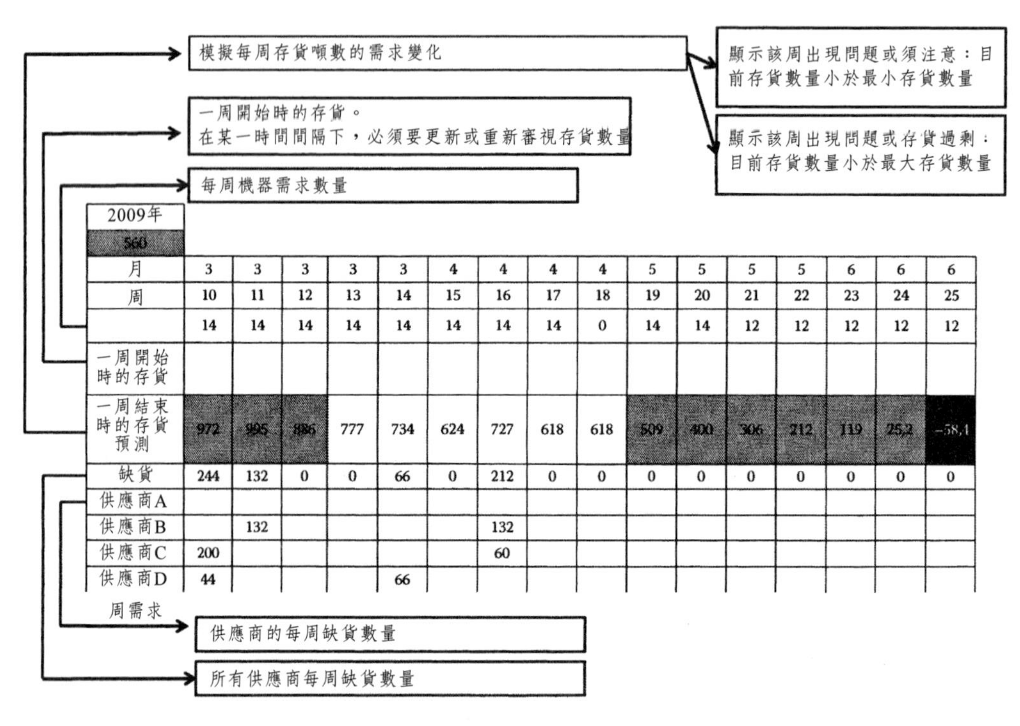

2009年																
560																
月	3	3	3	3	3	4	4	4	4	5	5	5	5	6	6	6
周	10	11	12	13	14	15	16	17	18	19	20	21	22	23	24	25
	14	14	14	14	14	14	14	14	0	14	14	12	12	12	12	12
一周開始時的存貨																
一周結束時的存貨預測	972	995	886	777	734	624	727	618	618	509	400	306	212	119	25,2	−58,4
缺貨	244	132	0	0	66	0	212	0	0	0	0	0	0	0	0	0
供應商A																
供應商B		132					132									
供應商C	200						60									
供應商D	44				66											

圖8.13　以部分預測需求作為依據的延伸物料需求規劃（MRP）

第九章 產能躍昇

Sandra Martínez

余坤東 譯

一個當下賣力執行的計畫，好過一個以後才要進行的完美計畫。

A good plan, violently executed now,
is better than a perfect plan next week.

好的戰術可以補救差勁的策略，但是糟糕的戰術會毀掉最好的策略。

Good tactics can save even the worst strategy.
Bad tactics will destroy even the best strategy.

——Gen. George S.Patton

緒論

在這個章節中，我們會探討以下的主題：

- 工廠營運以及設備管理
- 產能躍昇程序管理
- 產能躍昇專案之準備
- 產品／程序替代方案
- 應變計劃以及穩健化設計

工廠營運以及設備管理：規劃程序

工廠的生命週期開始於策略性廠房規劃，此一規劃的重點在確認工廠區位、策略角色、產品及產量、供應鏈配置，以及確認所需要的資源。在此一階段中，除了提出基礎設施與土木工程施工計畫之外，工廠佈置、內部／外部各種流程以及運籌物流系統也必須初步建立。

在規劃階段之後，就要進入工廠產能躍昇、營運以及設施管理階段。少部分工廠會針對工廠生命週期發展，將這些程序整合進來。然而，近年來有些產業的環境變化很快（例如，風力發電產業），這種產業，整個供應鏈從產能躍昇到產能縮減的時間很短，針對這種市場需求變化大的環境，有風力發電業者開發了一套「交換模式型工廠」（The Switch Model Factory），可以快速的建立產能，並且可因應環境變化來調整（Kurttila, Shaw, and Helo, 2010）（圖9.1）。

如何讓產能與急遽變動之市場需求配合，是目前經營管理上所面臨的挑戰，這也意味著，工廠的產能與能力都必須考慮以下的因素而快速調整：

1. 需求：如何管理產能躍昇及產能縮減階段所面臨的不確定性。
2. 產品組合：在相同的生產設備中可以改變所生產產品的類型。
3. 生命週期：將新產品導入現有的生產及供應網路中，包括在非常繁忙的產能躍昇階段，也要能夠導入新產品。

交換模式型工廠包含了「重構製造系統」（RMS，詳第六章）中的速度、可靠性、適應性、擴展性等能力，這些能力都是改變工廠原先設計的運作方式，增加彈性的重要元素。

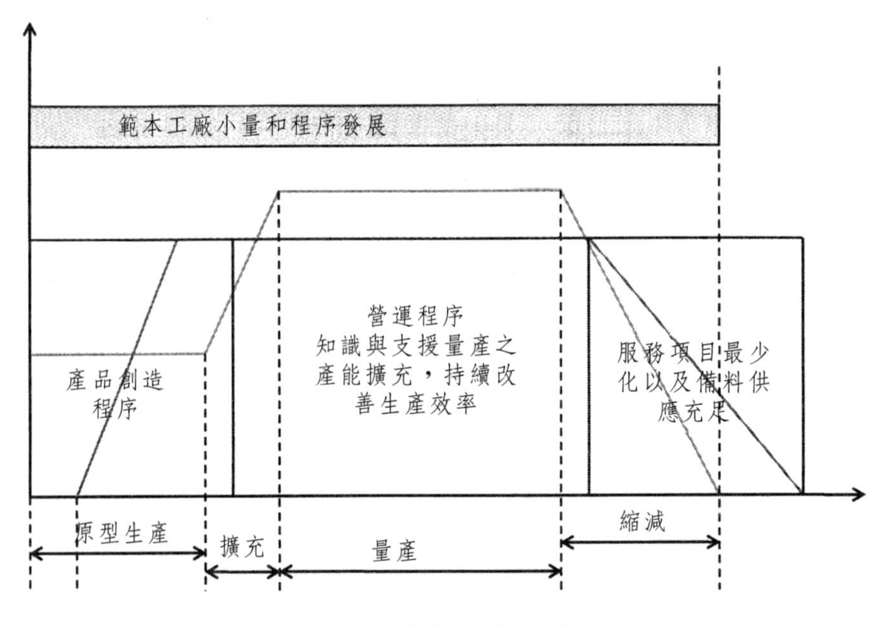

圖9.1　產品生命週期

（取自Kurttila, P., et al（2010）模型工廠概念（由芬蘭The Switch公司供應鏈的副總裁，產能躍昇的推動者提出））

產能躍昇過程之管理

「產能躍昇」是一種應用於經濟與商業上的術語，用來描述預期未來產品需求增加而提升產量的程序。此外，產能躍昇也是指在產品開發期到量產期之間的階段，此一階段的特點，就是實驗性的產品／流程調整與改進（Terwiesch and Bohn, 2001）。

有些學者（T-Systems, 2010）認為，「產能躍昇」是指從第一個單位生產到預定生產數量達成結束為止的階段（圖9.2），為了要高度精準的管理「產能躍昇」程序，必須先進行規劃，規劃的重點在於最終設計產品的工程設計，或是考慮在專案生產（Errasti et al., 2008）或是在市場需求快速變動時，採取產品／程序／網路平行發展的同步工程（concurrent engineering）設計（圖9.3）（Kurttila, Shaw, and helo, 2010）。

產能躍昇是一個專案性質的活動，推動過程中，產能躍昇所涉及的快速、效率、精準等規範與要求，都必須在製造系統設計時，透過子系統與不同功能的整合來確保（Sheffi, 2006）。產能躍昇管理需要監控各種衡量指標，以確保品質以及推動時間與成本都在合理的範圍中。

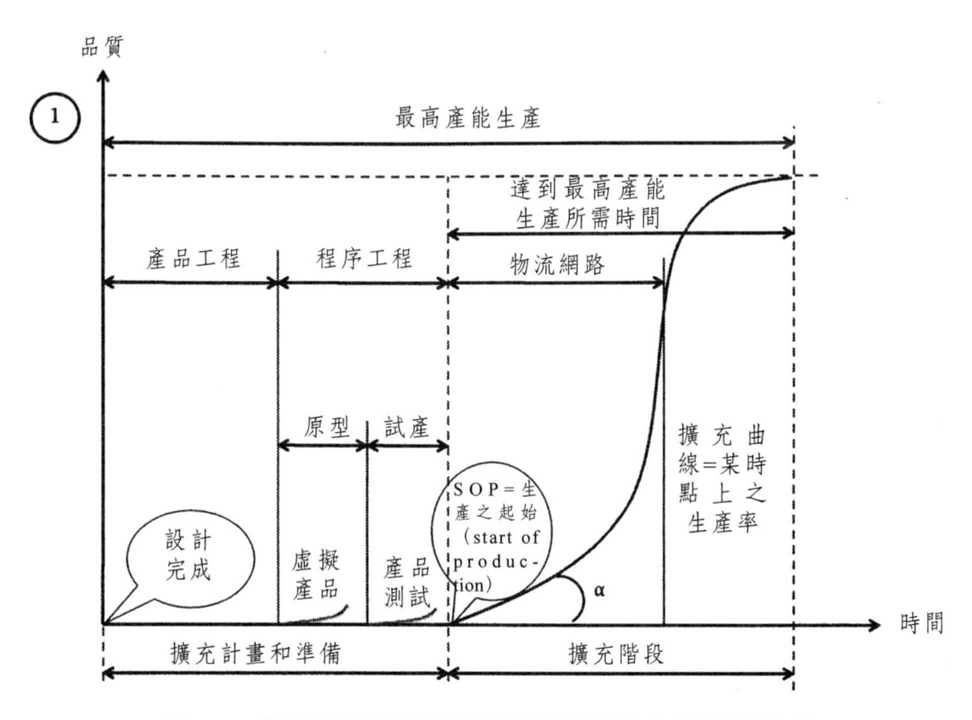

圖9.2　傳統產品設計和流程設計以及產能躍昇曲線

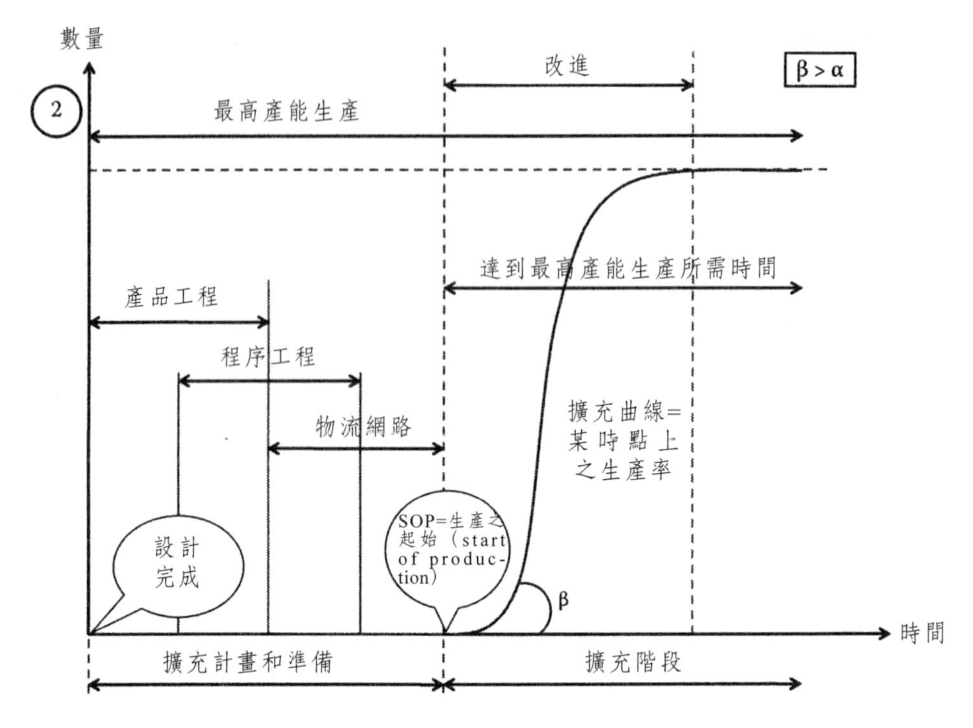

圖9.3　並行設計、流程、網路以及產能躍昇運行的曲線

公司在產能躍昇時所面臨的最大問題之一，就是不確定性。許多問題可能會導致預期完成時間的延遲，爲了顯示此一問題的複雜性，以下是關於一家亞洲過濾器製造商的敘述：

這家公司擁有120名員工，由於對跨部門資訊流通採行高度監管，再加上工人的技術能力不足，以及偏高的缺席率，導致任何產能躍昇計畫的時間會被拖得很長。爲了順利推動產能躍昇，管理者必須建構一個基本的組織架構，同時要重新界定整個跨部門作業流程以及工作系統，以便於有效率的工作。

在設計新產品時，工程師必須擁有最低限度的相關資訊（諸如，材料成本、製造流程、顧客關注的事項等等），並且要能夠預估整個新產品開發計畫的結束時間。然而，如果研發部門所提出的每個發展專案或製程優化方案，都會因爲成本因素而被否決，研發部門的工程師最終就只是低階員工，也不必負任何責任。只要該公司的營運持續在獲利，縮短產能躍昇過程這件事情就不會被重視，當然也不容易有任何改善。

產能躍昇專案之準備：工廠的實體流程與基礎設施

產能躍昇最典型的情境，就是在海外設廠。根據第七章所提出製造管理系統的產能躍昇，以及Greenfield方法（Baranek, 2010），產能躍昇的準備程序需考量以下幾點事項（T-System, 2010）：

建造廠房

產能躍昇通常都是蓋新工廠，但是也可能是在既有的工廠中，安置新的生產設備，這種情況經常是在縮短產品上市時程，或是爲了儘早達到量產，其中，汽車產業就是代表性的案例（Errasti et al., 2010）。

工廠佈置和物料流

此一階段通常會透過物料流模擬，包括存貨以及調節存量水準等，藉以了解系統在不同情況下的運轉狀況，以評估所規劃的工廠佈置與物料流是否可行、配置是否容易調整、是否能夠因應不同的產品／流程方案而彈性調整（參閱第六章）。

購置機具與安裝

如果產能躍昇涉及購置新機具，則須先評估何種生產技術較合適，以及與該種生產技術搭配的機具。再根據這些工程設計需求，列出可能的供應商，並且對各家供應商進行評估（詳第八章）。選定了機具之後，再考慮工廠設計、物料流等工程設計程序的變動。

添購工具

同樣的，產能躍昇也涉及適當工具的挑選。如果是客製化的工具，例如：沖壓、鑄造模具等，就需要特別小心，因爲這些工具往往是產能躍昇階段的重要事項，在作業階段中扮演重要的角色。

詳細設計工作站

在整體工廠佈置架構下，必須針對各個細部生產區域進行設計，以便這些細部規劃可以配合管理系統的產能提升活動（參閱第六章）。

調整產品與生產流程

產品和製造工程師應該要在產品工程程序中調整其流程規格，不過，對於某些特定的製程，有時需要重新設計產品（尺寸、原料等等）。

採購、供應網路以及供應鏈

物流是產能躍昇程序的成功因素之一，因此必須建立明確的採購政策，而本地與國際供貨物流途徑也必須加以考慮（參閱第八章）。

產能躍昇的支援程序

在產能躍昇的同時或是擴張完成之後，仍有若干程序必須執行，所以在規劃時，就必須把這些程序定義出來，進行測試、教育訓練及推動，基本上這些程序也算是產能躍昇的一部分。

在這些支援程序當中，其中之一就是就是建立先期品質規劃程序，以及預先定義工作流程與重要事件里程碑，以減少生產流程中可能發生的品質問題。由於許多產能躍昇計畫的延誤，都是品質問題所導致，因此，先期品質規劃程序可說是關鍵性的支援程序之一。

另一個程序是產品文件撰寫以及建立產品的差異容忍度、特色和配置選擇。配置選擇是指公司採購政策導致消費者需求、零件或是原物料改變時，可能的替代配套。

另一個輔助產能躍昇的程序稱爲數位化工廠程序（Digital Factory process），數位化工廠的概念，強調將不同層次的方法與工具整合到計畫中，從產品設計初期到工廠運作階段，都必須進行產品與相關製造程序的測試（VDI4499, 2006），此一數位化工廠的方法論甚至可以適用於中小企業（Spath and Potinecke, 2005）。

數位化工廠（圖9.4）整合了以下幾個程序：

- 產品研發、測試以及最佳化
- 生產流程研發以及最佳化
- 工廠設計與改善
- 操作性生產計劃及控制

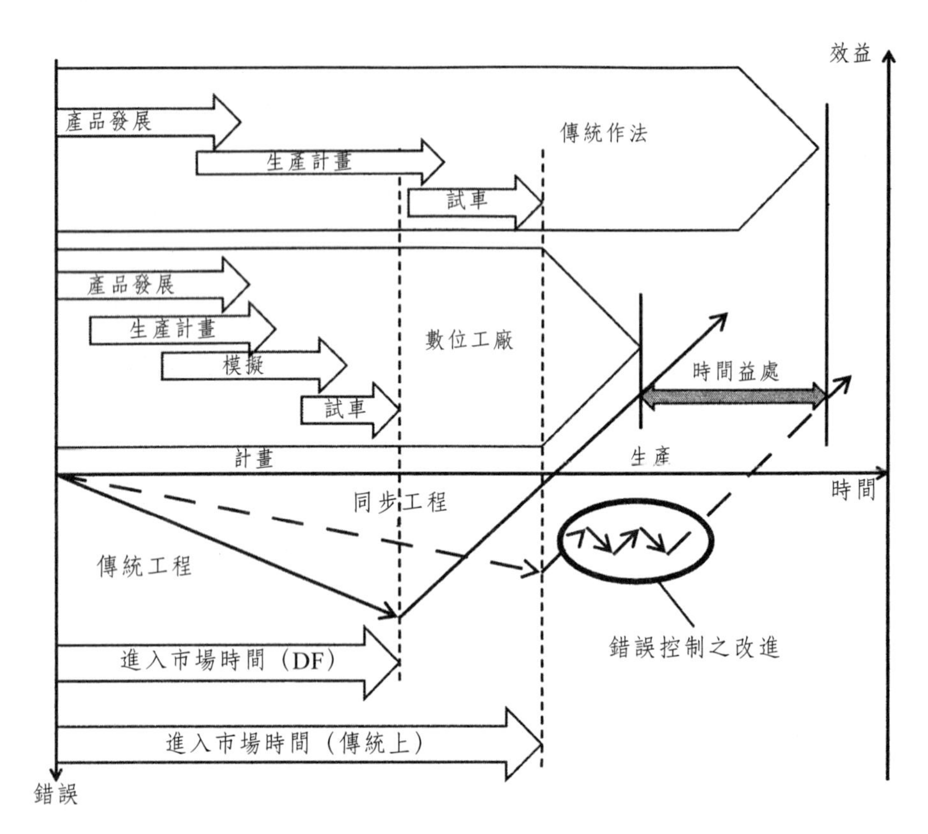

圖9.4　數位化工廠的利益與效果

（取自Kuehn,W. (2008)）

產能躍昇過程中的產品／製程配置替代方案

公司運作當中，停工、產能躍昇延遲、生產損失等都是預期中可能發生的事件，特別是當有新的影響因素產生，諸如新產品、新機器、新的供應商以及新的員工被導入（圖9.5），表9.1列舉了一些延遲的例子。

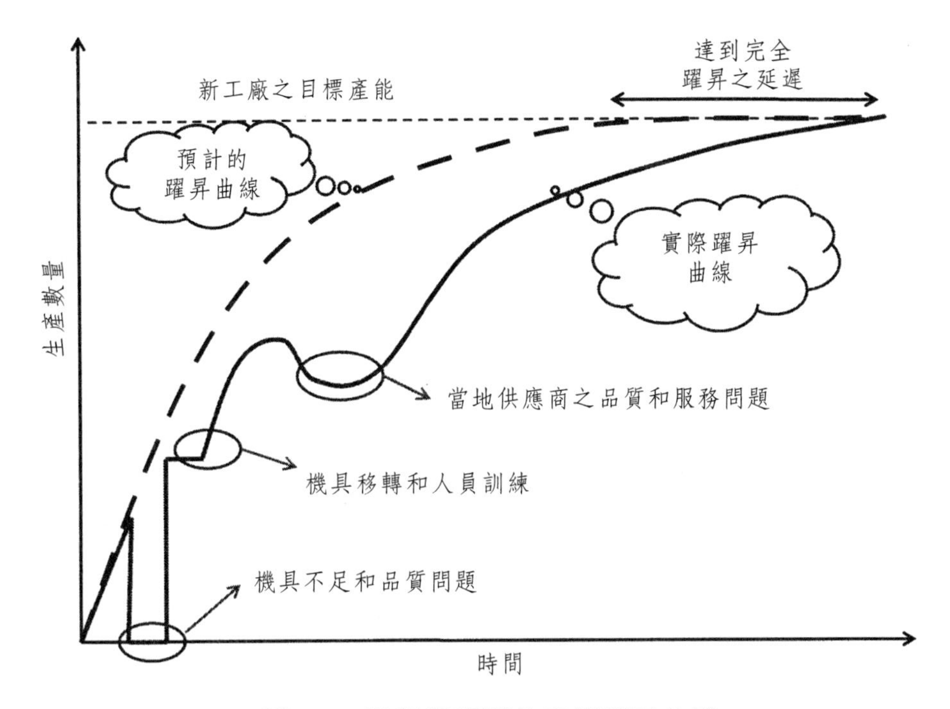

圖9.5　規劃與實際的產能躍昇曲線

（取自Abele, E. et al. (2008) *Global production: A handbook for strategy and implementation*. Springer, Heidelberg, Germany.）

表9.1　延遲的可能原因

延遲的原因	
生產損失： • 由於NC加工中心操作不正確被拒絕 • 公用設施被阻斷（電力、瓦斯、水等等） • 原料供應的物流出狀況（意外事件、海關的拖延） 停工停產： • 設計變更 • 重組機具不良 • 零組件供應不足 • 原物料滯留於海關 • 太晚發現原料中的不良品	產能躍昇延遲 • 與額外的生產線協調所造成的延遲 • 機器操作員不足，須在短時間內培訓 • 試車移轉到機器運作的延誤 • 樣本產品等候顧客的認可

在地／全球以及自製／外購

產能躍昇策略也可能考慮分段生產，讓部分流程在新建立的工廠生產，其餘的在原來的工廠生產，或是考慮以外購方式，讓生產流程的一部分由本地廠商供應（參閱第四章）。

上述自製或外購的評估，往往都是以低投資額、最短時間內達到最大的市場效益、最低營運成本等因素為評估準則。圖9.6所呈現的為有效分析各種方案可行性的評估架構。

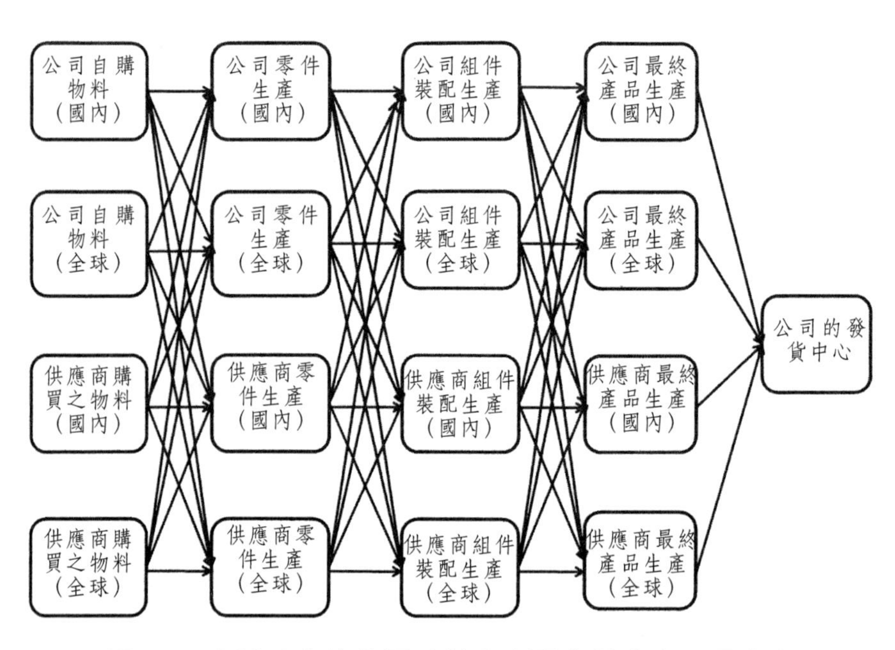

圖9.6 全球／本地公司／供應商配套組合之不同方案

產能躍昇程序的順序

一個務實的專案管理策略，應該包括設計出產能躍昇程序的順序，以便於在推動第一個階段時，就知道後續可能要執行的改善行動與所要處理的問題。

有些學者（Abele et al., 2008）提出流程系列的相關建議，他們根據產能躍昇程序的順序差異，區分爲4種不同的推動策略（圖9.7）。

產能躍昇策略1，依序將產品的各個製造程序導入，逐步加強員工的能力，甚至於擴及強化供應商的能力，讓他們可以在新地點，儘快調適以符合新產品的要求。這種策略較適合組合式產品以及生產線，這也意味著特殊的產品生產線可以被準確的工業化（圖9.8）。

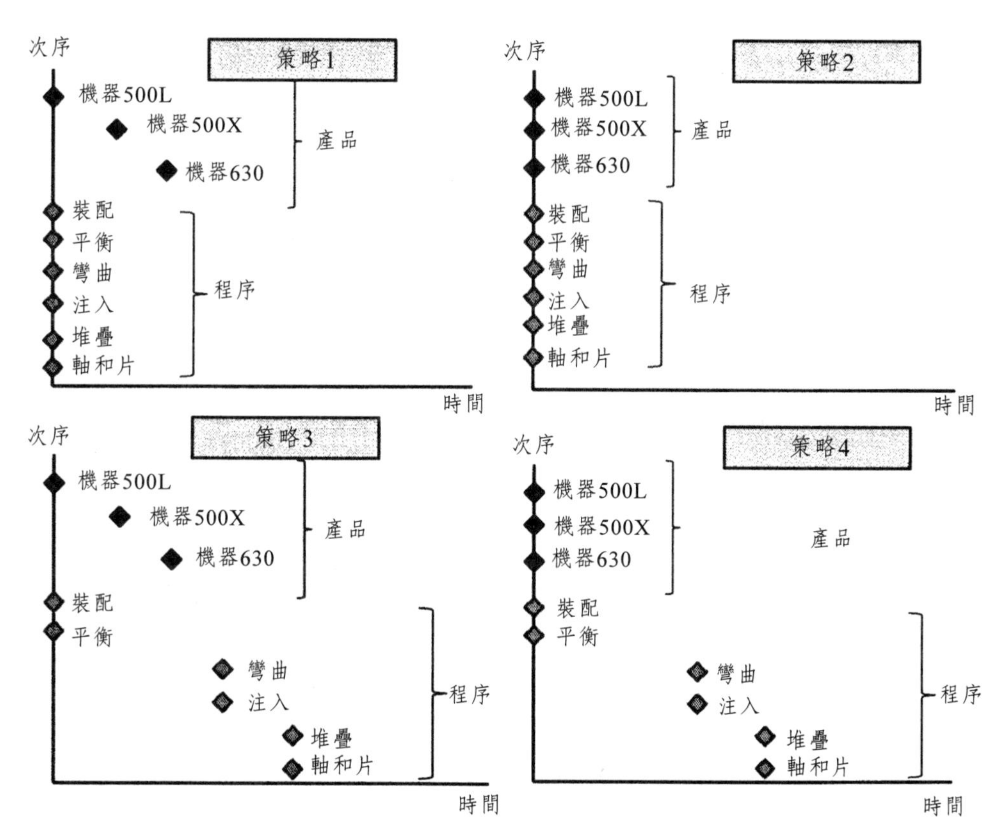

圖9.7　產能躍昇的變化類型，以風力發電公司為例

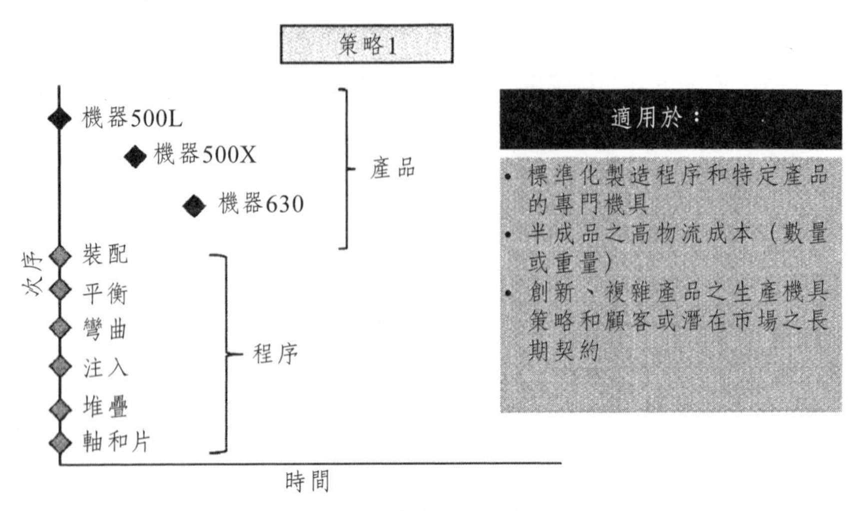

圖9.8　產能躍昇策略1

（取自Abele, E. et al. (2008) *Global production: A handbook for strategy and implementation*. Springer, Heidelberg, Germany.）

策略2是同時導入完整的產品以及製造流程，這個方法只適用於產品以及製造流程相當簡單時，或是員工操作非常熟練與受過完整訓練情況（圖9.9）。

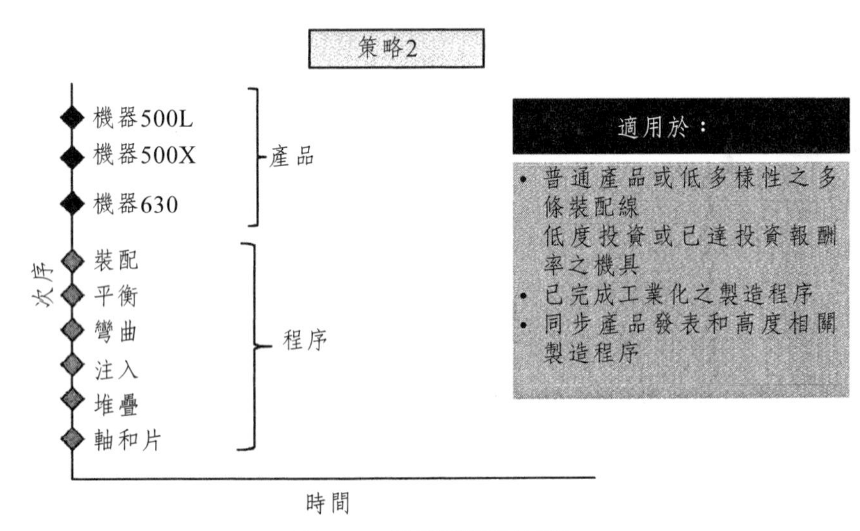

圖9.9　產能躍昇策略2

（取自Abele, E. et al. (2008) *Global production: A handbook for strategy and implementation*. Springer, Heidelberg, Germany.）

策略3是將多數規劃要增加的步驟先執行，依序導入產品與製造流程，以降低個別步驟複雜程度。這種方式員工能力的缺口可以教育訓練來完成，但只適用於產品的需求量非常大的狀況。此一策略的缺點在於，產能躍昇曲線非常長（規模經濟到後期才會實現）。不過這個方法可以達成很高的流程可靠性，也能夠控制品質標準。策略3又可以被分為兩個基本類型：

1. 針對不同產品，逐一導入該產品的製造流程
2. 針對不同製造流程，逐一導入產品

最佳方案取決於最陡的學習曲線，或是預期最大的經濟規模（圖9.10）。

策略4是同時導入多種產品，但依序引進生產步驟。這個方法較適合高品質要求且非常多樣化、複雜的製造流程。也可以支援同時在市場上推出全線本地製造產品的策略，在新市場導入行動電話的產能，通常就是使用此一策略。這個策略也可以適用於供應商導入，導入順序可以由技術層次要求較高的本地主要產品供應商先導入。該導入策略可以隔開擴充所面臨的技術問題，因為依序導入不會有一次同時導入的可能風險（圖9.11）。

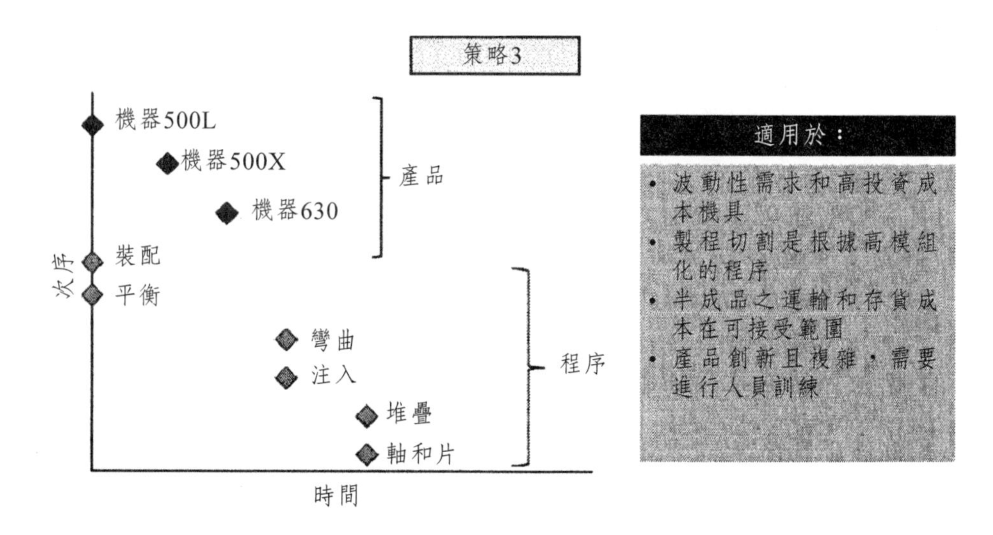

圖9.10　產能躍昇策略3

（取自Abele, E. et al. (2008) *Global production: A handbook for strategy and implementation*. Springer, Heidelberg, Germany.）

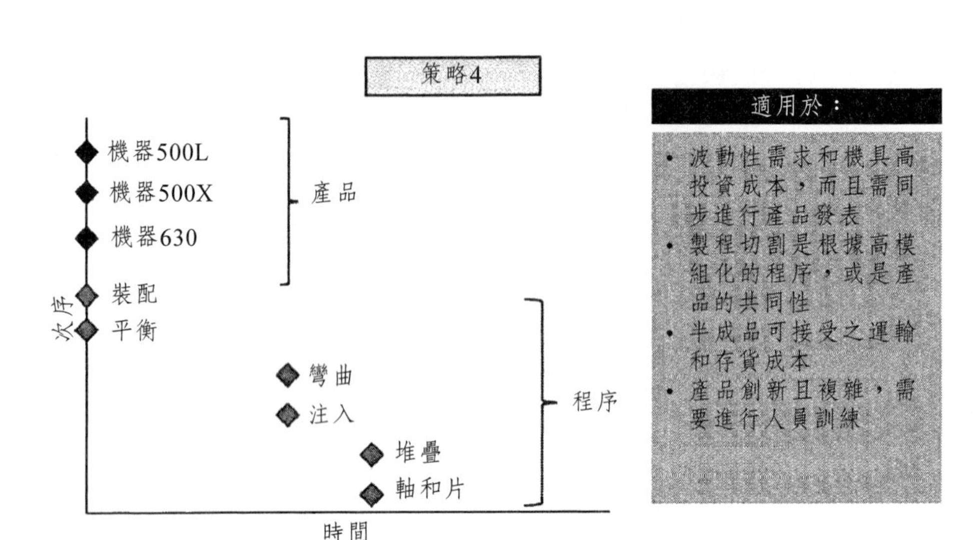

圖9.11　產能躍昇策略4

（取自Abele, E. et al. (2008) *Global production: A handbook for strategy and implementation*. Springer, Heidelberg, Germany.）

設備移轉的考慮因素

設備轉移的成功關鍵因素彙整於圖9.12。

任務

- 機具狀態診斷
- 更新報價要求
- 新機具與零件採購計畫
- 詳細之移除計畫
- 機具拆解架構文件化程序計畫
- 計畫團隊之界定
- 運輸負載之界定
- 運輸模式之界定
- AMEDEC之執行

- 文件收集
- 分解
- 關鍵零件之更新
- 機器狀態報告之實行

- 包裝
- 使用適當之搬運設備裝載
- 緊繫
- 新零件之交貨
- 交貨文件

- 設施之狀態診斷
- 使用適當之搬運設備卸載
- 安裝水道、電力之土木工程
- 佈置
- 校正
- 安裝

- 運作測試
- 初始零組件之認證
- 系列認證或機具及程序性能
- 標準化維護計畫
- 備用零件之界定和採購

圖9.12　成功設備移轉的關鍵因素

（取自Abele, E., et al.,（2008））

技術調整程序

替代性製造技術的選擇也是工程設計階段一個關鍵問題，Corti, Egana以及Errasti（2008）認爲，當移轉或是重新設計一個製造流程時，自動化程度也應該檢討修改。工程部門應該要說明，爲什麼選擇該自動化水準的原因，尤其是關於品質或成本的考量因素。

例如，如果將生產線移到工資水準較低的國家，則自動化水準改變的原因，就可能是降低工資成本的考量。另一方面，如果自動化水準改變的原因與品質改善有關，因爲不涉及成本，這個流程的設計方式應該與原先的流程類似（圖9.13到圖9.15）。

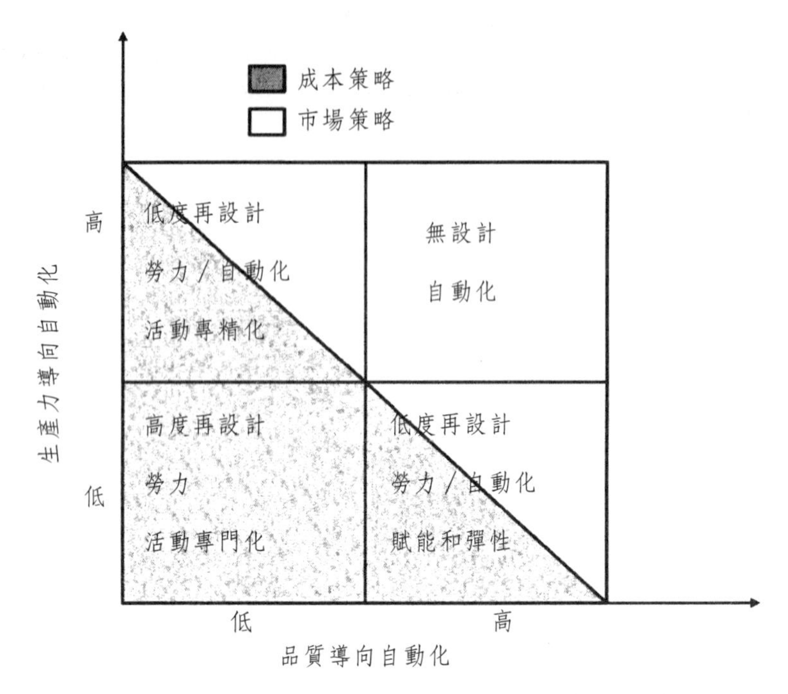

圖9.13　品質或成本考量與流程自動化程度

（取自Corti, D., ea al. (2008) Challenges for off-shored operations: Findings from a comparative mult-case study analysis of Italian and Spanish companies. Paper presented at the EurOMA Congress, Groningen, The Netherland, June 15-18.）

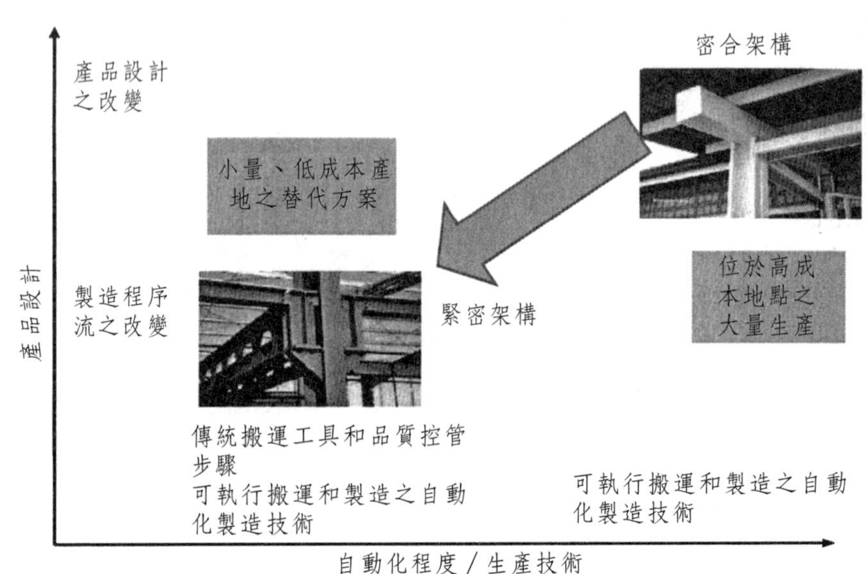

圖9.14　產品設計改變製造方法的例子

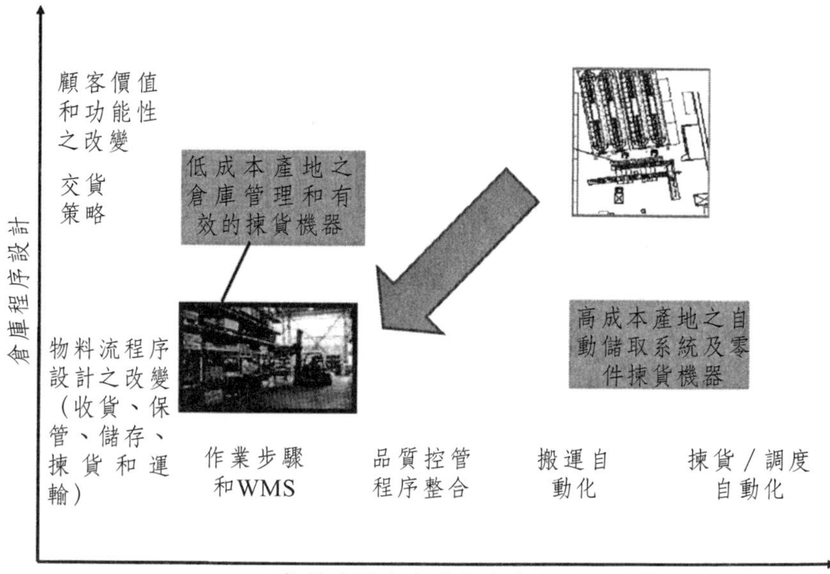

圖9.15　流程設計改變倉儲方法與例子

應變計畫與穩健專案管理

在執行產能躍昇程序時，風險分析以及長期監控進度是相當重要的。

在產能躍昇階段中，時間可行性以及最小化誤差，意味著上市時間延誤或量產時間延誤等問題，將是影響延遲上市成本的重要因素。這也是多數公司通常把時間考量放在成本之上的原因，往往爲了趕工，就必須增加人手以及投入額外的資源（圖9.16）。

值得一提的是，一些世界級專案管理的做法，諸如同步工程原理（Errasti et al., 2005）、時間本位和限制本位的專案管理實務等（即關鍵鍊(critical chain), Goldratt, 1977; Graham, 2000），即使是在中小企業規模，也都是可以應用的（Apaolaza, 2009）。

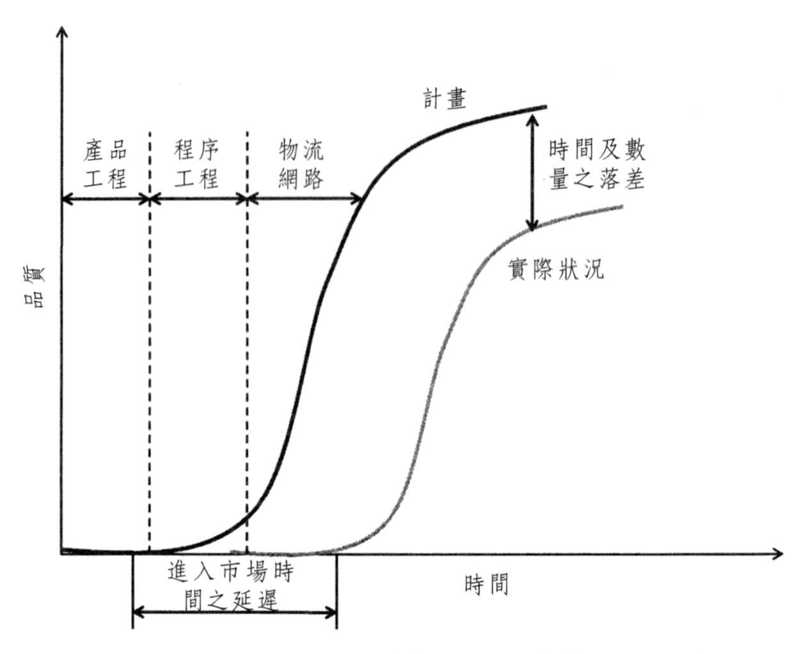

圖9.16 預計和實際產能躍昇程序的利潤誤差

第十章 配銷規劃與原料倉儲作業暨配備設計

Claudia Chackelson and Ander Errasti

林泰誠　譯

如果你沒有擁有自己的夢想，他人將會聘僱你來實踐他們的夢想。
If you don't build your dream, someone will hire you to help build theirs.

—— Tony Gaskins

緒論

配銷模型

供應鏈中的代理商

配銷網路的配置

倉庫設計的考量因素

倉庫的需求：倉庫的角色與功能

倉儲流程

什麼是第一順位？倉庫內設施的陳列或處理系統或其他？

海外倉庫設計的考量因素

設施處理的原物料流與設備設計的考量因素

倉庫流程的規劃

區域內貨物的流通：生產

案例：ULMA處理系統

運輸型或模式

緒論

本章將探討：

• 當於海外公司進行設計新設施設備的配置時，所需考量的倉儲設計因素

• 考量揀貨數量以及揀貨作業的複雜性爲基礎下的倉儲流程規劃、原物料流通與設施設備設計

• 配銷模型與通路

• 運輸型式與路線的決定

配銷模型

供應鏈中的代理商

Water（2003）建立一個當西方國家欲前往亞洲市場進行投資時，可以利用的不同西式消費通路模型。對從零開始發展零售商網路的公司而言，前述之市場模型做法需考量到公司可能面臨的困難、投入之成本以及整備的時間等因素。建議西方公司可利用表10.1中的各模型協助公司開拓新市場。

表10.1　當公司於海外新地區進行配銷作業時的可用模型

模型	貿易銷售的負責單位	評論
自有零售商		罕見、不常見
聯營		適用於較有議價能力且零售量較多時
提供自有物流資源予零售服務使用	品牌擁有者	適用於知名度高的品牌
全權代理的經銷商	經銷商	適用於剛進入市場階段；並非一定適合擁有較高知名度的品牌

模型	貿易銷售的負責單位	評論
直接出口至主要零售商，其餘則通過當地經銷商	具有主要客户的品牌擁有者	
100%通過當地經銷商	大部分由經銷商	產品數量較少的品牌
直接行銷	代理商	
批發商	視情況而定	適用於主要品牌，透過主要的經銷商以及其倉儲與運輸設施來服務需求量較小的顧客

資料來源：Adapted from Water, D. (2003) Globl logistics and distribution planning: Strategies for management. EdoicionsKogan Page, London.

配銷網路的配置

在設計由生產設施到消費者的配銷網路時，是有很多替代方案可以選擇的。

公司在制定出其供應策略（訂單生產、訂單裝配、存貨生產）時，將會考量下列兩個主要因素：影響運載貨量與訂購複雜性，及顧客對於即時可靠的服務需求。

將上述提及之兩個因素以及在靠近消費者的地區樞紐是否進行集中化或分散式儲存的決策納入考量後，將會產生四個主要的貨物配銷替代方案（Abele et al., 2008）（圖10.1）。

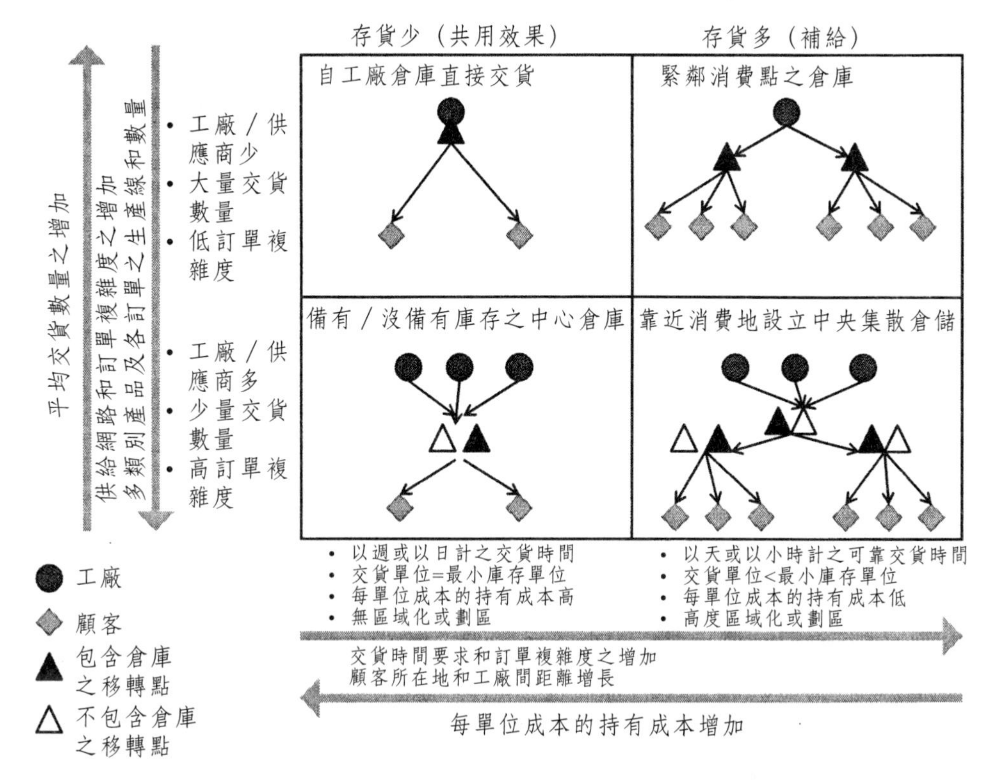

圖10.1　備貨型生產（MTS）在產業系統下之配送網路佈置方案

（取材自：Abele, E., et al. (2008) *Global production: A handbook for strategy and implementation.* Springer, Heidelberg, Germany）

倉庫設計的考量因素

從供應鏈系統的觀點來看，倉庫在生產製造網路中扮演著關鍵的節點。如果我們想要執行最有效率的原則，例如由需求衍生的供應鏈（Christopher, 2005），倉庫的設計應該考慮如何利用管理的原則以提升顧客滿意度、降低總成本與提高資產報酬率等原則。

本章將會延用第六章的架構，以檢視數個設施設備的各個層面。物流活動對於各種生產設施設備而言，各類物流運作都是不可或缺之要素。倉庫可視為一個製造工廠，當倉庫要將訂單交付至消費者手上時，即便倉庫並沒有進行製造、生產或裝配作業，但倉庫中的每一樣設施皆各自擁有一套複雜設計與管理系統，而這些系統的應用方式就如同生產設施一般。而此方法因而被稱爲訂單工廠（Order Factory）：

根據Errasti（2010）的研究指出，「倉庫或物流平台是一個訂單工廠，在廠內一旦需要辨別不一樣的配銷通路與客戶的物流需求時，訂單工廠必須經由營運及移動來「生產」且履行對客戶承諾的訂單，以促使產生具有附加價值的供應流程（避免浪費）、具有性能的流程（標準化原料流與物流經營流程）、具有靈活性的系統（順應需求以及具有結構性的經營規劃系統）、及具有執行營運時所需的設施與人員等能量。」

供應鏈經理以及其對經營策略的支持

訂單工廠裡的供應鏈經理可以藉由詢問以下問題，以解決由下到上的營運策略佈署之問題：

- 倉庫或物流中心的物流策略該如何規劃與佈局，方可與公司制訂的經營策略保持一致的步調？
  - 新配銷通路（如網際網路）
  - 運送可靠性
  - 回應時間
  - 資訊的能見度（如庫存可用量）
- 哪一個流程與成本因子可被修正，使公司整體的生產力提升，並維持企業的成本領導策略？
  - 將不太具有利潤的作業委外
  - 充分使用目前擁有的資產與資源
  - 減少庫存
  - 減少貨損

倉庫的需求：倉庫的角色與功能

在任何的情境下，倉庫不得不履行消費者所交付的訂單，在訂單履行的當下，其每筆訂單的質量與時間皆須符合消費者的要求，並且將對的貨物在對的時間運送至對的地點（Rushton, Croucher, and Baker, 2006）。為了能夠提供這項服務，倉儲（貨物儲存）被認為是倉庫最主要的功能。

在供應網路中，倉庫乃基於某些理由與需求而存在，這些理由與需求包括：

- **供應鏈的前置時間（lead time）與運送時間的落差**：供應鏈中的物料供應、產品製造、產品組裝與運送時間等都會在供應鏈裡的各個流程產生一前置時間，以至於其無法提供一個能吸引顧客之較快運送時間。因此，倉庫內的備貨型生產（make-to-stock, MTS）系統可以成為一項快速回應顧客需求或貼近顧客想法的附加價值的服務。

- **產品處理類型多且範圍廣**：顧客不僅追求較短的運送時間外，亦尋求能夠處理多種產品的服務。在產品製造時間與運送時間不一致的情形下，若此二者間未能相互配合，將使整體作業流程不具效率。

- **規模經濟**：生產與運輸經濟的規模驅使公司生產更多數量的產品而非依照消費者需求來生產產品。因此，倉庫必須整合符合經濟規模下產品的生產數量以及貨物運送至消費者的數量。

- **供需平衡**：由於預測某些需求產品的季節性與其他偶發事件的發生是極為困難的，因此公司是需要擁有在短時間內運送大量產品的能力，亦須發展有效率的補貨系統以迎合消費者不斷改變的需求。

關於倉庫相關的角色與功能，Olhager（2003）認為依據緩衝點（decoupling point）可得知，製造業者有四個供應策略：按訂單設計（engineer-to-order）、訂貨型生產（make-to-order）、按訂單裝配（assembly-to-order）、備貨型生產（make-to-stock）。所有的供應策略，除了接單生產外，皆需要有成品存放、庫存處理、原物料儲存等作業。因此，依據倉庫區位不同，倉庫所扮演的角色可以是有下列五項（圖10.2）：

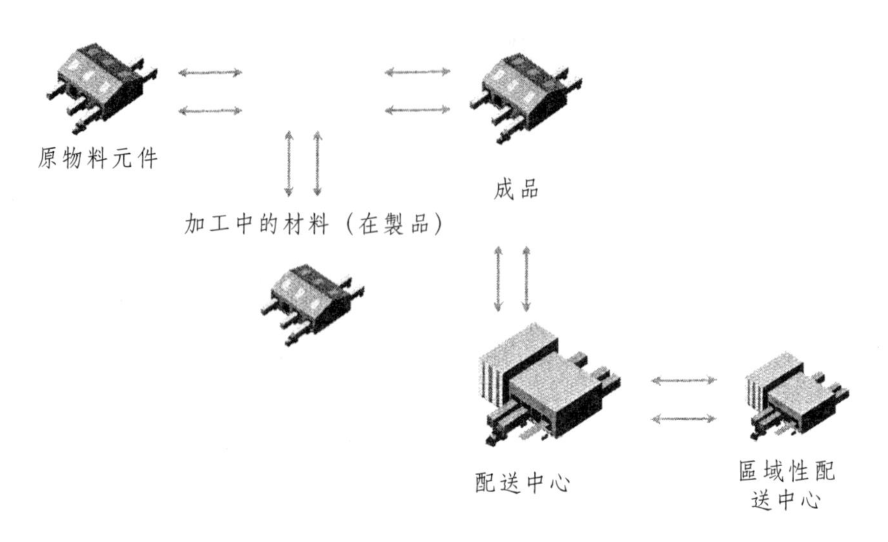

圖10.2　根據存貨區位決定倉庫的角色

- **原物料與零組件倉庫**：儲存且供應原物料與零組件給生產製造設施。
- **在製品倉庫**：在生產與裝配流程中進行時所產生的存貨與供應作業。另外，當倉庫將次要生產製造業務與零碎的製造流程委外時，在製品倉庫也是必須存在的。
- **成品倉庫**：在儲存成品時，須將其放置在距離生產製造設施較近的地方。
- **物流中心**：將多數產品從倉庫裡提領，並配送至不同的配銷通道，或在越庫系統中進行各個生產製造設施間的協調。
- **區域性物流中心**：將貨物於一地區內進行配銷作業，並使其能夠快速地反應消費者的需求。

一旦公司決定倉庫的設施區位（詳見第四章）與策略角色或功能時，公司的下一步就是進行倉內設施設備的設計。

Tompkins（2003）與Muther（1973）指出設施的組成要素有設備系統、配置方式及處理系統。設備系統包括了結構系統、圍閉系統、照明、電力及通訊系統等（圖10.3）。

佈置的設計須含括建築物內的生產製造區、物流區、及其它支援區域內的設施及機械分布狀況（圖10.4）。

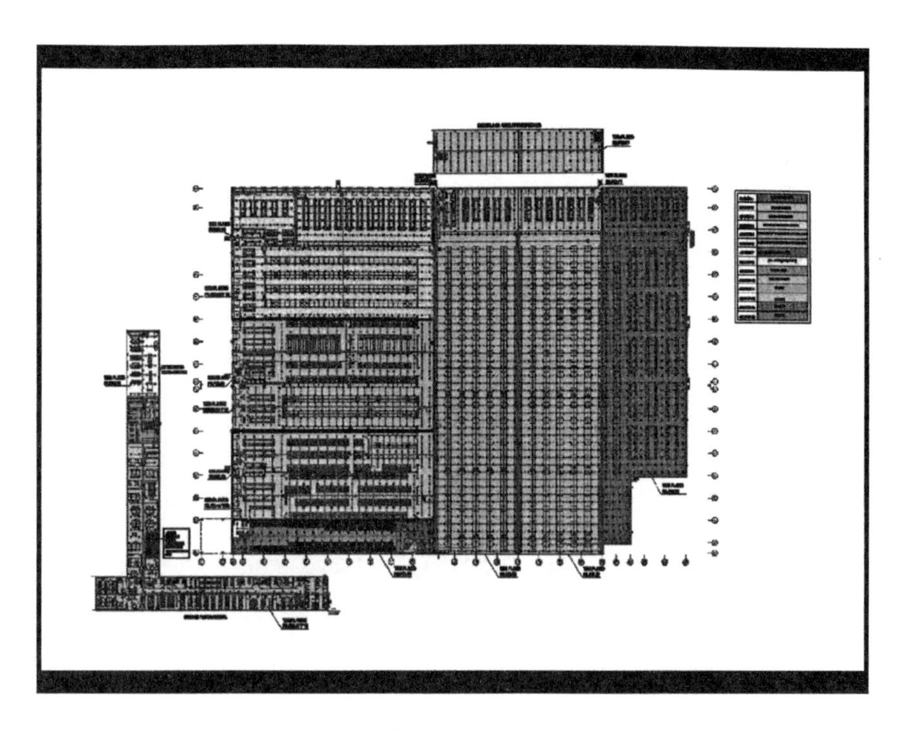

圖10.3　物流中心内部的消防系統

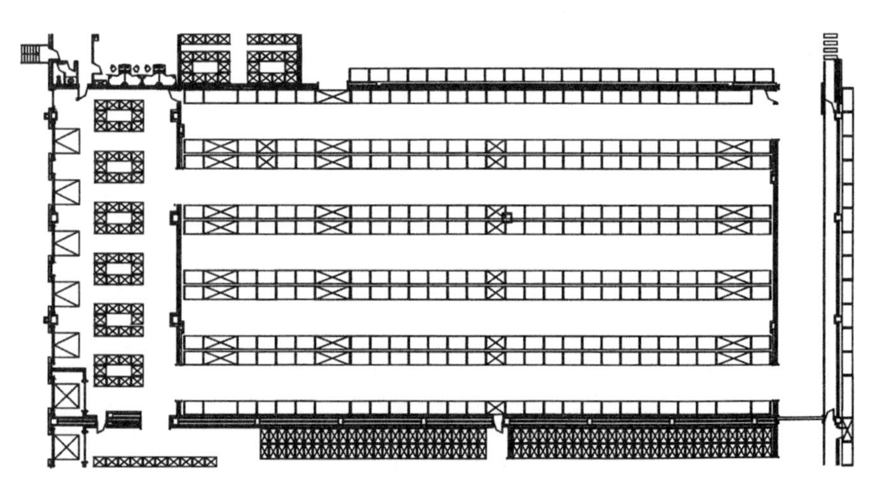

圖10.4　物流中心内的設計

倉儲流程

以下為所有倉庫營運時都會執行的活動：

- **收受（Receiving）**：包括接收原物料、卸貨、辨別原物料數量及情況、將需要的資訊進行文件建檔。
- **到貨處理（Put away）**：即搬移在進貨碼頭上的貨物、將貨物運至儲存區、將貨物放置在特定地點、判別原物料目前應儲存在何處。
- **儲存（Storage）**：將保留貨物至未來使用或是下一次裝運。
- **補充（Replenishment）**：當原物料從儲區搬運至其他臨時地點時，會再次下訂單進行補貨作業。
- **揀貨與包裝（Picking and Packing）**：針對特定的產品提領所需要的數量，並將其搬移至包裝區域，在此區域的貨物將被放置於合適的貨櫃、貼上符合顧客需求的標籤證明、以及將原物料運送至裝貨區。
- **出貨（Shipping）**：包含原物料的數量與狀況、繕製相關文件與貨物裝載作業。

上述**有關倉儲作業之活動將會導致營運成本的提升，亦對服務品質也有所影響，尤其撿貨流程更與倉儲服務的品質息息相關**。為滿足消費者的要求，揀貨或準備作業，乃包含在運送特定數量貨物予消費者前，倉儲業者會與消費者溝通且進行資料蒐集作業（De Koster, 2004; De Koster et al., 2007）。這就是為什麼在設計倉庫時，需考慮的層面該包括設施設備、原物料、技術以及在揀貨過程中有系統性地進行人員的輪替。

產業供應鏈

ULMA處理系統已經為公司內部的酪農業部門發展出一套物流專案，在此專案中，製造系統與配銷系統自動化的結合，提供公司一個主要物流解決方案。該解決方案包括兩個藉由自動化運輸系統串聯的設施來完成：首先，第一個解決方案設施乃是內建於生產流程中；其次，第二個設施則需設在物流中心內。

在技術應用上而言，工廠自動化（Factory Automation）乃是一個針對生產流程所設計的解決方案，此解決方案乃由一全面性的輸送系統所組成，其中，該輸送系統經常與堆載機具搭配使用，使其系統對於打盤及包裝及在冷藏室及高溫儲藏空間所暫時累積的棧板能有緩衝的動能，此關鍵流程具有至少一套以上的系統以避免系統因為意外事故所中斷。

ULMA研發的控管系統可以控制所有的作業流程與溫度，亦可整合所有控管流程、保證產品品質維持在一定水準，以及能隨時追蹤不同生產階段的貨物棧板。因此，不同類型的產品在通過該系統時，各個產品資訊皆須涵蓋當時所有需要檢查的項目，例如：時間、溫度、生產批量等。

物流中心所發展的設備，技術上被歸類為配銷自動化（Distribution Automation, DA），該場全區需為空調區域，並收受來自Casanova設備所處理的棧板。生產設備與物流設備間的連接是全自動化的，毋須人員介入進行貨物的調度、處理與裝運。

來自生產區域的棧板貨物，通常會由自動化倉庫處理，在自動化倉庫中，堆載機具會透過管理系統所設立的指標，將貨物搬移至貨物棧板存放區。

為確保在儲存作業與訂單準備區能保有最佳的作業績效，物流中心（Distribution Hub）因運而生。若在訂單準備期有緊急需要，物流中心是允許棧板從生產端運至配送出貨區域。另一方面來說，關於在倉庫內之物流中心的運輸系統，其設計是允許其能快速回應某些特定干擾事件，因此它可以防止生產區域貨物收受被打斷的可能，即便這些干擾事件是不大可能會發生的事情。

什麼是第一順位？倉庫內設施的陳列或處理系統或其他？

即便我們可以透過倉儲流程得知倉庫內所發生的一系列活動，但原物料處理的解決方案，仍應該在重新規劃倉庫內的設施設備配置以及相關後勤操作設計確認前先加以確定。

因此，在考量上述因素以及體認揀貨流程的重要性後，倉儲經營業者，特別是在揀貨部分，更是需要考量許多因素以及替代方案，促使揀貨流程得以順利進行，關於影響揀貨流程的相關因素與替代方案請見圖10.5。

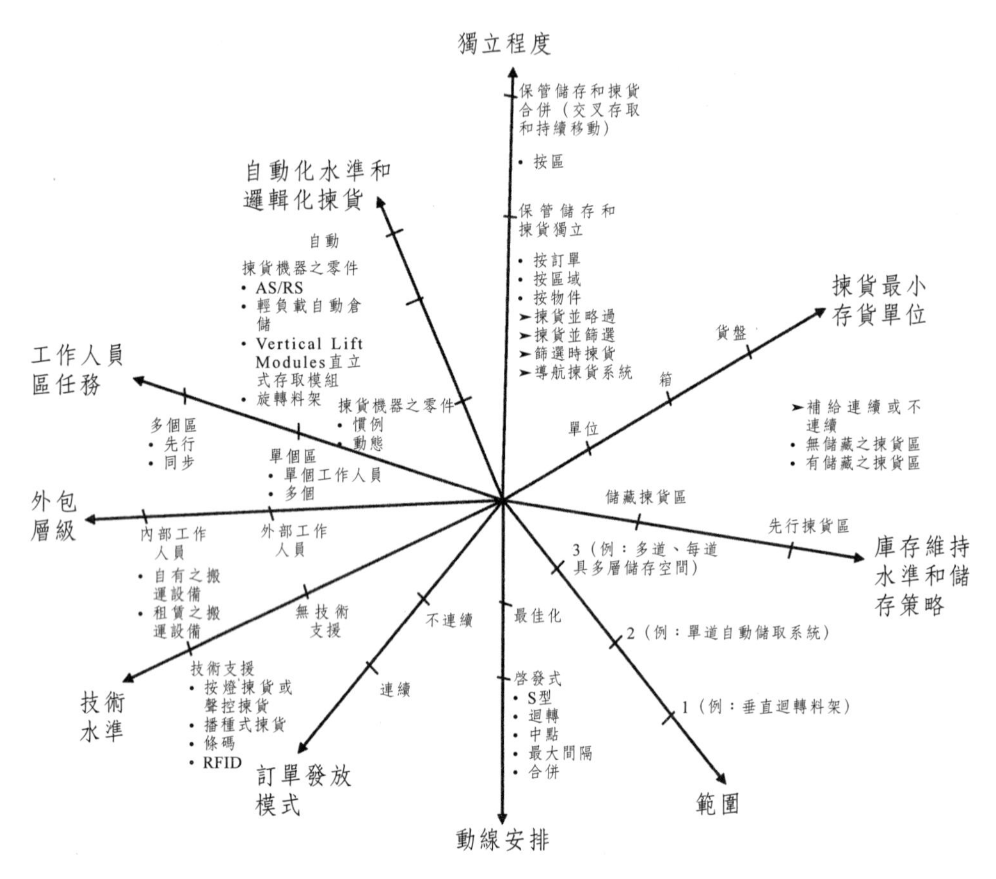

圖10.5 各式的揀貨系統方案

（取材自：Goetschalckx and Ashayeri (1989) Classification and design of order picking systems, Logistics World, June, 99-106）

海外倉庫設計的考量因素

以全球市場持續變動的觀點端看，在工廠整個的生命週期中，海外倉庫的新設施設備的設計並不會永遠都適用。這意味著，少數的公司可以在不破壞他們市場競爭力的前提下，持續採用同一套設施或同一套的設施配置。因此，**設施配置的設計不僅須考量作業效率績效的參數外，亦應將未來重新佈置的倉儲設施和其適應模式一併考量**（詳見第五章）。

在海外倉庫內的原料流與設備設計，除需考慮效率參數外，另需透過倉內設施不斷地重新配置與安排，來持續提升其經營能力。此外經理人逐漸相信設施與管理制度是可以在世界任何一處進行複製（或「複製與貼上」）與採用。

然而，近期研究（Errasti, 2009）建議流程與管理制度的修改以及適應當地特點，如勞動成本、設備維修、產品多樣化的需求與數量、與矩陣式設備比較、當地供應商網路等因素，對經營管理倉儲作業的業者來說是不可或缺的、且有時並未被納入考量的因素。

設施處理的原物料流與設備設計的考量因素

倉儲作業的目標，一樣也是在追求作業的效率與效用（第六章）。

此外，決定原物料流的績效表現與倉庫內處理系統良窳時，需要考量設施設備佈置的其他替代方案，像是原物料、機具或人員替代方案間的相互組合。Tompkins（2003）提出在設計倉庫或物流平台時，仍有幾個原料物流準則可做爲設計時的參考依據：

- 透過提升資訊的可取得性，方可協調各個部門的作業，以**避免額外的原料流活動與行政事務的發生**，如貨物收受、堆積、儲存、補貨、揀貨與出貨等。
- 比較減少原物料搬運的次數，尋找最短路徑。
- 改善物料處理機械化與自動化的效率。
- 提升貨物單位裝載與棧板化貨物的密度，以降低貨物處理的需求。

倉庫流程的規劃

在第六章，我們了解到設備配置規劃與處理系統的設計應該同步地進行（Tompkins, 2003），而且也必須了解運作流程的相關特性（De Koster, LeDuc, and Roodbergen, 2007），這也是爲什麼當公司在確認每一個生產區域的基本要求及確認設備佈局的詳細規劃前，須要蒐集及提出一系列的替代性方案。

在此種情況下，Baker與Halim（2007）爲使廠內的設施設備作業績效達到較佳情況，遂而提出可以決定設施設備佈局良窳的三個階段。

Baker與Canessa（2009）認爲圖10.6中之活動都可以被安排在任何一個階段進行。

就設計程序而言，由Baker與Canessa（2009）所提出的上述各個階段皆存在一個連續的邏輯。而Tompkins（2003）等人則認爲較佳的設施及設備佈局主要在進行下列兩類的決策分析：儲存地點（靜態觀點）分析與原物料流（動態觀點）分析（請見表10.3）。

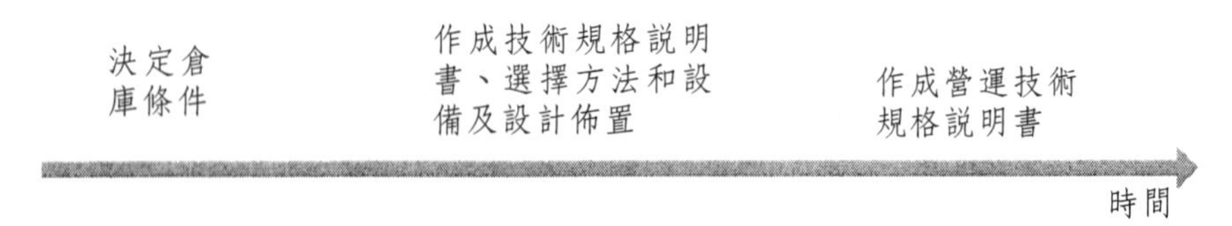

圖10.6　倉庫規劃流程中的階段

（取材自：Baker, P., and Canessa, M. (2009) Warehouse design: A structured approach.*European Journal of Operational Research* 193: 425-436）

表10.2　倉庫規劃流程的階段與活動

階段	任務
決定倉庫的需求	辨認倉庫的功能 決定運載單位及產品類型分類 分析產品的移動 訂定存貨水準 預測及分析未來需求

階段	任務
提供技術規格說明書、選擇使用工具與設備以及安排設施設備的擺置	要求提出營運操作的流程與制度 考量設備類型與工作人員的素質 根據各區域建立公司總體的佈局，並著手規劃可替代的佈局 計算貨物儲存與搬運所需的空間 計算資本與營運成本
提供營運技術規格	設計貨物儲存與揀貨系統 評估預期績效 詳細地進行系統規格化／最適化 根據需求來評估設計

資料來源：取材自Baker, P., and Canessa, M. (2009) Warehouse design: A structured approach. *European Journal of Operational Research* 193: 425-436.

表10.3　地點及各類流程分析

決策	描述
空間	承載及儲存貨物單元 儲存設備（諸如料架等物）：依照儲存需求來決定 貨物處理設備（諸如堆高機等升降設備） 倉儲流程協調所需的空間（包括越庫作業、收貨、臨時暫存、儲存、揀貨、出貨，等空間） 在不同的生產力、品質、成本、及交貨時間的方案下，進行選擇
流程	收貨區的收貨流程（每單位時間處理的訂單量或者是捆數） 收貨區的出貨流程（每單位時間處理的訂單量或者是捆數） 依照臨時暫存區及儲存區的進貨訂單數量及轉移數量的貨物處理設備 訂單內部轉移流程所需的貨物處理設備（臨時暫存、補貨及揀貨等動作） 處理出貨訂單時在分類區及集貨區所需的設備 依照搬運距離最小化的準則及建築物空間限制所做的空間規劃及設備分布（收貨、揀貨、出貨等空間及設備） 依照生產力、品質、成本及交貨時間等因素來選擇不同的方案

資料來源：A dapted from Eompkins, J.A. et al., (2010). Facilities planning, 4th ed., John wiley & Sons, 854.

利用訂單流程的需求制訂所需的原料流流程

原物料處理的流程展現了處理系統的特性，但處理系統裡的物流經營功能則決定了物料的流動能否順遂。因此，經營功能的主要要素（需求管理、服務規劃）可能會影響原物料的流動（圖10.7）。

更特別的是，**公司必須體認到下列數個與訂單揀貨流程的相關因素將影響一個倉庫內部配置設計的複雜性**。通常所要考量的因素如下：

- 類型或訂單（訂單類型、每筆訂單的數量）
- 揀貨數量（訂單類型的數量、訂單數量與訂單處理密度（公斤／立方公尺））
- 產品儲存的特點、儲貨單位（stock keeping unit, SKU）範圍：重量與種類
- 儲貨單位與訂單數量
- 儲存作業所需參考的數量

流程層級的設計

倉庫中的流程系統乃是貨物在各倉庫裝卸貨月台間相互流動的原物料流。流程設計的規劃乃由Tompkins等人（2003）所列舉：

- 貨物／原物料能在工作站中有效的流通
- 貨物／原物料能在區域內有效的流通
- 貨物／原物料能在區域間或各設施間的有效流通

在工作站裡的流通：自動化的理由是爲了處理大量貨物還是有其他原因？

在設計製造流程時所會面臨的其中一個困境，即是該如何決定自動化處理程度。這是因爲物流數量決定了不同自動化程度的經濟可行性，且必須在全自動化、半自動化或製造揀貨系統的情境下，針對各個不同的情境下來平衡所需要投入成本以及營運成本。

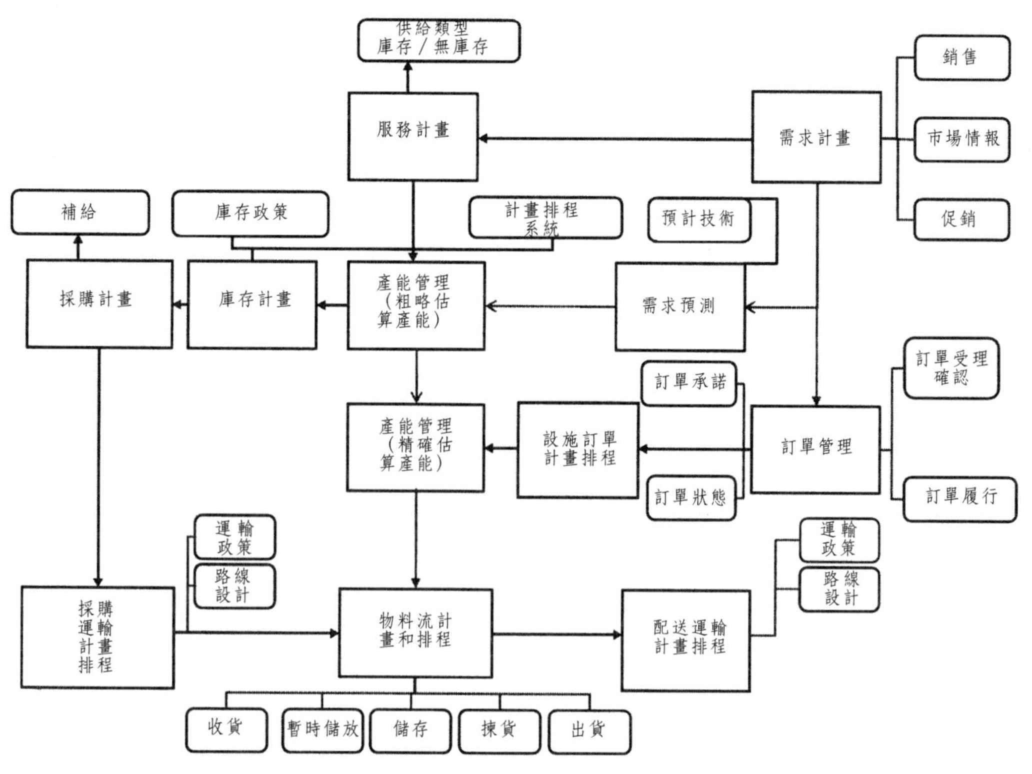

圖10.7　物流的營運功能決定原物料流的流通

從生產數量的觀點探討工作站流程的設計

與貨物流通活動（訂單類型與揀貨數量）及貨物儲存（產品儲存、庫存保管數量與訂單數量）相關的揀貨因素經過分類後，詳如圖10.8所示。當公司考慮不同程度的自動化揀貨系統時，貨物流通活動、貨物流通數量、貨物儲存、貨物儲存的密度變數等將會決定最適切的解決方案（料架系統及揀貨運作方式）（圖10.8）。

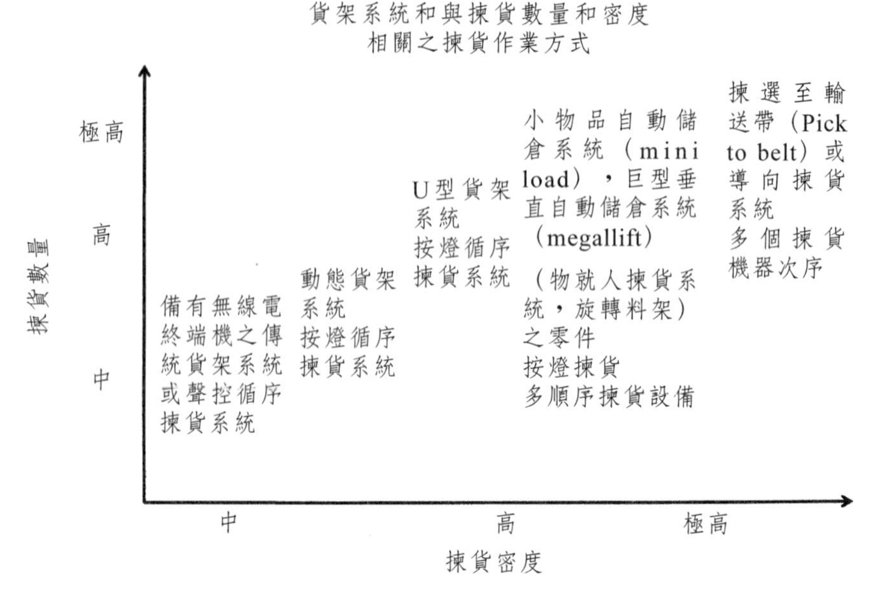

圖10.8 與數量與密度因素相關的料架系統與揀貨操作方式

以品質爲基礎的工作站流程的設計

貨物的揀貨流程易影響訂單交付的品質流程。

在一個以德爾菲法所做（Delphi）的研究中（Errasti and Bilbao, 2007），乃針對42位物流經理人進行調查，在訂單交付流程中，其主要的品質不良乃肇因於訂單項目的改變、訂單項目數量、貨物標籤、貨物損壞、訂單貨物數量的追加、訂單文件等（圖10.9）。

爲了避免品質不良及提升作業生產力，所以當企業想要整合倉儲管理系統時，將會應用不同的硬體技術（無線射頻碼頭、按燈揀選、聲控揀貨等）及各種的揀貨軟體作業方法來處理中等密度貨物的揀選的問題。**這些技術能透過在不同揀貨流程中的防誤系統，來減少主要品質不良情形**（如訂單項目的改變）的發生（圖10.10）（Chackelson et al., 2012）。

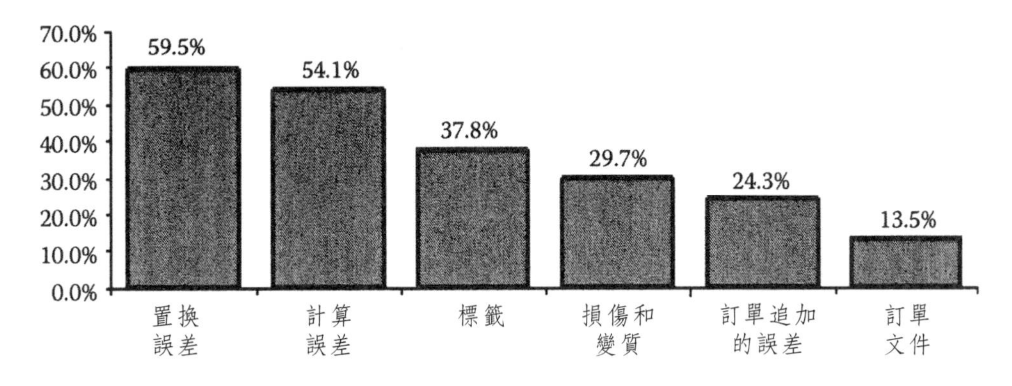

圖10.9　訂單交付時的品質不良型態

料架系統、揀貨作業方式與批次、理貨設備及輸送系統

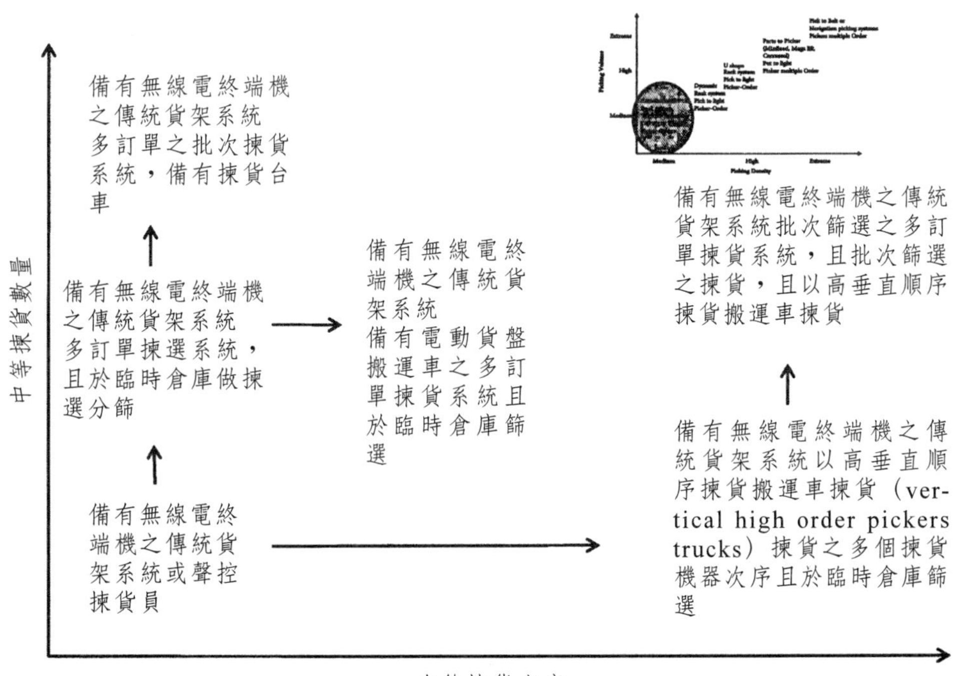

圖10.10　中等貨量密度的整合防誤系統解決方案

以貨種與貨量爲基礎的工作站流程設計

當貨物的種類及其貨物密度的複雜性高時，即便是在沒有使用自動化處理系統的情形下，仍有一些解決方案可以提升勞動生產力（圖10.11）（Chackelson et al., 2012）。

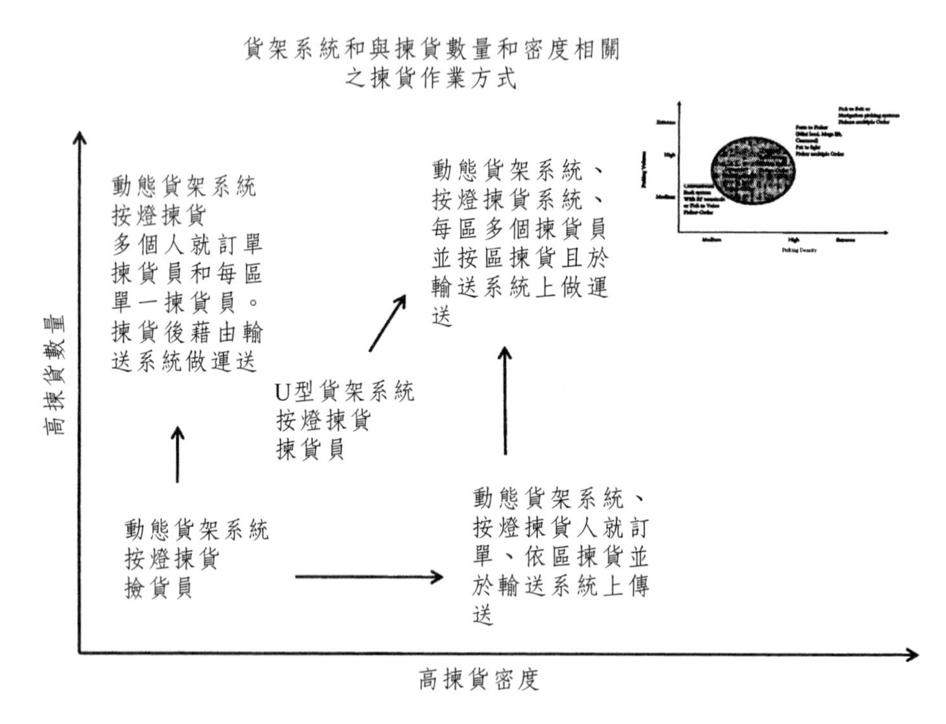

圖10.11　利用高貨量密度的解決方案提升勞動生產力

▌區域內貨物的流通：生產

在設施佈置的過程中，生產區域乃是由不同群體的工作站及料架系統所群組而成。此種分區的過程特別是與儲存區域有關：儲存區域可算是生產區域的最合適撿貨的地方，且其與其它區域的撿貨作業協調須要依照圖10.12所列的因素來做分區（Frazelle, 2002）。

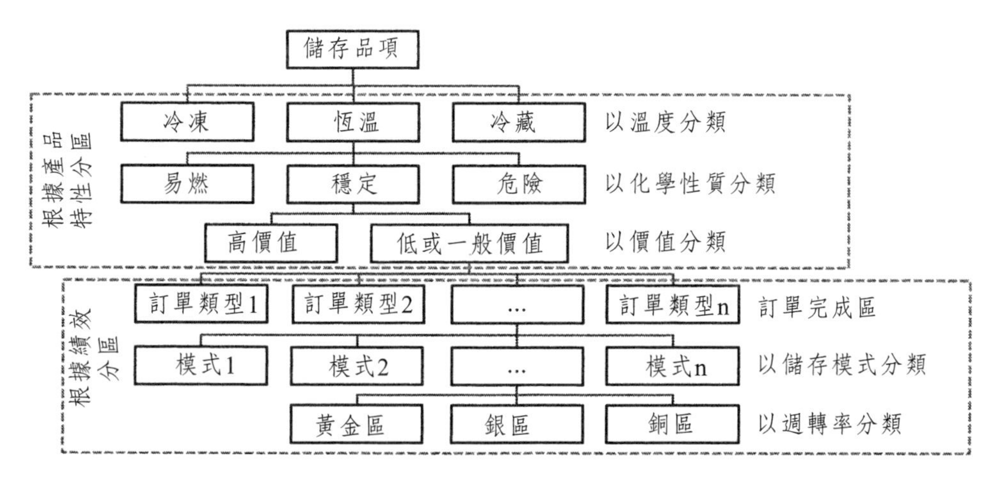

圖10.12　區分倉儲作業的決策樹

（取材自：Frazelle, E. (2002) *World-class warehousing and material handling*. McGraw-Hill, New York）

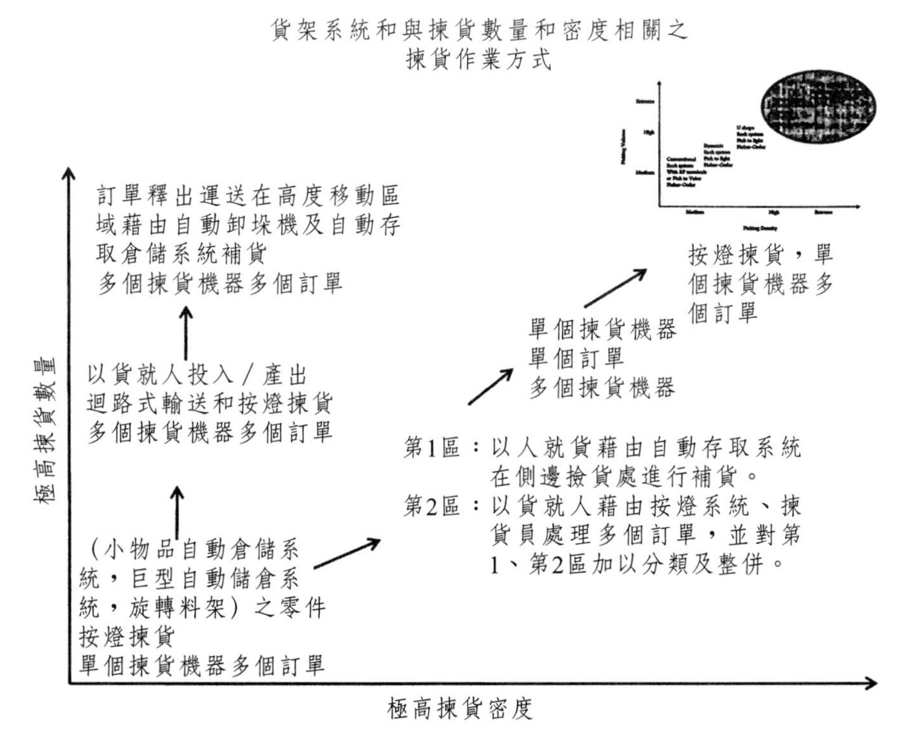

圖10.13　利用因應高貨量密度的解決方案來增加勞動生產力

與揀貨（貨量與密度）最相關的因素爲區分不同顧客、活動以及作業循環。

因此，面對處理高貨物數量—密度問題時，公司可以考慮發展專門處理此問題的流程。然而，在處理貨物進出時，公司通常是需要一個貨物堆積與分類區域，使得貨物在出貨前可以對訂單加以整併（圖10.13）。

案例：ULMA處理系統

根據準備的複雜性而制定的替代方案與揀貨解決方案

對一間公司來說，訂單揀貨系統會影響到一間公司的競爭能力。透過訂單揀貨系統除可確保服務的準確性外，另可追蹤服務提供的速度，進而促使公司能夠提供符合顧客要求的服務。

有鑑於此，ULMA處理系統已經針對訂單揀貨系統發展一系列的解決方案，該解決方案在工程上與技術上皆有革命性的創新，此創新便成爲影響發展具彈性且有效率的客製化系統的最主要因素。

舉例來說，有一訂單揀貨系統是基於處理牙醫產品的物流業者所設計，且該系統係由ULMA在考量能夠處理超過2,000板貨物、最少裝載17000個貨櫃爲基準，並且只需指派兩位操作人員，即可以進行600次揀貨／小時作業。在揀貨的過程中，亦將貨物分類系統與自動運行系統應用在棧板系統上。該公司利用八條生產線來針對超過20,000樣的產品進行分類，並且採用由ULMA公司所提供的物流解決方案進行貨物處理作業，使其擁有在每小時提供服務給2,000條生產線的能量。

另外一個例子是ULMA針對化妝品與香水製造公司所發展的系統。拜賜於自動化訂單揀貨系統的發展，該公司的生產量從每日9,000個產品提升至14,000個產品，且減少約莫35%的生產成本，公司生產力更提高到60%。

此外，對於擁有大型零售部門的公司而言，工程技術的發展已經可以將訂單揀貨系統全面自動化。為提出能夠解決公司訂單揀貨問題的解決方案，ULMA提供一套完整的物流系統予該公司：自動卸板系統；單一方向產品檢測；自動包裝與快速儲料系統（Fast Speed Stocker System, FSS System）；自動測序儀：600箱／小時；自動拆包、分類托盤與自動堆積。

透過上述兩個歐洲案例，即可了解何謂揀貨系統。而揀貨系統的功用在於大幅減省營運成本以及省略整個訂單揀貨系統的人工作業流程。

運輸型式或模式

供應鏈中的設施透過運輸進行連結，以協助所需的原物料的流通。由於資訊流可被視為運輸系統的一部分，因此資訊流對於運輸來說也是同等的重要。一般而言，運輸有三個主要型式：水運（海運、內河運輸）、陸運（公路、鐵路與管線）與空運。

該使用哪一種運輸模式乃依據幾個因素以及預期可能會發生的事情而決定。運輸模式的選擇乃基於價格、運輸時間、服務水平、可依賴性、額外作業等因素而定，如特殊包裝與處理或額外的行政作業時間與成本。

許多境外設施必須與其他設施間的供給與需求進行連接；然各設施間彼此的距離可能相差好幾千里或是需要跨過海洋方可連接。在許多案例中，即便空運擁有極好的時間優勢，但對許多公司而言卻是需要支付難以負擔的運費昂貴。因此，海運透過收取較低的價格提供運載高密度產品的長途運送服務。海運的缺點依序為：較慢的運輸速度、需要額外的貨物處理流程以及根據航線變動而變動的服務品質。**上述狀況將引發供應鏈前置時間過長及時間變化過大的管理問題，在策略上也須從及時生產（Just-in-time）轉變為傳統的案件生產（Just-in-case, JIC）**，JIC需要藉由增加存貨的方式才能隱藏因為無效率的運輸方式所產生的相關麻煩。

除了運輸，國際貿易條規（international commercial terms, incoterms）的設立，明確地界訂在運輸過程中供應商與消費者的權利與義務（圖10.14）。

然而，製造業者經常需透過第三方物流公司的幫忙，來完成公司複雜的複合式物流作業（圖10.15）。

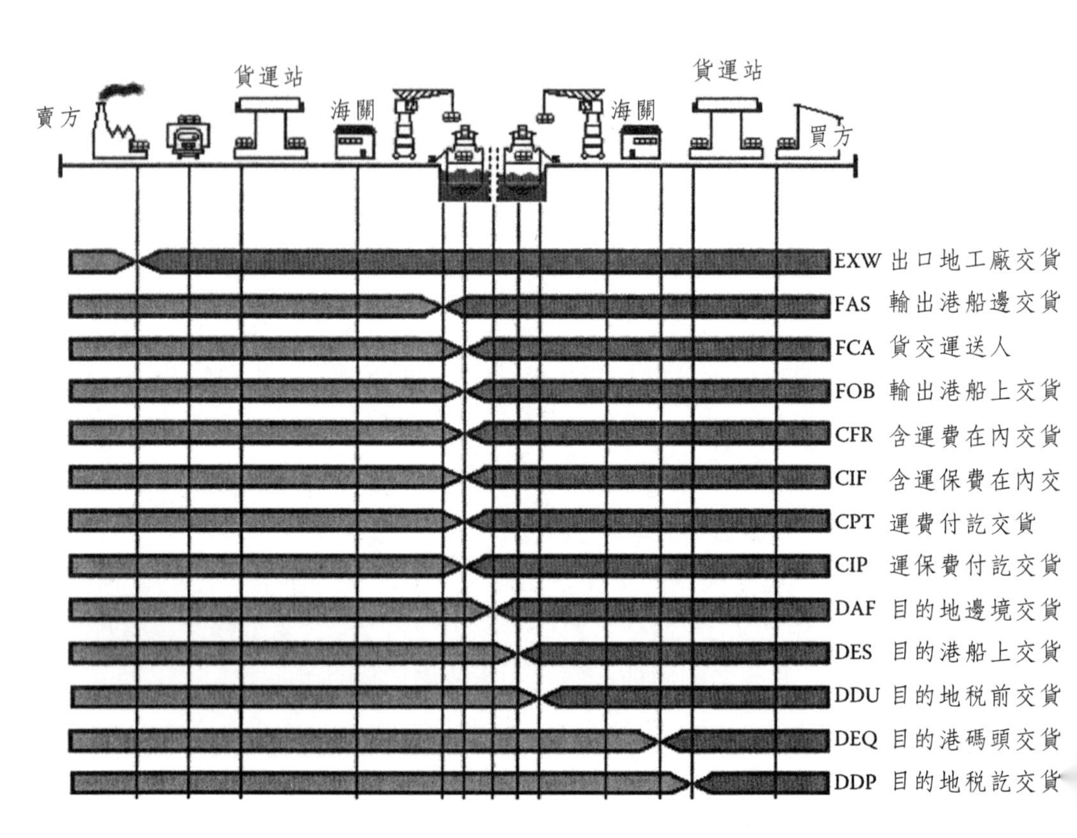

圖10.14　國際貿易條規及供應商與消費者權利義務的劃分

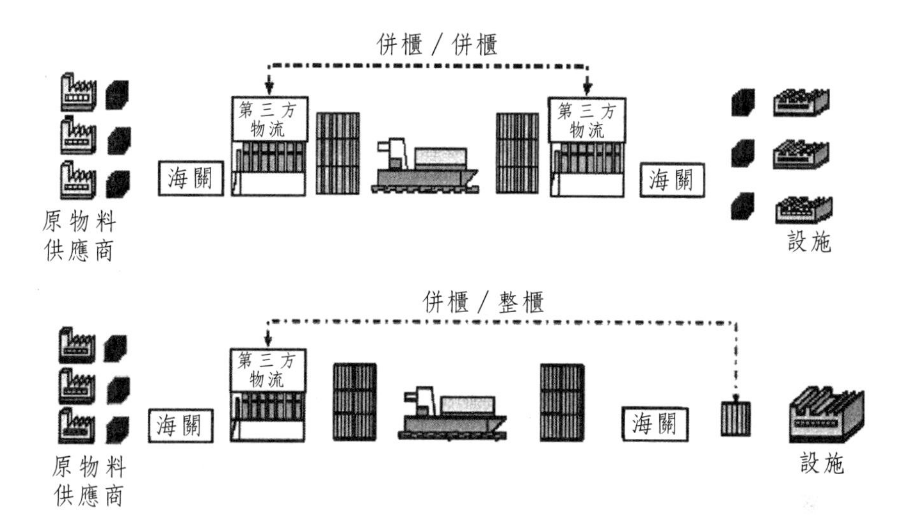

圖10.15　在複合運輸模式第三方物流業者的貨運管理與相對應的國際貿易條規

另外一個議題則是關於進出口貨物該如何選擇港口及其相對應的交通路線。假如我們以單一供應商與單一顧客的情形下設計交通路線，舉例來說，當貨物進口到物流中心時，最適合的港口就是最接近物流中心的那個。這就是為什麼陸上貨櫃運輸對於總運輸成本有很大的影響，因其運輸成本的高低與貨櫃運輸距離的長短有關。然而，物流經理人需要詢問比較幾個特定交通路線的公路運費，方能有效率的安排使用後續的公路接駁運輸（圖10.16）。

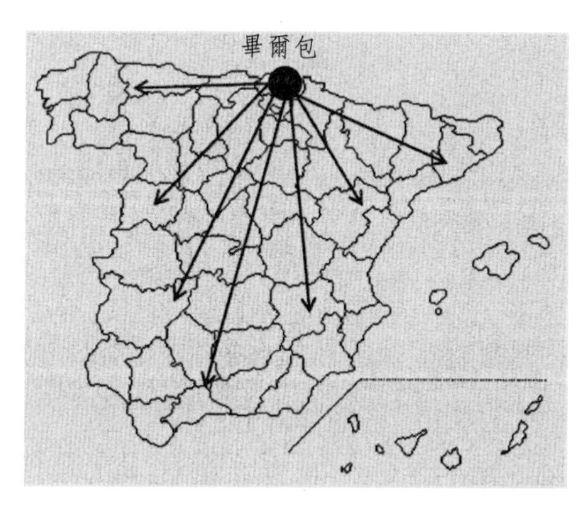

圖10.16　根據離物流中心的距離決定選擇目的港

如果有多個起訖點須考量，則必須了解最適（經濟）使用的港口數及聯外交通路線數。

圖10.17顯示，該區域有許多不同的港口與聯外交通路線選擇可以連接至兩個物流中心；圖10.18則是對每一個目的地都只有一個不一樣的港口與交通路線。

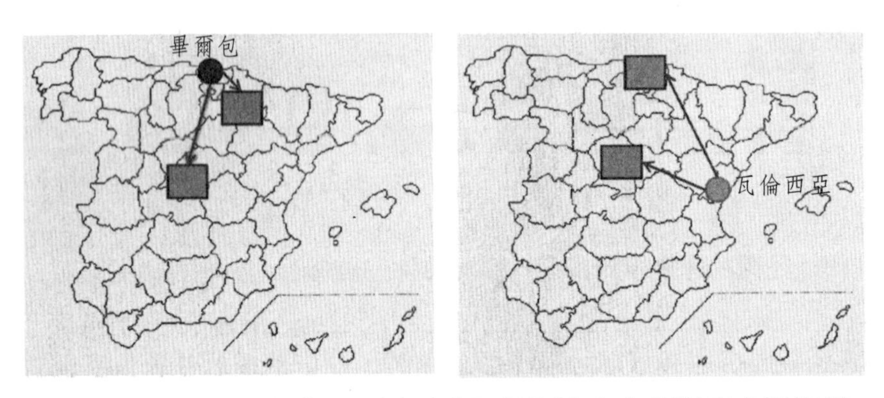

圖10.17　使用不同的港口可以到達兩個物流中心的對應交通路線

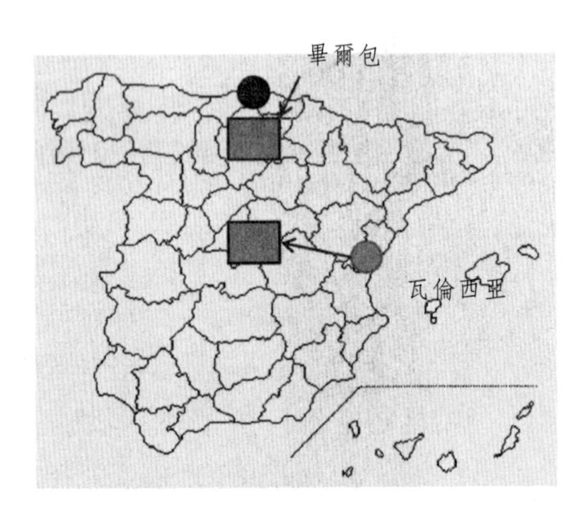

圖10.18　只有一個不同的港口可選時的相對應陸上交通路線及物流中心位置

產業供應鏈

另外一個由ULMA處理系統所設計的專案則應用在於紡織公司的管理上，此套系統整合了不同物品事前檢查流程、剪裁、包裝、最終檢測以及紡織布料的分類等活動，並完成建置成品、半成品以及產品調度的倉儲系統。

在布料進入檢測機器時，便意味著倉儲作業的開始。透過空中運輸以及鐵路運輸，經檢查過的布料將會被搬移至防盜運輸（Vehicle Thief Deterrent, VTD）卡車上進行運送，使其布料能夠順利地使用自動倉儲系統。

布料輸出的佈置皆根據顧客訂單的需求而設計。而這些布料都將透過同樣的運輸系統，將布料運送到剪裁區。一但布料進入剪裁區後，條碼讀取機將會針對每捆布進行活動的追蹤：在下一個作業中，有些布料需要被包裝，而其他布料則會繼續進行儲放。此外，自動化的結果將允許兩台卡車同時進行訂單準備作業，期使整體活動流程得以有效率地進行。

第十一章　人力資源管理

Donatella Corti

余坤東　譯

今天的遲疑是來日收成的唯一障礙，
讓我們以堅強和積極的信念向前進。

The only limit to our realization of tomorrow will be our doubts of today.
Let us move forward with strong and active faith.

——Franklin D.Roosevelt

緒論

徵才程序

產能躍昇階段的文化差異管理問題

集權程度

在中國的招聘程序

文化調適模式

緒論

在這一章節，我們將討論：

- 徵才程序
- 產能躍昇過程與人力資源管理

徵才程序

一個世界級公司要能夠成功在全球競爭，不僅需依賴高水準的營運效能，更要依賴以適當方式管理人力資源的能力。隨著對多元文化勞動人力管理的重要性與日俱增，也使得現今的組織管理越來越複雜。在麥肯錫季刊（McKinsey Quarterly，2008年五月）的一份調查中顯示，管理全球人才的能力與財務績效間有很強的關聯性。雖然人力資源管理的重要性是很明確的事實，但在落實上仍有一些障礙。例如，考量文化差異性的前提下，如何建立全球一致的人力資源程序，以及如何提高人才在國家間的流動性（Gruthridge and Komm, 2008）。根據一份關於全球管理議題的研究發現（Aquila,Dewhurst,and Heywood, 2012），超過三分之一的受訪者認爲，培養文化與專業功能精通的領導者，是提升全球營運績效的關鍵因素。

跨國公司要如何管理這些組織問題呢？他們所面對的主要挑戰又是什麼？其中的一個困難點，可能是本地招聘。開發中國家適合投入職場的人力數量（白領或藍領），遠少於某些報導的概估數字。

根據Farrell（2002）對在低工資國家營運的跨國企業人力資源主管訪談，他們認爲，只有13%的大學畢業生適任目前的工作。可能的原因包括：語言能力不足，缺乏實際經驗、對於重視團隊合作與彈性工作的文化不適應，此一現象在服務業又比製造業更爲明顯。Farrell and Grant（2005）指出，這種缺乏本地人才的現象，在人口眾多的中國尤其顯得矛盾。他們的研究指出，不到10%的求職者，適合在所調查的服務業外商公司工作。主要的問題包括：英文溝通能力不佳，文化適應不良，以及低於預期的升遷機會。印度的狀況比中國稍好一點，能夠在全球企業中工作的工程科系畢業生的比例高達25%，而且對於有招募需求的外商公司而言，在印度比在中國容易接觸到畢業生的人才庫資料。

部分公司進駐到當地的特定工業區，這種工業區的型態，往往會有比較好的基礎設施與通訊設備，以及充沛且技能多樣的人力。

根據一個利用德爾菲法，並以西班牙海外加工廠爲對象所做的研究（Errasti and Egafia, 2009），67%的受訪對象表示，海外機構人員流動率高於總公司，主要原因是，新興國家的快速成長，導致勞動市場的供需不平衡，在供不應求的情況下，當地的工資水準快速成長，造成勞工流動率居高不下。該研究也指出，55%的受訪公司表示，海外分支機構的員工缺勤率高於總公司，特別是當在同一區域內有像農業這種互補性的產業。這類的「熱點」常見於捷克或印度的一些城市，跨國公司會避免在這種地區設立分支機構，以免造成公司不必要的困擾。即使由跨國公司自己訓練當地的員工，人力資源的風險依然很高，因爲員工可能被挖角，而且激勵員工的困難度也很高。

由於招聘與訓練當地人員的種種問題，海外投資計畫仍需考慮使用外派人力，這些外派人員可以執行必要的控制、傳遞知識以及建立本地團隊。

以目前的情況來看，外派人員在派駐地仍是擔任高階主管職位，尤其是一般管理或財務等職位。不過，未來海外人力資源的新趨勢，應該是利用外派人才建立制度，同時也在當地訓練本地的管理者。當本地的管理者足以勝任時，外派的高級主管就可以調回總公司，再利用頻繁的出差活動，隨時監控該地分支機構的營運，而不必長期駐在海外。

Baaji等人（2012）的研究，分析了荷蘭公司的樣本，顯示採用外派方式不見得能帶來較好的績效。在執行層面，可能的戰略利益與戰略成本必須精確的評估，才能找出最好的方案。

根據相關實證研究，遴選合適的外派人選是海外擴張的關鍵因素，即使外派允許攜帶家眷，仍有40%的外派，在不到一年之內就要求調回母公司。

外派的成本取決於許多因素，除了底薪調整200%之外，還包括：外派加給、房屋租金，家庭交通、汽車以及稅率差距的補貼等（Errasti and Egafia, 2009）。另一項由Corti, Egaña, and Errasti（2009）進行的有關歐洲（主要是義大利）公司在中國設立分支機構的研究發現，外派經理在當地的成本是在本國的三倍。事實上，外派人員的誘因仍不斷的提高，諸如，以母公司的薪資水準支薪、遷移的額外津貼，還有許多額外的福利，諸如提供住宿、子女教育，甚至於安排在假日另外的居住公寓。

決定外派一位管理者到中國，考量因素不僅是成本，還需考慮其他因素：

- 語言：當地管理者需克服語言障礙。
- 文化適應：外派人員如果可以直接與當地人員互動聯繫，對工作效能將有很大的幫助。關於這一點，中國市場凡事重視關係的特性，使得人際網路的建立與維持更加重要。
- 是否欠缺當地的能力與技能。
- 當地基層主管的高流動率：人才供不應求，導致薪資水準大幅上揚，也助長了員工跳槽的風氣。
- 從總部派駐到中國工廠的管理者，主要扮演控制的角色，該角色在確保公司的策略清楚明確，以及避免公司的know-how被竊取。
- 對總公司而言，西方管理者在海外督導設廠所獲得的經驗，本身就是一項投資。這些管理者可以將他們的經驗傳承給當地的管理者，或者將在投資國發展出來的know-how回傳母公司。
- 來自於母公司財務以及法律方面的考量，往往使得外派變得更加困難。

表11.1彙整了以外派方式或是雇用當地經理人的重要優點。

表11.1　外籍經理人與當地經理人的優勢比較

	外派人才的優勢	當地人才的優勢
一般技能和條件	技能與條件較能符合母公司的任用標準	清楚了解當地客户的需求與企業運作方式
生產和製造的技術	具備現有製程的相關技術，以及豐富的經驗	了解當地環境對於現有製程的可能限制

	外派人才的優勢	當地人才的優勢
管理和控制	有效率的參與以及和總部各單位的溝通順暢	
個人成本		只需支付當地的薪資水準，沒有外派津貼或國外返鄉差旅費等費用

如同Baaij等人（2012）所提及的，公司可以採取一些措施來減少外派人力的副作用，同時又能發揮外派的好處。其中，使用資訊通訊技術，加強跨國聯繫，或是密集的國際差旅，都是可能的解決方案。另外，也有一些公司採取雙辦事處的方式，亦即，高級主管在總公司與海外據點各設置一間辦公室。

「成功的公司來自於好的員工」，此一名言在今天更加的重要。在全球化經濟的時代裡，企業比過去更加需要多才多藝與具備國際觀的人才，以便於執行他們的海外擴張計畫。

跨國公司負責推動國際化的團隊，應該具備在不確定環境及文化差異之下工作的能力。所以，組織新運作模式（新客戶，新銷售管道，新競爭，新合夥人等）的適應力，將是團隊成員關鍵的技能之一。

在本節中，我們將深入探討Errasti and Egafia（2008）以德爾菲法對15位經理人進行的研究。圖11.1彙整了管理者被問及在產能躍昇過程中，有關人力資源管理的議題。

結果顯示，受訪者都同意，白領階級的外派是必要的，而且80%的案例中，當地聘僱有經驗的經理人相當困難。雖然，在決定海外設廠地點時，人力供應的問題已經評估過了，理論上招聘當地勞工並不是一個重要議題，然而，經常發生的狀況是，藍領階級（工程師）的技術不夠純熟，導致連工程師和技術人員也需要外派。爲了克服當地人才短缺不足的問題，母公司會延長外派的時間，並且加強外派的人數，以便於訓練當地人員。在某些情況，把當地員工調到總公司訓練也是一種選擇，但這種方式不會經常使用（圖11.2）。

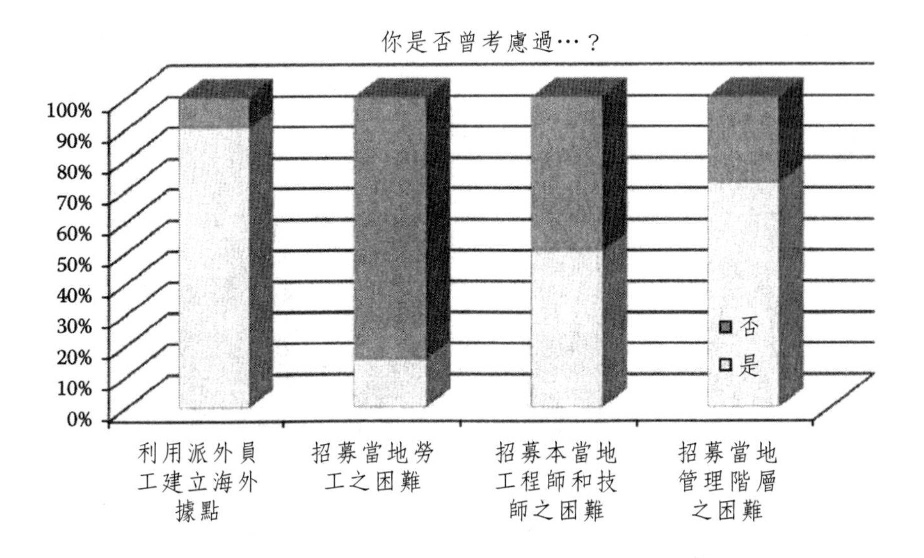

圖11.1　在國際化過程中的人力資源問題

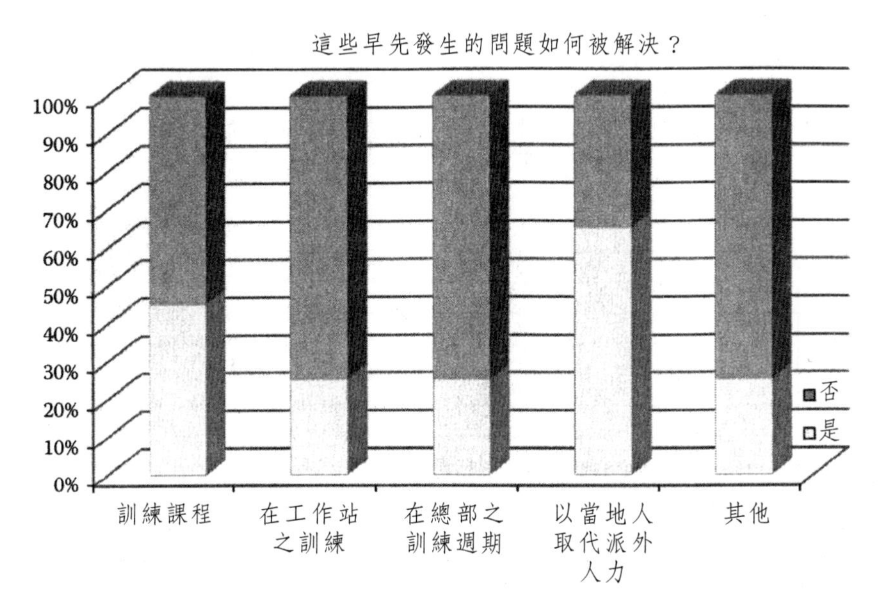

圖11.2　人力資源問題的解決對策

關於外派人員的實證研究，針對10家在中國設廠的義大利公司進行研究發現，當地人擔任高階主管的比例，與設廠的時間長短有顯著的關聯性（圖11.3、圖11.4）。

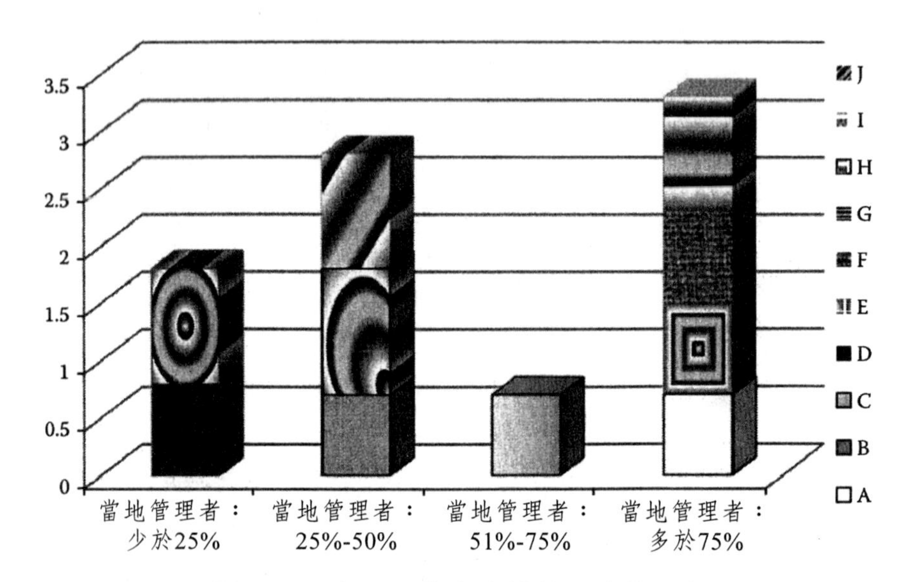

圖11.3　中國工廠中當地管理者的比例

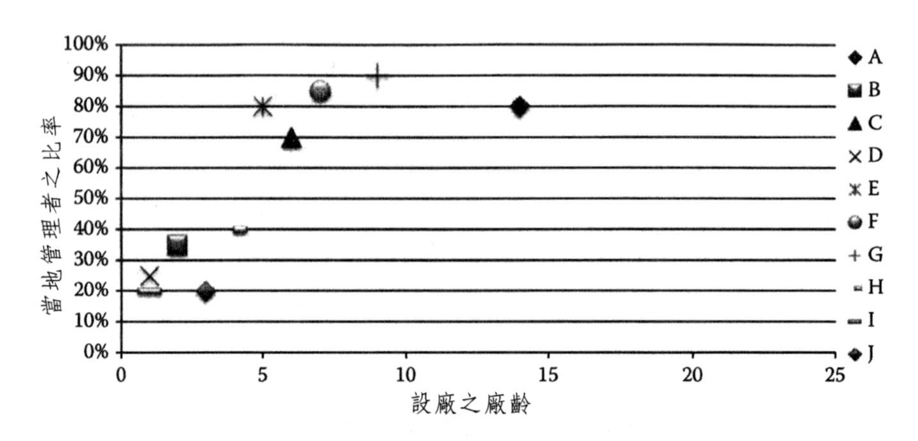

圖11.4　中國製造工廠的設廠年數與當地人員擔任管理者的比例相關性

產能躍昇階段的文化差異管理問題

根據一項針對10家在中國設立據點的義大利公司，所進行關於文化差異管理議題的調查報告，驅動母公司與海外子公司在文化上進行求同存異的因素有三：建立海外工廠的時間長短、該公司所處的競爭市場類型（B2B或B2C）以及公司所推動的一般性文化差異適應模式。最後一個因素，是指兩個組織（總公司與海外分公司）經由合作發展的過程，使得價值與信念趨於一致（Larsson and Lubatkin, 2001）。根據Berry（1997）的研究，在企業購併時，文化差異的調整往往透過以下的模式進行。

- 整合模式：是當參與合併的組織成員，希望保存自己公司的文化與特色，並維持獨立自主時，就會觸發整合的活動。
- 同化（Assimilation）：是一個單向的過程，指的是其中一個組織願意接受另一個組織的特色與文化。
- 分離模式：是指雙方嘗試保存各自的文化及實際運作上的慣例，刻意區隔兩個組織，以維持各自的獨立性。
- 去文化（Deculturation）：是指購併的其中一方，並不在意自己的文化、價值、組織與系統，但也不希望被另一方同化的方式。

Berry的模式原是以企業購併爲研究對象，但此一概念也應用在義大利在中國海外據點的文化調適分析，10個案例的分析結果彙整如下。

集權程度

集權（Centralization）是指公司的多數決策，都取決於組織高層的少數人，組織的基層權力很小或是沒有授權。分權（Decentralization）則是指，組織的決策權力分布於組織的每一個職位。分權式的組織往往是結構鬆散，有通暢的溝通管道，這也意味著組織內訊息可以充分流通（Robbins and Coulter, 2003）。

在抽樣企業中的70%，公司的生產管理上採用集權式組織結構，這顯示中國企業的權力仍集中在高層管理者手中。另外有三家公司採用分權式結構，即使如此，只有生產決策被授權到組織較低階層，甚至於由外部的供應商決定。但是財務和產品配銷的決定權仍然握在高階主管手中。

導致選擇集權結構的主要原因包括：

- 在起始階段，組織結構不夠成熟，不足以採取分權的架構
- 公司政策可以快速落實
- 公司的誠信

分權結構的原因包括：

- 靈活、適應當地市場需求
- 縮短顧客回應時間
- 當總公司的決策錯誤時，可以分散風險
- 降低成本與擴大參與

在中國的招聘程序

雇用本地員工所要求教育資格與派外人員不同。以藍領階級而言，學歷要求一般是國中或高中學歷，但白領階級的職位，則要求專科或是大學學位。

有趣的是，在一些不重要的職位，部分公司寧可捨棄高學歷的應徵者，而選擇低學歷的員工。主要的原因是，高學歷的人，經常把這些職位當作是職涯發展的跳板，導致流動率偏高。當然，這種現象是教育訓練資源的損失，如何管理與留住這些員工，仍然是公司所面臨的重要議題。在實務上，還沒有一家公司在招募白領員工時，會要求大學以上的學歷。

不論是藍領或白領，在海外招募的當地員工接受訓練的時間都很短。這與在義大利母公司的訓練，訓練時間是以「月」而不是「天」以作爲單位，有很大的不同。對海外招募員工進行長期培訓相當罕見，往往只有在很特別的情況時才會發生。

在訓練頻率方面，由於藍領員工的流動率高，他們的訓練基本上在錄取進

入公司時就完成。一般認為，頻繁的「工作崗位上」訓練是高風險的投資，所以藍領員工很少有系統化的訓練計畫。也因此，訓練頻率不被認為是影響藍領員工組織行為的重要因素。

在大多數的受訪公司中，也沒有針對白領員工制定標準化、系統化的訓練。除了新進訓練之外，並未提供系統化的訓練規畫。只有兩家受訪企業採用了外部舉辦的訓練，多是企業採用內部自行訓練的方式。他們仍認為，核心職能與先進的管理技術主要來自於母公司的執行經驗中，並沒有充分使用當地的教育訓練資源。即使許多中國籍員工受惠於海外母公司的技術培訓，但當地豐富的資源卻被忽視了。

在訓練內容方面，白領階級的培訓內容大致上可以分為以下四類：新技術、管理技巧和理論、生產及製造知識、與語言技能（主要是英語）。

文化調適模式

跨國企業到中國設廠時所面臨的兩個常見問題是：

- 在建廠初期必須熟悉環境，並且與當地企業建立良好關係
- 讓當地員工熟悉並且接受歐式管理風格，此舉不僅影響設廠階段的成敗，在以後營運過程中，也有很深遠的影響。跨國公司營運時必須考量中國環境及領導風格與西方的差異。部分受訪的公司當中，為了克服此一問題，甚至於藉由聘僱新世代的員工以縮小這種差異。

為了把當地員工整合到公司的策略，受訪公司採取了許多不同手段。

最常見的手段，就是從企業文化的層面著手，除了在工作上的合作之外，也跟當地員工建立良好的私人情誼。由於華人比西方人更為重視私人關係，在此一價值體系之下，此一關係對於員工的忠誠度與滿意度有其重要性。

從公司政策的角度來看，半數受訪公司認為，必須提供當地員工具有市場競爭力的薪資，以及比較寬廣的發展空間。中國國家統計處的資料也顯示，外資公司在過去15年的平均薪資，仍比其同業高出5.2%。

根據Berry（1997）所提出的不同文化調適模式，各受訪公司的調適模式可如圖11.5所示。文化調適的百分比幾乎均勻分布在同化、整合和分離三種模式之間，沒有一家公司使用去文化模式。可能的原因應該是，中國與義大利同爲強勢文化，較不可能排除原有的文化特色，而另外創造一個新的共同文化。

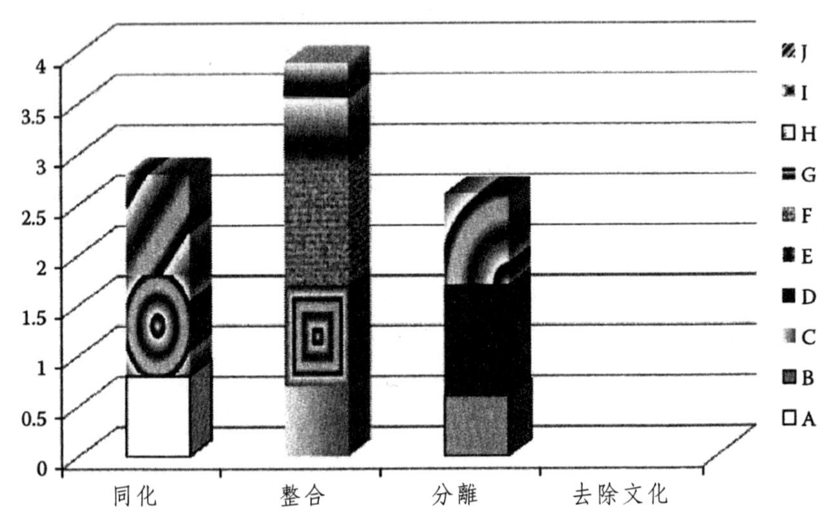

圖11.5　受訪公司的文化調適（acculturaction）模型

第十二章　全球營運架構

Ander Errasti

林泰誠　譯

你無法以昨日的方法來處理今日的工作而立足於明日的商業環境中。

You can't do today's job with yesterday's methods and
be in business tomorrow.

緒論
全球營運架構
全球營運架構模型

緒論

本章將探討：

- 全球營運（GlobOpe）的設計與管理架構
- 設施設備配置完成後的改善方案

全球營運架構

關於製造業之國際議題範疇，已從研究全球業務與市場策略演進到探討價值鏈（工程、製造與物流）中的全球營運作業（Johansson and Vahlne, 1977）。由於全球化競爭以及公司經營的環境背景越趨複雜，**對公司而言，國際網路的設計與管理，已經成爲一個關鍵層面**（Martinez et al., 2012）。

提供可適應市場環境的最佳製造業網路與設施設備，已並不僅只是全球營運型跨國公司才會遇到的問題，對中小企業（SMEs）而言，也是很重要的議題（Rudberg and Olhager, 2003）。

Vereecke與Van Dierdonck（2002）以及Shi（2003）指出研究經營與供應鏈管理的人員應該專注發展淺顯易懂的國際生產系統模型或架構，來協助經理人設計與管理他們專屬的網路。此外，Avedo和Almeida（2011）亦認爲建立可以迎合公司未來發展所需的新觀念性架構是當務之急。須注意的事，此架構必須是具有可被模組化、可量測的、有彈性的、開放性的、反應敏捷的特點，使其架構得以適應環境、可被實現，亦可面對市場需求的持續性改變、技術選擇及法令規章的變動。

全球營運模型爲一個設計與配置全球生產和物流網路的流程架構，該架構可提供中小企業與策略事業單位（Strategic Business Unit, SBU）的指導委員會一個有用的管理工具，SBU指導委員會通常是負責管理公司全球營運的有效性與效率。因此，此模型能用以協助公司進行全球營運網路內設施設備的設計或營運流程的再造。

在全球營運架構中，關於網路的佈局分析與流程設計皆基於另一個KA-TAIA的方法來進行（Errasti, 2006）。考量到全球營運配置，如新設施的安裝、全球供應商網路的發展，以及多家工廠的網路配置等，皆影響公司營運佈局的決策，而此問題亦爲一間公司策略議題中的其中一個。因此，透過文獻，我們可以辨別影響公司營運佈局的因素爲何，在眾多影響因素中，亦也涵蓋了策略發展流程中的所有步驟。

某些作者，如Acur與Biticci（2002）認爲動態流程發展需要歷經四個階段（投入、分析、策略制定、策略執行與回顧），而且有些管理與分析的工具也可運用以協助達成動態流程的開發。

本書作者採用Acur與Biticci（2002）所提出的方法爲主。此外，本書藉由簡化Acur的方法來建構全球營運架構，並將以下因素納入考量，同時亦將此方法應用至營運策略事業單位。

此方法／指南是考慮到事業單位在整體價值鏈中的定位（Porter, 1985），並藉此制定幾個階段來協助創造價值。在分析階段，通常主要藉由分析幾個因素（Anumba, Siemieniuch, and Sinclair, 2000; Boddy and Macbeth, 2000; Hobbs and Andersen, 2001; Acur and Biticci, 2000），來選擇最佳的策略內容（Gunn, 1987）。分析有助於定義或執行新設施產能躍昇的方法，以及制訂佈署階段所需的設施設備配置（Feurer, Chaharbaghi, and Wargin, 1995）。

設施設備的配置是一個專案導向的任務（Marucheck, Pannesi, and Anderson, 1990），其中透過監控與審查階段促進組織間的聯盟發展，以制定營運策略（Kaplan and Norton, 2001）。

由於設施設備配置的概念已於第二章做解釋，本書作者以及相關合著作者們皆認爲在全球營運模型裡的營運佈局依舊有三個問題：

- 新設施的安裝
- 全球供應商網路的佈局
- 多點站網路的佈局

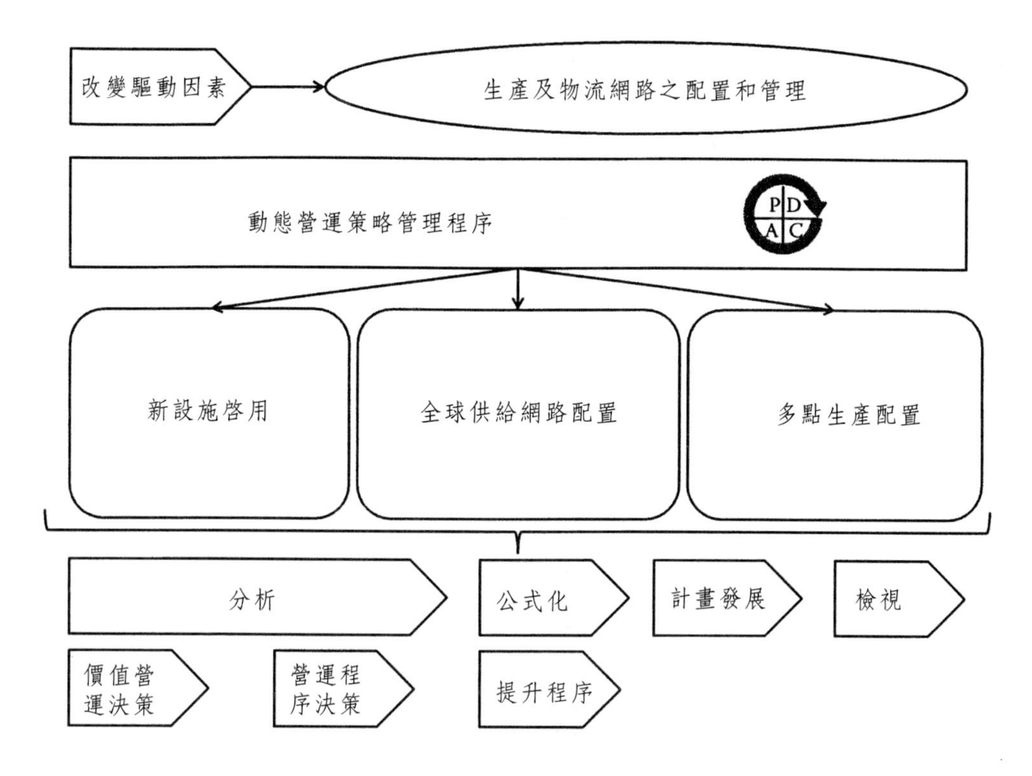

圖12.1　以三大問題為中心的全球營運架構示意圖

完整的架構請見圖12.1。

目前已針對上述問題發展出相對應的模型（請見第二章）。這些模型詳見圖12.2至圖12.4。

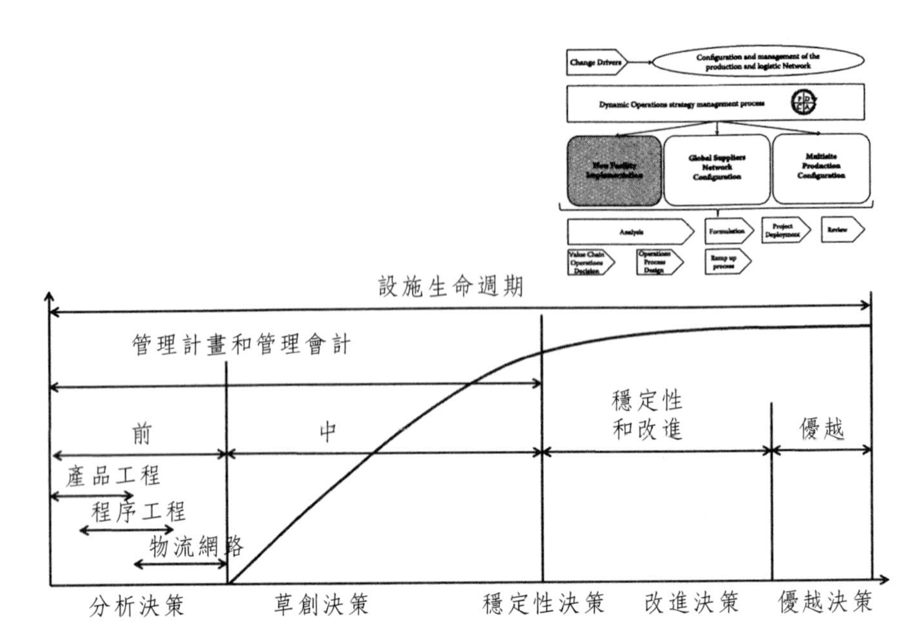

圖12.2　全球營運架構下安裝新設施的示意圖

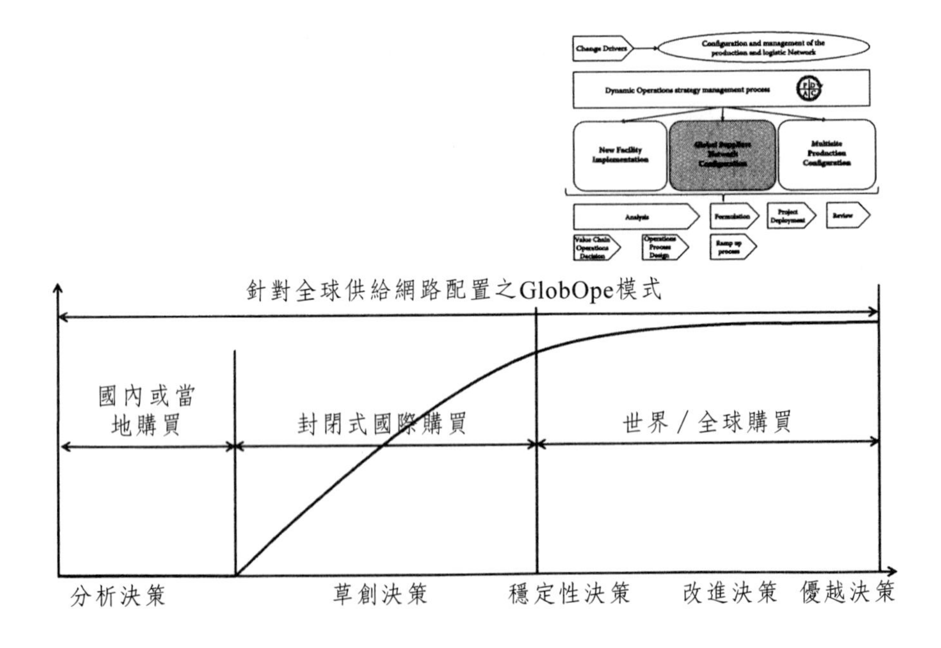

圖12.3　全球營運架構下全球供應商網路佈局的示意圖

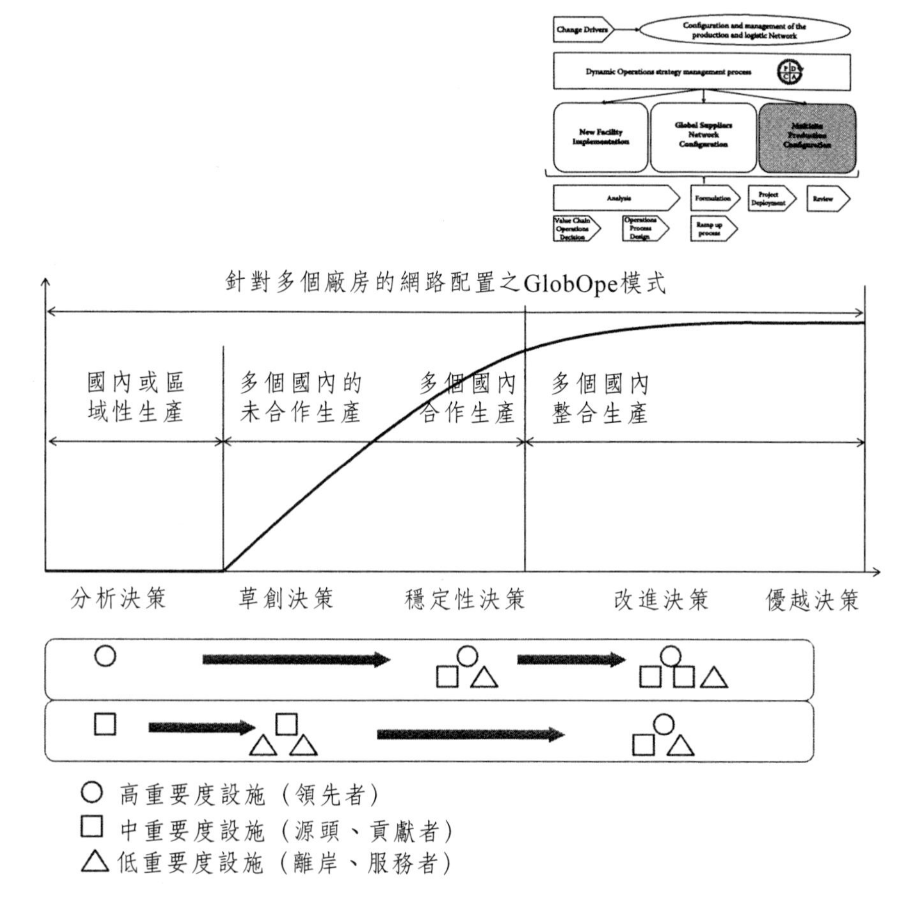

圖12.4　全球營運架構下多工廠網路佈局的示意圖

完整的架構請見圖12.5至12.7。

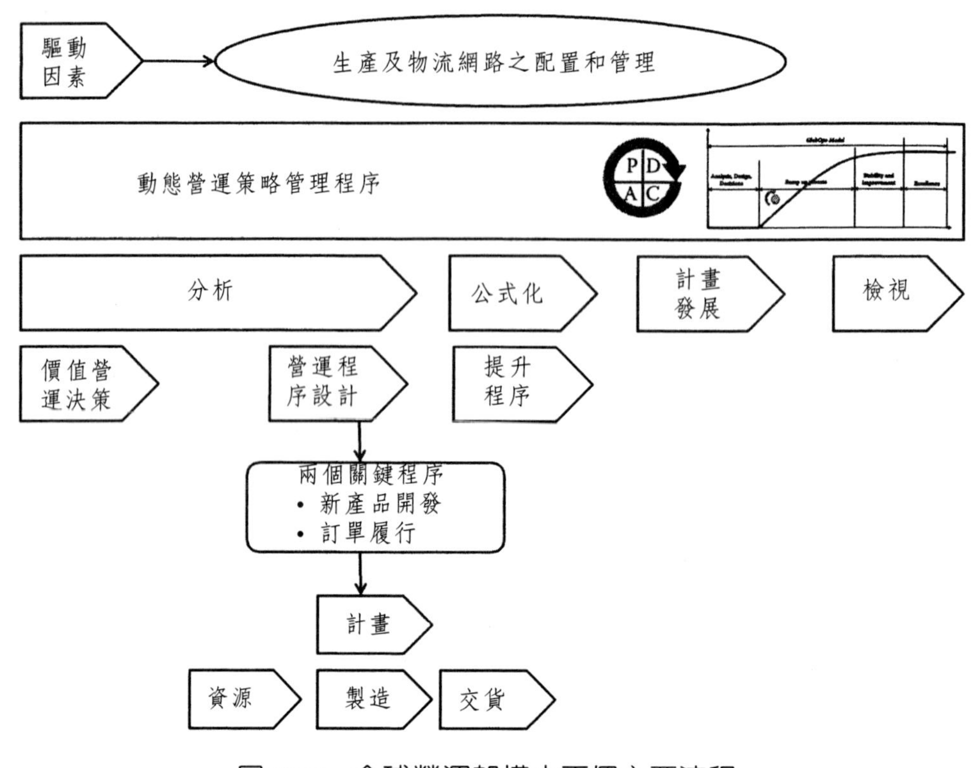

圖12.5　全球營運架構中兩個主要流程

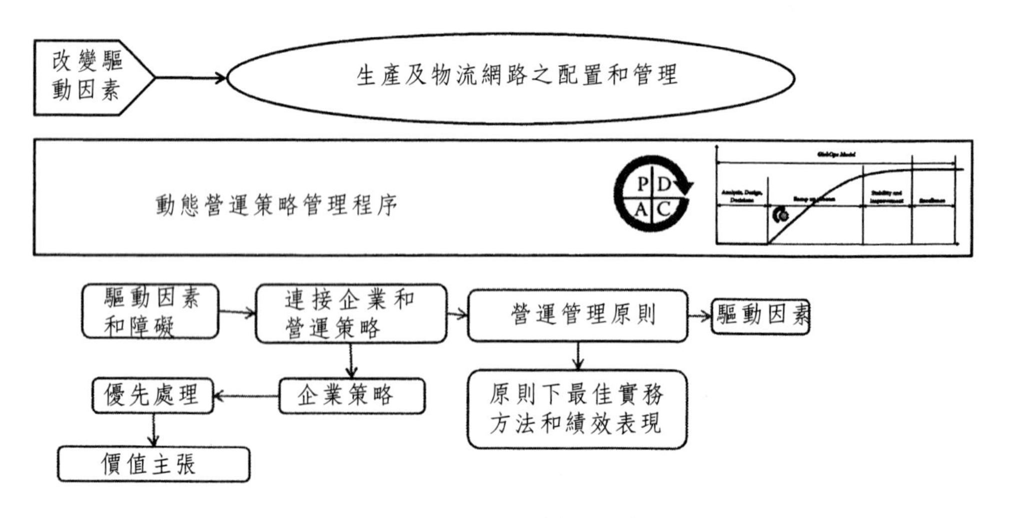

圖12.6　全球營運架構

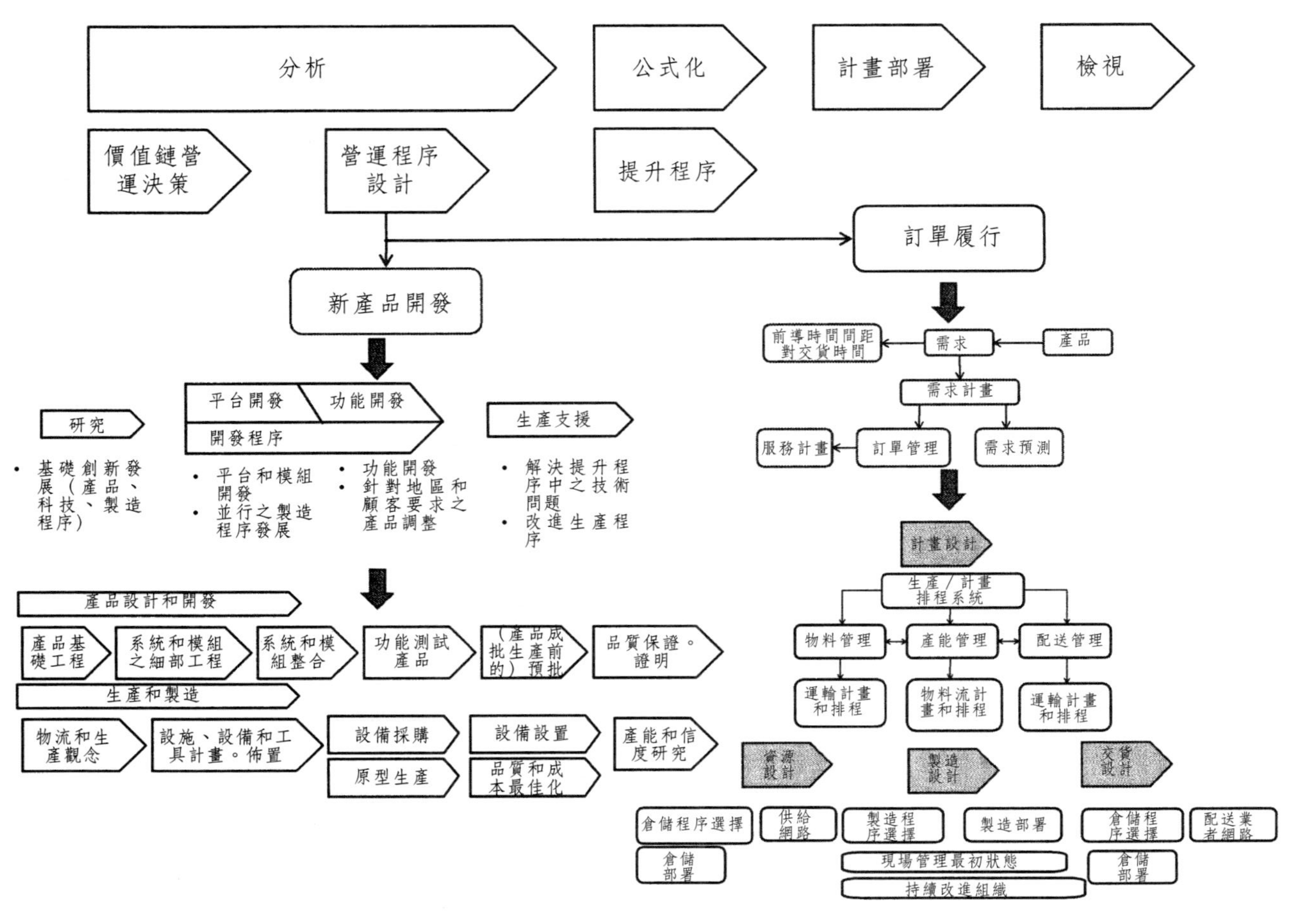

分析
公式化
計畫部署
檢視
價值鏈營運決策
營運程序設計
提升程序
訂單履行
新產品開發
平台開發
功能開發
開發程序
研究
．基礎創新發展（產品、科技、製造程序）
．平台和模組開發
．並行之製造程序發展
．功能開發
．針對地區和顧客要求之產品調整
生產支援
．解決提升程序中之技術問題
．改進生產程序
產品設計和開發
產品基礎工程
系統和模組之細部工程
系統和模組整合
功能測試產品
（產品成批生產前的）預批
品質保證。證明
生產和製造
物流和生產觀念
設施、設備和工具計畫。佈置
設備採購
原型生產
設備設置
品質和成本最佳化
產能和信度研究
前導時間間距對交貨時間
需求
產品
需求計畫
服務計畫
訂單管理
需求預測
計畫設計
生產／計畫排程系統
物料管理
產能管理
配送管理
運輸計畫和排程
物料流計畫和排程
運輸計畫和排程
倉源設計
製造設計
交貨設計
倉儲程序選擇
倉儲部署
供給網路
製造程序選擇
製造部署
現場管理最初狀態
持續改進組織
倉儲程序選擇
倉儲部署
配送業者網路

圖12.7　全球營運架構

全球營運架構模型

全球營運架構模型旨在縮減因生產系統（Production System, PS）（如Toyota PS、Volvo PS、Bosch Siemens PS等）與精實生產方案（Lean Manufacturing Program）所產生的落差。在穩定的環境下，Toyota生產系統與精實技術的表現績效良好，但其卻不適合應用於動態性的市場環境中，因爲在此環境下，新設施的安裝以及現存網路的重新佈局對海外公司而言是極爲需要的（Mediavilla and Errasti, 2010）。案例顯示，**在執行設施設備安裝的首要階段，有效性比作業效率更爲重要，當公司網路進行重新配置時，是需要將多數的價值鏈活動納入考量。**

此模型可以提供指導委員會（steering committee）一個管理全球營運有效性與效率的工具。

全球營運爲協助公司制定決策流程，此架構除應包含新設施設備的驅動誘因、經營管理準則與關鍵營運的決策範疇外，亦須涵蓋其他可替代方案與技術等。

當公司在制定營運管理的準則時，是需要考量全球營運因素。對經理人來說，在尚未開始進行實體組織的營運計畫、採購、製造、運送流程等之前，他們必須決定哪些準則是公司的關鍵策略議題（Huan, Shenoran, and Wang, 2004）。這些方法主要是在描述準則執行流程，而工具是一項輔助器具，可用以協助企業執行特定準則與方法。

圖12.8到圖12.14，全球營運架構分別於本書各章節予以說明。

- 國際化流程中的商業驅動因子、營運策略與商業計畫（圖12.8）。
- 價值鏈的經營決策（圖12.9）。
- 營運流程的設計：計畫（圖12.10）。
- 營運流程的設計：採購（圖12.11）。
- 營運流程的設計：製造（圖12.12）。
- 營運流程的設計：運送（圖12.13）。
- 試營運的流程（圖12.14）。

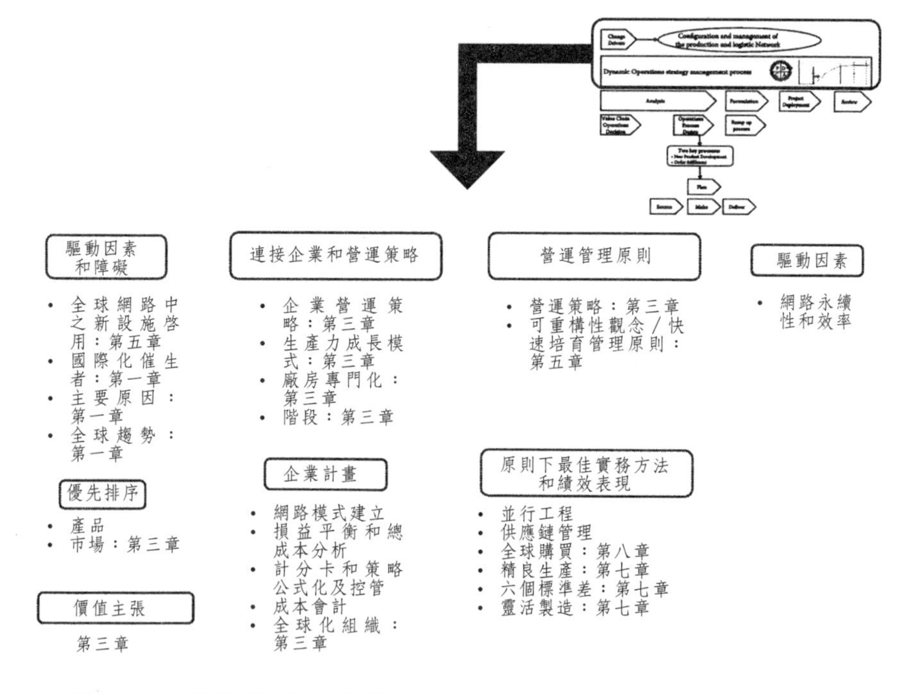

圖12.8　國際化流程中的商業驅動因子、營運策略與商業計畫

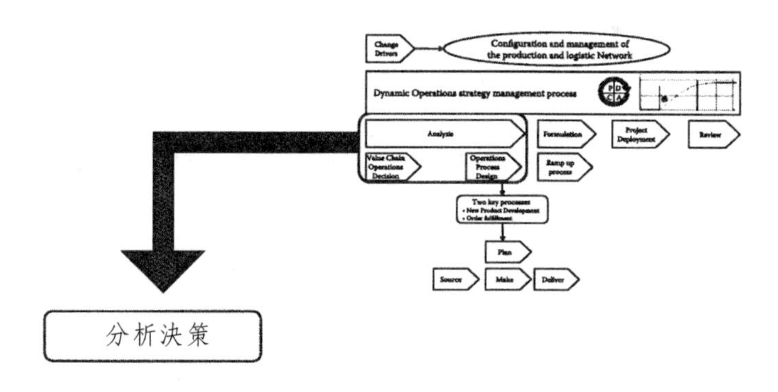

- 新設施地點（13個要素）：第四章
- 廠房之策略性角色：第四章
- 生產模式和設施類型：第三章
- 交貨服務和資源策略，MTO、MTS、ETO和主要分離點：第三章
- 本土／全球和程序分區（Meixal & Gargeya）：第四章
- 對本土／全球落落供應商之自製或外購決策：第四章
- 生產模式修正或管理系統修正（Yokosima, Greenfield, Brown field）：第七章
- 網路：第五章

圖12.9　決定價值鏈的營運

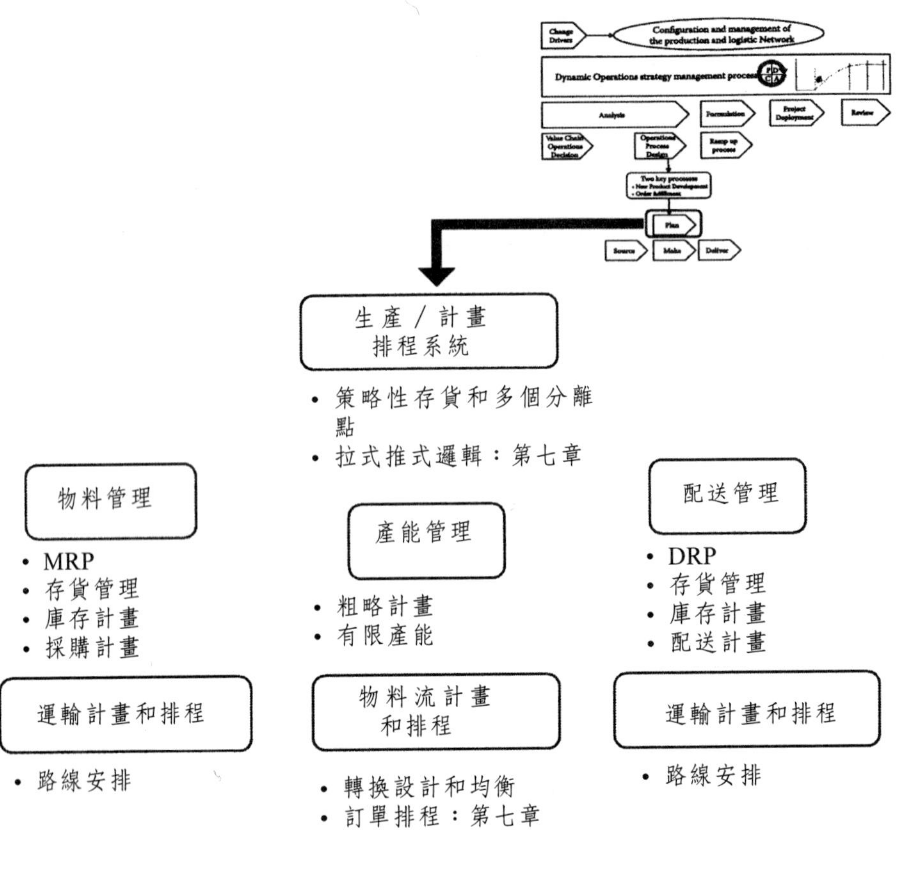

圖12.10　營運流程設計：計畫

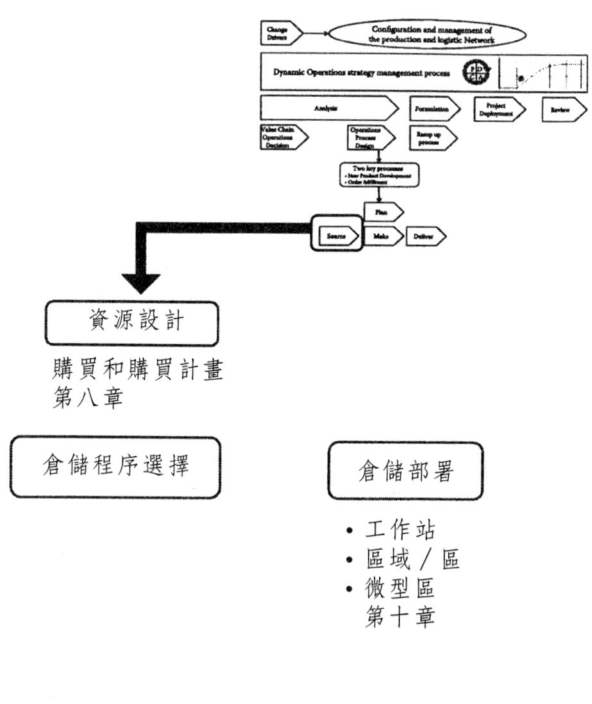

圖12.11　營運流程設計：採購

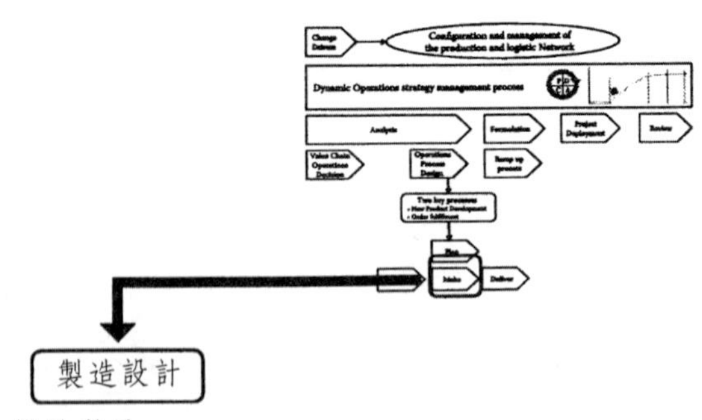

- 設計考量
- 設施物料流和設備設計考量
- 設施計畫程序：第六章

製造程序選擇

- 程序類型 A, V, T
- 流設計和設備（次序／數量／品質／多樣性）
- 自動化程序：第六章

製造部署

- 工作站
- 區域／區
- 微型區（生產部署、程序部署、單元式製造）：第六章

現場管理最初狀態

- 生產系統組織（標準化）和提升組織之發展計畫：第七章

持續改進組織

- 永續CI模式：第七章

圖12.12　營運流程設計：製造

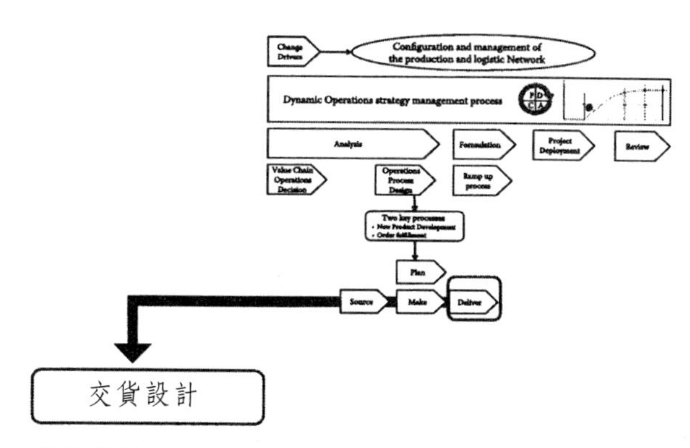

- 設計考量
- 設施物料流和設備設計考量
- 倉儲計畫程序
  第十章

倉儲程序選擇

- 程序類型 A, V, T
- 設計和設備
  次序／數量／品質／多樣性
- 自動化程度
  第十章

倉儲部署

- 工作站
- 區域／區
- 微型區
  第十章

配送業者網路

- 配送通路
- 多層級／階級網路和轉運網路
- 配送業者和運輸費用開發及整合（物流品質、IT）
  第十章

圖12.13　營運流程設計：運送

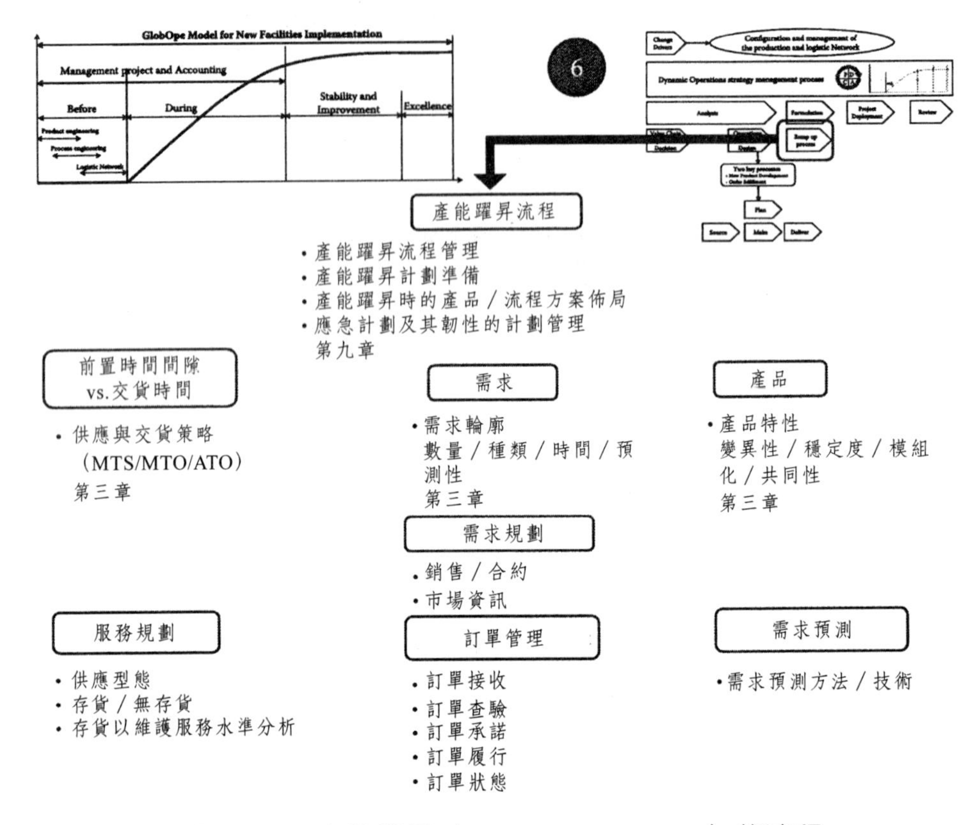

圖12.14　產能躍昇（Ramp-up process）的流程

參考文獻

第一章

Andersson, S., and Wictor, I. (2003) Innovative internationalisation in new firms—Born Globals the Swedish case. *Journal of International Entrepreneurship* 1 (3): 249–276.

Autio, E., Sapienza, H. J., and Almeida, J. G. (2000) Effects of age at entry, knowledge intensity, and imitability on international growth. *Academy of Management Journal* 43 (5): 909–924.

Barnes, D. (2002) The complexities of the manufacturing strategy formation process in practice. *International Journal of Operations & Production Management* 22 (10): 1090–1111.

BBC. (2005) Zhongguo huo shijie gongchang touxian (China gains a factory of the world title). BBC Chinese website, Dec 16. http://news.bbc.co.uk/chinese/simp/hi/newsid_4530000/newsid_4535500/4535526.stm Retrieved on Dec 20, 2006.

Bell, J., McNaughton, R., Young, S., and Crick, D. (2003) Towards an integrative model of small firm internationalization. *Journal of International Entrepreneurship* 1 (4): 339–362.

Cavusgil, S. T. (1980) On the internationalization process of firms. *European Research* 8 (6): 273–281.

Chetty, S., and Campbell-Hunt, C. (2003) Paths to internationalisation among small- to medium-sized firms: A global versus regional approach. *European Journal of Marketing* 37 (5/6): 796–820.

Christensen, C. M. (1997) *The innovator's dilemma: When new technologies cause great firms to fail*. Harvard Business School Press, Boston.

Christodoulou, P., Fleets, D., Hanson, P., Phaal, R., Probert, D., and Shi, Y. (2007) *Making the right things in the right places. A structured approach to developing and exploiting "manufacturing footprint" strategy*. IFM, University of Cambridge, U.K.

Davidson, W. H. (1980) The location of foreign direct investment activity: Country characteristics and experience effects. *Journal of International Business Studies* 11 (2): 9–22.

De Meyer, A., Nakane, J., Miller, J., and Ferdows, K. (1989) Flexibility: The next competitive battle the manufacturing futures survey. *Strategic Management Journal* 10: 135–144.

Deresky, H. (2000) *International management: Managing across boarders and cultures,*

3rd ed. Prentice Hall, Upper Saddle River, NJ.
Dunning, J. H. (1981) International production and the multinational enterprise. London: Allen & Unwin.
Dunning, J. H. (1988a) The eclectic paradigm of international production: A restatement and possible extensions. *Journal of International Business Studies* 19 (1).
Dunning, J. H. (1988b) *Explaining international production*. Unwin Hyman, London.
Dunning, J. H. (1992) *Multinational enterprises and the global economy*. Addison-Wesley Publishing Company, Wokingham, U.K. and Reading, MA.
Evonik Degussa. (2012) Experiences from the chemical industry. http://www.pro-inno-europe.eu/inno-grips-ii/blog/domestic-rd-activities-are-base-future-chemical-plants-europe (accessed Feb. 15, 2012).
Farrel, D. (2006) *Offshoring. Understanding the emerging global labor market*. McKinsey Global Institute, Harvard Business School Press, Boston.
Ferdows, K. (1997) Making the most of foreign factories. *Harvard Business Review*, March-April: 73–88.
Financial Times (2001) FT 500: The world's largest companies. Online at: http://www.ft.com/intl/reports/ft-500-2011
Fortune (2011) Fortune Global 500: Online at: http://money.cnn.com/magazines/fortune/global500/2011/index.html
Gassmann, O., and Keupp, M. M. (2007) The competitive advantage of early and rapidly internationalizing in the biotechnology industry: A knowledge-based view. *Journal of World Business* 42: 350–366.
Govindarajan, V., and Ramamurti, R. (2011) Reverse innovation, emerging markets, and global strategy. *Global Strategy Journal* 1 (3-4): 191–205.
Hymer, S. (1976) *International operations of national firms: A study of foreign direct investment*. MIT Press, Boston.
Jarillo, J. C., and Martínez, J. (1991) *Estrategia Internacional. Más allá de la exportación*. McGraw Hill, Madrid.
Johanson, J., and Vahlne, J. E. (1977) The internationalization process of the firm—A model of knowledge development and increasing foreign market commitment. *Journal of International Business Studies* 8 (1): 23–32.
Johanson, J., and Vahlne, J. E. (1990) The mechanism of internationalization. *International Marketing Review* 7 (4): 11–24.
Johanson, J., and Vahlne, J. E. (2003) Business relationship learning and commitment in the internationalization process. *Journal of International Entrepreneurship* 1: 83–101.
Johanson, J., and Vahlne, J. E. (2009) The Uppsala internationalization process model revisited: From liability of foreignness to liability of outsidership. *Journal of International Business Studies* 40: 1411–1431.
Kalinic, I., and Forza, C. (2011) Rapid internationalization of traditional SMEs:

Between gradualist models and born globals. *International Business Review,* 21 (4): 694–707.

Kamp, B. (2003) *Formation and evolution of international business networks": Kaleidoscopic organization sets.* Nijmegen, The Netherlands: Wolf Legal Publishers.

King, S. (2011) The Southern silk road. Turbocharging "South-South" economic growth. *Global Economics,* June, HSBC Global Research, London. Online at: http://www.research.hsbc.com/midas/Res/RDV?p=pdf&key=WZnyWSIf38&n=299714.PDF

Knight, G., and Cavusgil, S. (1996) The born global firm: A challenge to traditional internationalization theory. *Advances in International Marketing,* JAI Press, 11–26.

Kondratiev, N. (2002) The emergence of a New Techno-Economic Paradigm: the age of information and communication Technology (ICT), As time goes by: from the industrial revolutions to the information revolution. Oxford Scholarship.

Lafay, G., and Herzog, C. (1989) Commerce international: La fin des avantages acquis, económica, Pm's, Diffusion, Documentation Française.

Langhorne, R. (2001) *The coming of globalization: Its evolution and contemporary consequences.* Palgrave, New York

Luzarraga Monasterio, J. M. (2008) *Mondragon multi-location strategy—Innovating a human centred globalisation.* Mondragon University, Oñati, Spain.

Madsen, T. K., and Servaos, P. S. (1997) The internationalization of born globals: An evolutionary process. *International Business Review* 6 (6): 561–583.

McKinsey & Co. (1993) *Emerging exporters: Australia's high value-added manufacturing exporters.* Australian Manufacturing Council, Melbourne:.

Mediavilla, M., and Errasti, A. (2010) Framework for assessing the current strategic plant role and deploying a roadmap for its upgrading. An empirical study within a global operations network, *Proceedings of APMS 2010 Conference, Cuomo, Italy.*

Ohmae, K. (1987) *Beyond national boundaries: Reflections of Japan and the world.* Dow Jones-Irwin, New York.

Oviatt, B. M., and McDougall, P. P. (1994) Toward a theory of international new ventures. *Journal of International Business Studies* 25 (1): 45–64.

Oviatt, B. M., and McDougall, P. P. (2005) Defining international entrepreneurship and modelling the speed of internationalization. *Entrepreneurship Theory & Practice* 29 (5): 537–553.

Rialp, A., Rialp, J., Urbano, D., and Vaillant, Y. (2005b) The born-global phenomenon: A comparative case study research. *Journal of International Entrepreneurship* 3 (2): 133–171.

Sarasvathy, S. D. (2008) *Effectuation: Elements of entrepreneurial expertise*. Edward Elgar Publishing, Cheltenham, U.K.

Sen, A. (2002) How to judge globalism. American Prospect, Vol. 13.

Szabó, G. G. (2002) New institutional economics and agricultural co-operatives: A Hungarian case study. In *Local society and global economy: The role of co-operatives*, eds. S. Karafolas, R. Spear, and Y. Stryjan (pp. 357–378). Naoussa: Editions Hellin, ICA International Research Conference.

The Economist (2007) Globalisation's offspring.

Thompson, A., and Strickland, A. J. (2004) *Strategic management: Concepts and cases*. McGraw-Hill Irwin, New York.

UNCTAD (2011) World Investment Report 2011. *Non-equity modes of international production and development*. United Nations, New York and Geneva. Online at: http://www.unctad-docs.org/files/UNCTAD-WIR2011-Full-en.pdf

Vernon, R. (1966) International investment and international trade in the product life cycle, *Quarterly Journal of Economics* LXXX: 190–207.

Wilson, D., Trivedi, K., Carlson, S., and Ursúa, J. (2011) *The BRICs 10 years on: Halfway through the great transformation*. Global Economics Paper No. 208, Goldman Sachs Global Economics, Commodities and Strategy Research, New York. Online at: https://www.google.es/search?aq=0&oq=brics+10+&ix=seb&sourceid=chrome&ie=UTF-8&q=the+brics+10+years+on+halfway+through+the+great+transformation

第二章

Abele, E., Meyer, T., Näher, U., Strube, G., and Sykes, R. (2008) Global production: A handbook for strategy and implementation. Springer, Heidelberg, Germany.

Acur, N. and Biticci, U. (2000) Active assessment of strategy performance in proceedings of the IFP WG 5.7. Paper presented at the International Conference on Production Management, Tromso, Norway, June 28–30.

Anumba, C. J., Siemieniuch, C. E., and Sinclair, M. A. (2000) Supply chain implications of concurrent engineering. *International Journal of Physical Distribution and Logistics* 30 (7/8): 566–597.

Azvedo, A., and Almeida, A. (2011) Factory templates for digital factories framework. Robotics and Computer-Integrated Manufacturing 27: 755–771.

Barnes. D. (2002) The complexities of the manufacturing strategy formation process in practice. *International Journal of Operations & Production Management* 22 (10): 1090–1111.

Boddy, D., and Macbeth, D. (2000) Prescriptions for managing change: A survey of their effects in projects to implement collaborative working between organizations. *International Journal of Project Management* 18: 297–306.

Christodoulou, P., Fleet´s D., Hanson, P., Phaal, R., Probert, D., and Shi, Y. (2007) *Making the right things in the right places. A structured approach to developing and exploiting "manufacturing footprint" strategy*, IFM, University of Cambridge, U.K.

Corti, D., Egaña, M. M., and Errasti, A. (2008) Challenges for off-shored operations: Findings from a comparative multi-case study analysis of Italian and Spanish companies. Paper presented at the EurOMA Congress, Groningen, The Netherlands, June 15–18.

Errasti, A. (2006) KATAIA. Modelo para el análisis y despliegue de la estrategia logística y productiva. PhD diss., Tecnun (University of Navarra), San Sebastian, Spain.

Errasti, A. (2011) *International manufacturing networks: Global operations design and management*. Servicio Central de Publicaciones del Gobierno Vasco, San Sebastian, Spain.

European Commission. (2010) Annual report on the European Union's development and external assistance policies and their implementation in 2009.

Farrell, D. (2006) *Offshoring. Understanding the emerging global labor market*. McKinsey Global Institute, Harvard Business School Press, Boston.

Ferdows, K. (1989) Mapping international factory networks. In K. Ferdows (ed.), Managing international manufacturing. New York: Elsevier Science Publishers. 3–21.

Ferdows, K. (1997) Making the most of foreign factories. *Harvard Business Review* March–April: 73–88.

Feurer, R., Chaharbaghi, K., and Wargin, J. (1995) Analysis of strategy formulation and implementation at Hewlett Packard. *Management Decision* 33 (10): 4–16.

Gunn, T. G. (1987) *Manufacturing for competitive advantage: Becoming a world class manufacturer*. Ballinger Publishing Company, Boston.

Hobbs, B., and Andersen, B. (2001) Different alliance relationships for project design and execution. *International Journal of Project Management* 19: 465–469.

Holweg, M., and Pil, F. (2004) *The second century: Moving beyond mass and lean production in the auto industry*. MIT Press, Cambridge, MA and London.

Johansson, J., and Vahlne, J. E (1977) The mechanism of Internationalisation. *International Marketing Review* 7.

Kalinic, I., and Forza, C. (2011) Rapid internationalization of traditional SMEs: Between gradualist models and born globals. *International Business Review*. 21 (4): 694–707.

Kaplan, R. S., and Norton, D. P. (2001) *The strategy focused organization*. Harvard Business School Press, Boston.

Kinkel, S., and Maloca, S. (2009) Drivers and antecedents of manufacturing offshoring and backshoring. A German perspective. *Journal of Purchasing & Supply Management* 15: 154–165.

Knight, G. A. (2001) Entrepreneurship and strategy in the international SME.

Journal of International Management 7: 155–171.

Kurttila, P., Shaw, M., and Helo, P. (2010) Model factory concept-enabler for quick manufacturing capacity ramp up, European Wind Energy Conference and Exhibition, Warsaw, Poland.

Leenders, M., Fearon, H. E., Flynn, A. E., and Johnson, P. F. (2002) *Purchasing and supply management*. McGraw Hill/Irwin, New York.

Luzarraga, J. M. (2008) *Mondragon multilocation strategy: Innovating a human centred globalisation*. Mondragon University, Oñati (Spain).

Marucheck, A., Pannesi, R., and Anderson, C. (1990) An exploratory study of the manufacturing strategy in practice. *Journal of Operations Management* 9 (1): 101–23.

Mediavilla, M., and Errasti, A. (2010) *Framework for assessing the current strategic plant role and deploying a roadmap for its upgrading. An empirical study within a global operations network.* APMS, Cuomo, Italy.

Mehrabi, M., Ulsoy, A., and Koren, Y. (2000) Reconfigurable manufacturing systems: Key to future manufacturing. *Journal of Intelligent Manufacturing* 11 (4): 403–419.

Menguzzato, M., and Renau, J. J. (1991) *La dirección estratégica de la empresa*. Ed. Ariel, Barcelona.

Mintzberg, H., Lampel, J., Quinn, J. B., and Ghoshal, S. (1996) *The strategy process*, 4th ed. Prentice-Hall, Hemel Hempstead, U.K.

OECD. (1997) The OECD report on regulatory reform: Synthesis. Paris: Organisation for Economic Co-operation and Development.

Porter, M. (1985) *Competitive advantage: Creating and sustaining superior performance*. Free Press, New York.

Sheffi, Y. (2006) *La empresa robusta*, Lidl, Madrid.

Shi, Y. (2003) Internationalization and evolution of manufacturing systems: Classic process models, new industrial issues, and academic challenges. *Integrated Manufacturing Systems* 14: 385–396.

Shi, Y. and Gregory, M. (1998) International manufacturing networks —to develop global competitive capabilities. *Journal of Operations Management* 16: 195–214.

Shrader, R. C., Oviatt, B. M., and McDougall, P. P. (2000) How new ventures exploit trade-offs among internationization of the 21st century. *Academy of Management Journal* 43 (6): 1227–1247.

Sweeney, M., Cousens, A., and Szwejczewski, M. (2007) International manufacturing networks design: A proposed methodology. Paper presented at the EurOMA Conference, Ankara.

Teece, D. J., Pisano, G., and Shuen, A. (1997) Dynamic capabilities and strategic management. *Strategic Management Journal* 18 (7): 509–533.

Terwisch, C., and Bohn, R. (2001) Learning and process improvement during production ramp up. *International Journal of Production Economics* 70.

Trautman, G., Bals, L., and Harmann, E. (2009) Global sourcing in integrated network structures: The case of hybrid purchasing organizations. *Journal of International Management* 15: 194–208.

Trent, R. J., and Monczka, R. M. (2002) Pursuing competitive advantage through integrated global sourcing. *Academy of Management Executive* 16 (2): 66–80.

Trent, R .J., and Monczka, R. M. (2003) Understanding integrated global sourcing. *International Journal of Physical Distribution and Logistics Management* 33 (7): 607–629.

T-Systems Enterprise Services Gmblt. (2010) *White paper ramp up management. Accomplishing full production volume in-time, in-quality and in-cost.* Global Business Development and Consulting.

Van Weele, A. J. (2005) *Purchasing and supply chain management.* Thompson Learning, London.

Van Weele, A. J., and Rozemeijer, F. A. (1996) Revolution in purchasing: Building competitive power through proactive purchasing. *European Journal of Purchasing and Supply Management* 2: 153–160.

第四章

Abele, E., Meyer, T., Näher, U., Strube, G., and Sykes, R. (2008) Global production: A handbook for strategy and implementation. Springer, Heidelberg, Germany.

Barnes. D. (2002) The complexities of the manufacturing strategy formation process in practice. *International Journal of Operations & Production Management* 22 (10): 1090–1111.

Chackelson, G., Errasti, A., Martinez. S., and Santos, J. (2013) Supply strategy configuration in fragmented production system. *Journal of Industrial Engineering and Management* (forthcoming).

Chen, W. (1999) The manufacturing strategy and competitive priority of SMEs in Taiwan: A case survey. *Asia Pacific Journal of Management* 16: 331–349.

Christodoulou, P., Fleets, D., Hanson, P., Phaal, R., Probert, D., and Shi, Y. (2007) Making the right things in the right places. A structured approach to developing and exploiting "manufacturing footprint" strategy. IFM, University of Cambridge, U.K.

Dunning, J. H. (2000) The eclectic paradigm as an envelope for economic and business theories of MNE activity. *International Business Review* 9 (2): 163–190.

Englyst, L., Hoé Seiding, C., Wong, C. Y., and Saxtoft, M. (2005) Global production: Is it all about cost? Paper presented at the EurOMA International Conference on Operations and Global Competitiveness, Budapest, June 19–22.

Ferdows, K. (ed.) (1989) Mapping international factory networks. In *Managing international manufacturing*, pp. 3–21, Elsevier Science Publishers, Amsterdam.

Ferdows, K. (1997) Making the most of foreign factories. *Harvard Business Review* March–April: 73–88.

Fine, C. H., Vardan, R., Pethick, R., and El-Hout, J. (2002) Respesta rápida. *Gestión de Negocios* 3 (4).

Gulati, R., Nohria, N., and Zaheer, A., (2000) Strategic networks. *Strategic Management Journal* 21: 203–215.

MacCarthy, B. L., and Atthirawong, W. (2003) Factors affecting location decisions in international operations: A Delphi study. *International Journal of Operations & Production Management* 23 (7): 794–818.

Meixall, M., and Gargeya, V. (2005) Global supply chain design: A literature review and a critique. *Transportation Research Part E* 41: 531.

Miller, J., and Roth, A. (1994) Taxonomy of manufacturing strategies. *Management Science* 40 (3): 285–304.

Miltenburg, J. (2005) Manufacturing strategy, 2nd ed. Productivity Press, New York.

Miltenburg, J. (2009) Setting manufacturing strategy for a company's international manufacturing network. *International Journal of Production Research* 47 (22): 6179–6203.

Pongpanich, Ch. (2000) *Manufacturing location decisions. Choosing the right location for international manufacturing facilities*. University of Cambridge, U.K.

Porter, M. (1985) *Competitive advantage: Creating and sustaining superior performance*. The Free Press, New York, Chap. 1–4.

Prahalad, C., and Hamel, G. (1990) The core competence of the corporation. *Harvard Business Review*, May–June, 68 (3): 79–91.

Shi, Y., and Gregory, M. (1998) International manufacturing networks to develop global competitive capabilities. *Journal of Operations Management* 16: 195–214.

Thompson, A., and Strickland, A. (2001) Strategic management: Concepts and cases. McGraw-Hill Irwin, Boston, Chap. 3–10.

Vereecke, A., and Van Dierdonck, R. (2002) The strategic role of the plant: Testing Ferdows' model. *International Journal of Operations & Production Management* 22 (5).

Voss, C., and Blackmon, K. (1996) The impact of company origin on world class manufacturing: Findings from Britain and Germany. *International Journal of Operations and Production Management* 16 (11): 98–115.

Womack, J. P., and Jones, D. T. (2003) *Lean thinking*. Simon Schuster, New York.

第五章

Abo, T. (1994) *Hybrid factory: The Japanese production system in the United States*. Oxford University Press, New York.

Agrawal, V., Farrell, D., and Remes, J. (2003) Offshoring and beyond. *McKinsey Quarterly* 3: 24–35.

Bartlett, C. A., and Ghoshal, S. (1989) *Managing across borders. The transnational solution*. Boston: Harvard Business School Press.

Beechler, S., and Yang, J. Z. (1994) The transfer of Japanese-style management to American subsidiaries: Contingencies, constraints, and competencies. *Journal of International Business Studies* 25 (3): 467–491.

Corti, D., Pozzetti, A., Zorzini, M. (2006) Production relocation of Italian companies in Romania: An empirical analysis. Paper presented at the proceedings of the EurOMA Conference, Glasgow, June 18–21, 1: 21–30.

De Meyer, A., and Vereecke, A. (1996) International operations. In *International encyclopedia of business and management,* ed. M. Werner. Routledge, London.

Feldman, A. and Olhager, J. (2010) Linking networks and plant roles: The impact of changing a plant role. Proceedings of the 17th EurOMA Conference, Porto, Portugal, June 6–9.

Flaherty, M. T. (1986) Coordinating international manufacturing and technology. In *Competition in global industries.* M. E. Porter (ed.) Boston: Harvard Business School Press.

Frick, A., and Laugen, B. (eds.). (2011) Advances in production management systems. Value networks: Innovation, technologies, and management IFIP WG 5.7. International Conference, APMS 11, Stavanger, Norway, September 26-28. Revised Selected papers Series: IFIP Advances in information and Communication Technology, 384: 354–363.

Gobbo, J. (2007) Inter-firm network: A methodological approach for operations strategy. Proceedings of the 14th EurOMA Conference, Ankara, Turkey, June 17–20.

Jarillo, J. C., and Martinez, J. L. (1990) Different roles for subsidiaries: The case of multinational corporations in Spain. Strategic Management Journal 11(7): 501–512.

Kumon, H., and Abo, T. (2004) *The hybrid factory in Europe: The Japanese management and production system transferred.* Antony Rowe Ltd., London.

Koren Y., Heisel, U., Jovane, F., Moriwaki, T., Pritschow, G., Ulsoy, G., and Van Brussel, H. (1999) Reconfigurable manufacturing systems. *CIRP Annals, College International de Recherches pour la Production* 48 (2) : 527–540.

Mediavilla, M. Errasti, A., and Domingo, R. (2011) Modelo para la evaluación y mejora del rol estratégico de plantas productivas: Caso de una red global de operaciones. *Dyna Ingeneria e Industria,* Agosto 86 (4): 405–412.

Mediavilla, M. Errasti, A., Domingo, R., and Martinez, S. (2012) Value chain based framework for assessing the Ferdows' strategic plant role: An empirical study. *APMS* 369–378.

Mehrabi, M., Ulsoy, A., and Koren, Y. (2000) Reconfigurable manufacturing systems: Key to future manufacturing. *Journal of Intelligent Manufacturing* 11 (4): 403–419.

Meijboom, B., and Voordijk, H. (2003) Internacional operations and location decisions: A firm level approach. *Voor Economische En Sociale Geografie* 94 (4): 463–476.

Mintzberg, H., Lampel, J., Quinn, J. B., and Ghoshal, S. (1996) *The strategy process,* 4th ed. Prentice Hall, Hemel Hempstead, U.K.

Netland, T. (2011) Improvement programs in multinational manufacturing enterprises: A proposed theoretical framework and literature review. Paper presented at the EurOMA 2011 Conference, Cambridge, U.K.

Rudberg, M. (2004) Linking competitive priorities and manufacturing networks: A manufacturing strategy perspective. *International Journal of Manufacturing Technology and Management* 6 (1–2): 55–80.

Slack, N., and Lewis, M. (2002) *Operations strategy*, 2nd ed. Prentice Hall, Upper Saddle River, NJ.

Vereecke, A., Van Dierfonck, R., and De Meyer, A. (2006) A typology of plants in global manufacturing networks. *Management Science* 52 (11): 1737–1750.

Vokurka, R. J., and Davis, R. A. (2004) Manufacturing strategic facility types. *Industrial Management and Data Systems* 104 (6): 490–504.

Volvo Group. (2010) Annual report.

Womack, J., Jones, D., and Roos, D. (1990) *The machine that changed the world*. Massachusetts Institute of Technology (MIT). MacMillan, New York.

Yokozawa, K., de Bruijn, E. J., and Steenhuis, H.-J. (2007) A conceptual model for the international transfer of the Japanese management systems. Paper presented at the 14th International Annual Conference of the European Operations Management Association (EurOMA), Ankara, Turkey.

第六章

Abele, E., Meyer, T., Näher, U., Strube, G., and Sykes, R. (2008) *Global production: A handbook for strategy and implementation*. Springer, Heidelberg, Germany.

Blackstone, J., and Cox, F. (2004) *APICS dictionary*, 11th ed. CFPIM, CIRM, Alexandria, VA.

Boyer, R., and Freyssenet, M. (2003) *Los modelos productivos*. Editorial fundamentos, Madrid, Spain.

Christopher, M. (2005) *Logistics and supply chain management: Creating value added network*, 3rd ed. Pearson Prentice Hall, Cambridge, U.K.

Corti, D., Egaña, M. M., Errasti, A., (2008) Challenges for off-shored operations: Findings from a comparative multi-case study analysis of Italian and Spanish companies. Paper presented at the 2008 EurOMA Congress, Groningen, The Netherlands.

Cuatrecasas, L. (2009) *Diseño avanzado de procesos y plantas de producción flexible*. Profit Editorial, Barcelona.

Errasti, A. (2006) KATAIA Diagnóstico y despliegue de la estrategia logística en Pymes. PhD diss. University of Navarra, Tecnun, San Sebastian, Spain.

Errasti, A. (2009) *Internacionalización de Operaciones*. Cluster de Transporte y logística de Euskadi, Diciembre.

Errasti, A. (2010) *Logística de almacenaje: Diseño y gestión de almacenes y plataformas logísticas world class warehousing*. University of Navarra, Tecnun, San

Sebastian, Spain.
Errasti, A., Beach, R., Odouza, C., and Apaolaza, U. (2009) Close coupling value chain functions to improve subcontractors' performance. *International Journal of Project Management.* 27 (3): 261–269.
Errasti, A., and Bilbao, A. (2007) *Proyecto OPP Optimización Preparación de Pedidos,* Cluster de Transporte y Logística de Euskadi.
Flegel, H. (2004) Manufacture, a vision for 2020. Assuring the future of manufacturing in Europe. Report of the High-Level Group. November. Luxembourg. Official Publications of the European Communities.
Hayes, R. H., and Wheelwright, S. C. (1984) *Restoring our competitive edge: Competing through manufacturing,* 3rd ed. John Wiley & Sons, New York.
Hirano, H. (1998) *5 pilares de la fábrica visual: La fuente para la implantacion de las 5s.* Productivity Press, Cambridge, MA.
Muther, R. (1981) *Distribución en planta,* 4th ed. Editorial Hispano Europea, Barcelona, Spain.
Suzaki, K. (1993) *New Shop Floor Management: Empowering people for continuous improvement.* New York: Free Press.
Suzaki, K. (2003) *La nueva gestión del fábrica.* TGP Hoshin, Madrid.
Takahashi, Y., and Takashi, O. (1990) *TPM: Total productive maintenance.* Asian Productivity Organization, Toyko.

第七章

Arica, E., and Powel D. J. (2010) ICT Integration for automatic real-time production planning and control. Paper presented at the proceedings of APMS Conference, Cuomo, Italy.
Baranek, A., Hua Tan, K., and Debnar, R. (2010) Knowledge dimensions of lean: Implications on manufacturing transfer. Paper presented at the proceedings of 18th EurOMA Conference, Oporto, Portugal.
Bateman, N. (2005) Sustainability: The elusive element of process improvement. *International Journal of Operation & Production Management* 25 (3-4): 261–276.
Bateman, N., and Arthur, D. (2002) Process improvement programmes: A model for assessing sustainability. *International Journal of Operations & Production Management* 22 (5): 515–526.
Bateman, N., and Rich, N. (2003) Companies' perceptions of inhibitors and enablers for process improvement activities. *International Journal of Operations & Production Management* 23 (2): 185–199.
Bessant, J., and Caffyn, S. (1997) High-involvement innovation through continuous improvement. *International Journal of Technology Management* 14 (1): 7–28.
Bessant, J.,. Caffyn, S., and Gallagher, M. (2001) An evolutionary model of continuous improvement behaviour. *Technovation* 21 (2): 67–77.

Bowler, M., and Kurfess, T. (2010) Retrofitting Lean manufacturing to current semiautomated production lines. Paper presented at the proceedings of APMS, Cuomo, Italy.

Christopher, M., and Towill, D. R. (2000) Supply chain migration from lean and functional to agile and customized. *International Journal of Supply Chain Management* 5 (4): 206–213.

Corti, D., Egaña, M. M., and Errasti, A. (2008) Challenges for off-shore operations. Findings from a comparative multi-case study analysis of Italian and Spanish companies. EurOMA Conference.

Crosby, B. P. (1979) *Quality is free*. McGraw-Hill, New York.

Curry, A., and Kadasah, N. (2002) Focusing on key elements of TQM evaluation sustainability. *The TQM Magazine* 14 (4): 207–216.

Deming, W. E. (1986) *Out of the crisis*. MIT Press, Cambridge, MA.

Doumeingts, G. (1984) Methode GRAI: Methode de conception des systems en productique. Thése d'état: Automatique: Université de Bordeaux 1.

Errasti, A., and Egaña, M. M. (2008) *Internacionalización de Operaciones productivas: Estudio Delphi.* CIL S01, San Sebastian, España.

Eguren, J. A., Goti, A., and Pozueta, L. (2011) Diseño, aplicación y evaluación de un modelo de Mejora Continua, *DYNA Ingeneria e Industria,* Feb.

Eguren, J.A., Goti, A., Pozueta, L., and Jaca, C. (2010) Model/Framework for Continuous Improvement Programme development to gain sustainable performance improvement in manufacturing facilities: an empirical study. *APMS International Conference,* 1 (1): 56–56.

Eguren, J.A., Pozueta, L. and Goti, A. (2010) Diseño y aplicación de un sistema de evaluación de un Modelo de Mejora Continua en una empresa auxiliar del automoción. 4th International Conference on Industrial Engineering and Industrial Management. XIV Congreso de Ingeniería de Organización. 1(1): 938–947.

Feigenbaum, A. V. (1986) *Control total de la calidad*. CECSA, Mexico.

Garcia-Sabater, J. J., and Martin-Garcia, J. A. (2009) Facilitadores y barreras para la sostenibilidad de la Mejora Continua: Un estudio cualitativo en proveedores del automóvil de la Comunidad Valenciana. *Intangible Capital* 5 (2): 183–209.

Goh, T. N. (2002) A strategic assessment of six sigma. *Quality and Reliability Engineering International* 18: 403–410.

Harrison, A., and van Hoek, R. (2005) *Logistics management and strategy*. Prentice Hall/Financial Time, Harlow, U.K.

Hoekstra, S., and Romme, J. (1992) *Integrated logistics structures: Developing customer oriented goods flow.* McGraw-Hill, London.

Hoerl, R. (2001) Six sigma black belts: What do they need to know? *Journal of Quality Technology* 33 (4): 391–406.

Hyland, P. W., Mellor, R., and Sloan, T. (2007) Performance measurement and continuous improvement: Are they linked to manufacturing strategy? *International Journal and Technology Management* 37 (3/4): 237–246.

Ishiwata, J. (1997) *Productivity through process analysis*. Productivity Press, Cambridge, MA.

Jaca, C. (2011) Modelo de sostenibilidad del trabajo en equipos de mejora, PhD discussion, San Sebastián, Tecnun, University of Navarra, Spain.

Jaca, C., Mateo, R., Tanco, M., Viles, E., and Santos, J. (2010) Sostenibilidad de los sistemas de mejora continua en la industria: Encuesta en la CAV y Navarra. *Intangible Capital* 6 (1): 51–77.

Jones, D. T., Hines, P., and Rich, N. (1997) Lean logistics. *International Journal of Physical Distribution and Logistics Management* 27 (3/4): 153–173.

Jørgensen, F., Boer, H., and Gertsen, F. (2003) Jump-starting continuous improvement through self-assessment. *International Journal of Operations & Production Management* 23 (10): 1260–1278.

Juran, J. M. (1990) *Juran y la planificación para la Calidad*. Diaz de Santos, Madrid.

Kolb, D. (1984) *Experimental learning: Experience as the source of learning and development*. Prentice-Hall, Upper Saddle River, NJ.

Kotter, J. P. (2007) *Al frente del cambio*. Empresa Activa, Barcelona.

Lyonnet, B., Pralus, M., and Pillet, M. (2010) Critical analysis of a flow optimization methodology by value stream mapping. Paper presented at the proceedings of APMS, Cuomo, Italy.

Magnusson, M. G., and Vinciguerra, E. (2008) Kay factors in small group improvement work: An empirical study at SKF. *International Journal Technology Management* 44 (3): 324–337.

Martinez, S., Errasti, A., and Eguren, J.A. (2012) Lean–Six Sigma approach put into practice in an empirical study. XVI Congreso de Imgeniena de Organizacion, Ngo, Spain.

Mason-Jones, R., Naylor, B., and Towill, D. (2000) Engineering the agile supply chain. *International Journal of Agile Management Systems* 2 (1): 54–61.

Middel, R., Gieskes, J., and Fisscher, O. (2005) Driving collaborative improvement processes. *Product Planning and Control* 16 (4): 368–377.

Nakajima, S. (1998) *An introduction to TPM*. Productivity Press, Portland, OR.

Nakano, M. (2010) A concept for lean manufacturing enterprises. Paper presented at the proceedings of APMS, Cuomo, Italy.

Nonaka, I. (1994) A dynamic theory of organizational knowledge creation. *Organization Science* 5(1).

Ohno, T. (1998) *Toyota Production System: Beyond large-scale production*. Productivity Press, Cambridge, MA.

Olhager, J. (2003) Strategic positioning of the order penetration point. *International Journal of Production Economics* 85 (3): 319–329

Pozueta, L., Eguren, J A., and Elorza, U. (2011) The "factory of problems": Improvement of the quality improvement process. Paper presented at the proceedings of the 14th QMOD Conference on Quality and Service Sciences, , University of Navarra, Technun, San Sebastian, Spain, pp. 1439.

Prajogo, D. I., and Sohal, A. S. (2004) The sustainability and evolution of quality improvement programmes: An Australian case study. *Total Quality Management & Business Excellence* 15 (2): 205.

Pyzdek, T. (2003) *The six sigma handbook: A complete guide for green belts, black belts, and managers at all levels*, 2nd ed. McGraw-Hill, New York.

Ruggles, R. (1998) The state of the notion: Knowledge management in practice. *California Management Review* 40 (3).

Schroeder, D. M., and Robinson, A. G. (1991) *America's most successful export to Japan: Continuous improvement programs*. MIT Sloan, Cambridge, MA.

Schroeder, R. G., Linderman, K., Liedtke, C., and Choo, A. S. (2007) Six sigma: Definition and underlying theory. *Journal of Operations Management* 26: 536–554.

Senge, P. M. (2005) *La quinta disciplina. El arte y la práctica de la organización abierta al aprendizaje*, 2nd ed. Granica, Buenos Aires.

Szeto, A. Y. T., and Tsang, A. H. C. (2005) Antecedents to successful implementation of six sigma. *International Journal of Six Sigma and Competitive Advantage* 1 (3): 307–322.

Szulanski, G. (1996) Exploring internal stickiness: Impediments to the transfer of best practices within the firm. *Strategic Management Journal* 17.

Szulanski, G. (2003) *Sticky knowledge: Barriers to knowing in the firm*. Sage Publications, London.

Taylor, D., and Brunt, D. (2010) *Manufacturing operations and supply chain management: The lean approach*. Cengage Learning, Andover, U.K.

Tort-Martorell, J., Grima, P., and Marco, L. (2008) Sustainable improvement: Six sigma lessons after five years of training and consulting. *Corporate Sustainability as a Challenge for Comprehensive Management* 57–66.

Turbide, D. (1998) APS: Advanced planning systems. *APS Magazine*.

Upton, D. (1996) Mechanisms for building and sustaining operations improvement. *European Management Journal* 14 (3): 215–228.

Upton, D., and Bowon, K. (1998) Alternative methods of learning and process improvement in manufacturing. *Journal of Operations Management* 1–20.

Wilkner, J., and Rudberg, M. (2005) Integrating production and engineering perspectives on the customer order decoupling point. *International Journal of Operations and Production Management* 25 (7): 623–640.

Womack J., and Jones, D. (2005) *Lean thinking*. Free Press, New York.

Wu, C. W., and Chen, C. L. (2006) An integrated structural model toward successful continuous improvement activity. *Technovation* 26: 697–707.

第八章

Alinaghian, L. S., and Aghadasi. M. (2006) Proposing a model for purchasing system transformation. Paper presented at the EurOMA 16th Conference, Glasgow, Scotland.

Childe, S. J. (1998) The extended enterprise: A concept of cooperation. *Production Planning and Control* 9 (4): 320–327.

Ellram, L. M. (1995) TCO: An analysis approach for purchasing. *IJPD&LM* 25 (8): 4–23.

Errasti, A. (2012) *Gestión de compras en la empresa*. Ediciones pirámide, Grupo Amaya, Madrid, Spain.

Errasti, A., Chackelson, C., and Poler, R. (2010) An expert system for inventory replenishment optimization. In *Balanced Automation Systems for Future Manufacturing Networks*, Ortiz Bas, Á, Franco, R. D., Gómez Gasquet, P. (eds.), 129–136.

Fant, D., and Panizzolo, R. (2006) Purchasing performance measurement systems: A framework for comparison and analysis. Paper presented at the EurOMA 16th Conference, Glasgow, Scotland.

Fung, P. (1999) Managing purchasing in a supply chain context: Evolution and resolution. *Logistics Information Management* 12 (5): 362–366.

Gelderman, C. J., and Semeijn, J. (2006) Managing the global supply base through purchasing portfolio management. *Journal of Purchasing and Supply Management* 12: 209–217.

Giannakis, M. (2004) The role of purchasing in the management of supplier relationships. Paper presented at the EurOMA 2004 Operations and Global Competitiveness Conference, Fontainebleau, France.

Gonzalez-Benito, J., and Spring, M (2000) JIT purchasing in the Spanish auto components industry: Implementation patterns and perceived benefits. *International Journal of Operations and Production Management* 20 (9): 1038-1061.

Hult, G. T. M., and Nichols, E. (1999) A study of team orientation in global purchasing. *Journal of Business and Industrial Marketing* 14 (3).

Karjalainen, K. (2011) Estimating the cost effects of purchasing centralization-empirical evidence from framework agreements in the public sector. *Journal of Purchasing and Supply Management* 17: 87–97.

Kraljic, P. (1983) Purchasing must become supply management. *Harvard Business Review*, 61 (5): 109–117.

Lamming, R. (1996) Squaring lean supply with supply chain management. *International Journal of Operations and Production Management* 16 (2): 183–196.

Matthyssens, P., and Faes, W. (1997) Coordinating purchasing: Strategic and organizational issues. In *Relationships and networks in international markets*, eds. T. Ritter, H. G. Gemünden, and A. Walter (pp. 323–342). Elsevier, Oxford, U.K.

McCue, C., and Pitzer, J. (2000) Centralized vs. decentralized purchasing: Current trends in governmental procurement practices. *Journal of Public Budgeting,*

Accounting, & Financial Management 12 (3): 400–420.
Trautman, G., Bals, L., and Harmann, E. (2009) Global sourcing in integrated network structures: The case of hybrid purchasing organizations. *Journal of International Management* 15: 194–208.
Van Weele, A. J., and Rozemeijer, F. A. (1996) Revolution in purchasing: Building competitive power through proactive purchasing. *European Journal of Purchasing and Supply Management* 2: 153–160.

第九章

Abele, E., Meyer, T., Näher, U., Strube, G., and Sykes, R. (2008) *Global production: A handbook for strategy and implementation*. Springer. Heidelberg, Germany
Apaolaza, U. (2009) Investigación en el método de Gestión de entornos multiproyecto "Cadena Crítica." PhD diss., Mondragon Goi Eskola Polytechnic, Spain.
Corti, D., Egaña, M. M., and Errasti, A. (2008) Challenges for off-shored operations: Findings from a comparative multi-case study analysis of Italian and Spanish companies. Paper presented at the EurOMA Congress, Groningen, The Netherlands, June 15–18.
Errasti, A., Beach, A., Oyarbide, A., and Santos, J. (2007) A process for developing partnerships with subcontractors in the construction industry. IJPM, 25 (3): 250–266.
Errasti, A., and Egaña, M. M. (2008) Internacionalización de operciones productivas: Estudio Delphi. CIL SO1, San Sebastián, Spain.
Errasti, A., Oyarbide, A., and Santos, J. (2005) Construction process reengineering. Paper presented at the proceedings of FAIM (Flexible Automation and Intelligent Manufacturing) Conference, Bilbao, Spain.
Goldratt, E. M. (1997) *Critical chain*. The North River Press, Great Barrington, MA.
Graham, K. R. (2000) Critical chain: The theory of constraints applied to project management. *International Journal of Project Management* 18: 173–177.
Kuehn, W. (2008) Digital factory — Integration of simulation enhancing the product and production process towards operative control and optimization. *International Journal of Simulation* 7(7).
Kurttila, P., Shaw, M., and Helo, P. (2010) Model factory concept: Enabler for quick manufacturing capacity ramp-up. Research paper.
Rudberg, M. and West, M. B. (2008) Global operations strategy: Coordinating manufacturing network. *Omega* 36: 91–106.
Spath, D., and Potinecke, T. (2005) Virtual product development: Digital factory based methodology for SMEs. *CIRP Journal of Manufacturing Systems* 34 (6): 539–548.
Terwiesch, C., and Bohn, R. (2001) Learning and process improvement during production ramp-up. *International Journal of Production Economics* 70 (1).
T-Systems (2010) White paper on ramp-up management. *Accomplishing full production volume in-time, in-quality, and in-cost*. Frankfurt, Germany.

VDI (Veren Deutscher Ingenieure) (Association of German Engineers Guidelines) (2006) Digital factory fundamentals. VDI 4499, Blatt 1, online at www.vdi.de.

第十章

Abele, E., Meyer, T., Näher, U., Strube, G., and Sykes, R. (2008) *Global production: A handbook for strategy and implementation*. Springer, Heidelberg, Germany.

Baker, P., and Halim, Z. (2007) An exploration of warehouse automation implementations: Cost, service and flexibility issues. *Supply Chain Management: An International Journal* 12 (2): 129–138.

Baker, P., and Canessa, M. (2009) Warehouse design: A structured approach. *European Journal of Operational Research* 193: 425–436.

Chackelson, C., Errasti, A., and Tanco, M. (2012) A world class order picking methodology: An empirical validation. APMS 2011, IFIP AICT, 354–363. Frick J. and Laugen, B. Springer.

Chackelson, C., Errasti, A., Melacini, M., and Santos, J. (2012) Warehouse design: Validation of a new methodology through empirical research. 4th Joint World Conference on Production of Operations Management, Amsterdam, The Netherlands.

Christopher, M. (2005) *Logistics and supply chain management: Creating value-adding networks*, 3rd ed. Prentice Hall, Harlow, U.K.

De Koster, R. (2004) How to assess a warehouse operation in a single tour. Report, RSM Erasmus University, The Netherlands.

De Koster, R., Le-Duc, T., and Roodbergen, J. (2007) Design and control of warehouse order picking: A literature review. *European Journal of Operational Research* 102: 481–501.

Errasti, A. (2009) Internacionalización de Operaciones. *Cluster de Transporte y logística de Euskadi*, Diciembre.

Errasti, A. (2010) *Logística de almacenaje: Diseño y gestión de almacenes y plataformas logísticas world class warehousing*. University of Navarra, Tecnun, San Sebastian, Spain.

Errasti, A., and Bilbao, A. (2007) Proyecto OPP Optimización Preparación de Pedidos, *Cluster de Transporte y Logística de Euskadi*, Diciembre.

Frazelle, E. (2002) *World-class warehousing and material handling*. McGraw-Hill, New York.

Goetschalckx, M., and Ashayeri, J. (1989) Classification and design of order picking systems. *Logistics World*, June, 99–106.

Lambert, D. M., Stock, J. R., and Ellram, L. M. (eds.) (1998) *Fundamentals of logistics management*. McGraw-Hill, Singapore.

Muther, R. (1973) Systematic layout planning. Cahners Books, Boston.

Olhager, J. (2003) Strategic positioning of the order penetration point. *International Journal of Production Economics* 85 (3): 319–329.

Rushton, A., Croucher, P., and Baker, P. (2006) *The handbook of logistics and distribution management*. Kogan Page, London.

Simchi-Levi, D., Kaminsky, P., and Simchi-Levi, E. (2001) *Designing and managing the supply chain: Concepts, strategies and case studies.* McGraw-Hill/Irwin, Boston.

Tomkins, J. A., White, J. A., Bozer, Y., and Tranchoco, J. M. A. (2010). *Facilities planning*, 4th ed., John Wiley & Sons.

Waters, D. (2003) *Global logistics and distribution planning: Strategies for management.* Edoiciones Kogan Page, London.

第十一章

Aquila, K., Dewhurst, M., and Heywood, S. (2012) Managing at global scale. *McKinsey Quarterly*, McKinsey Company, McKinsey Global Survey Results.

Baaji, M. G., Mom, T. J. M., Van Den Bosh, F. A. J., and Volberda, H. W. (2012) Should top management relocate across national borders? *MIT Sloan Management Review* winter, 53 (22): 16–19.

Berry, J. W. (1997) Immigration, acculturation and adaptation. *Applied Psychology: An International Review* 46: 5–30.

Corti, D., Egaña, M. M., and Errasti, A. (2008) Challenges for off-shore operations. Findings from a comparative multi-case study analysis of Italian and Spanish companies. EurOMA Conference.

Errasti, A., and Egaña, M. M. (2008) Internacionalización de operciones productivas: Estudio Delphi. CIL SO1, San Sebastián, Spain.

Errasti, A., and Egaña, M. M. (2009) *Research project: Internacionalización de operaciones.* Cluster de logística y transporte, San Sebastian, Spain.

Farrell, D. (2002) *Understanding the emerging global labor market.* Harvard Business School Press, Boston.

Farrell, D., and Grant, A. J. (2005) China's looming talent shortage. *McKinsey Quarterly* 4.

Guthridge, M., and Komm, A. B. (2008) Why multinationals struggle to manage talent. *McKinsey Quarterly*, May.

Larsson, R., and Lubatkin, M. (2001) Achieving acculturation in mergers and acquisitions: An international case study. *Human Relations* 54 (12): 1573–1607.

Robbins, S. P., and Coulter, M. (2003) *Management: 2003 update*, 7th ed. Prentice Hall, Upper Saddle River, NJ.

第十二章

Acur, N., and Biticci, U. (2000) Active assessment of strategy performance. Paper presented at the proceedings of the IFP WG 5.7 International Conference on Production Management, Tromso, Norway.

Anumba, C. J., Siemieniuch, C. E., and Sinclair, M. A. (2000) Supply chain implications of concurrent engineering. *International Journal of Physical Distribution and Logistics* 30 (7/8): 566–597.

Azvedo, A., and Almeida, A. (2011) Factory templates for digital factories frame-

work. Robotics and Computer-Integrated Manufacturing, 27: 755–771.
Boddy, D., and Macbeth, D. (2000) Prescriptions for managing change: A survey of their effects in projects to implement collaborative working between organisations. *International Journal of Project Management* 18: 297–306.
Errasti, A. (2006) KATAIA. Modelo para el diagnostic y despliegue de la estrategia logistica y productive en PYMES y unidades de negocio de grandes empresas, PhD dissertation, TECNUN, University of Navarra, Spain.
Feurer, R., Chaharbaghi, K., and Wargin, J. (1995) Analysis of strategy formulation and implementation at Hewlett Packard. *Management Decision* 33 (10): 4–16.
Gunn, T. G. (1987) *Manufacturing for competitive advantage: Becoming a world class manufacturer.* Ballinger Publishing Company, Boston.
Hobbs, B., and Andersen, B. (2001) Different alliance relationships for project design and execution. *International Journal of Project Management* 19: 465–469.
Huan, S. H., Sheoran, S. K., and Wang, G. (2004) A review and analysis of supply chain operations reference (SCOR) model. *Supply Chain Management: An International Journal* 9 (1): 23–29.
Johansson, J., and Valhne, J. (1997) The internationalization process of the firm: A model of knowledge development and increasing foreign market commitment. *Journal of International Business Studies* 12: 305–322.
Kaplan, R. S., and Norton, D. P. (2001) *The strategy-focused organization.* Harvard Business School Press, Boston.
Martinez, S., and Errasti, A. (2012) Framework for improving the design and configuration process of an international manufacturing network. An empirical study. Frick, J. and Laugen, B. (eds.). APMS 2011, IFIP AICT, 354–363.
Marucheck, A., Pannesi, R., and Anderson, C. (1990) An exploratory study of the manufacturing strategy in practice. *Journal of Operations Management* 9 (1): 101–123.
Mediavilla, M., and Errasti, A. (2010) Framework for assessing the current strategic plant role and deploying a roadmap for its upgrading. An empirical study within a global operations network. Paper presented at the Advances in Production Management Systems (APMS) Conference, Cuomo, Italy, October 11–13.
Porter, M. E. (1985) Competitive advantage. The Free Press, New York.
Rudberg, M., and Olhager, J. (2003) Manufacturing networks and supply chains: An operating strategy perspective *Omega* 31: 29–39.
Shi, Y. (2003) Internationalisation and evolution of manufacturing systems: Classic process models, new industrial issues, and academic challenges. *Integrated Manufacturing Systems* 14: 385–396.
Vereecke, A., and Van Dierdonck, R. (2002) The strategic role of the plant: Testing Ferdows' model. *International Journal of Operations and Production Management* 22: 492–514.

索引

英文索引

中文索引

六畫

七畫

八畫

九畫

十畫

十一畫

十二畫

十三畫

十四畫

十五畫

十七畫

十九畫

二十一畫

二十四畫

國家圖書館出版品預行編目資料

全球生產網路：營運設計和管理／Tim Baines 等作；Ander Errastiyg主編；余坤東等譯. 一一初版. 一一臺北市：五南, 2016.05
面； 公分
譯自 : Global production networks: operations design and management
ISBN 978-957-11-8586-6（平裝）

1.國際企業 2.生產管理 3.物流管理 4.全球化

494.5 105005099

Copyright@ 2015 by Rights Holder
Authorised translation from the English language edition published by Routledge (or CRC Press), a member of the Taylor & Francis Group; All rights reserved.
The Chinese Publisher is authorized to publish and distribute exclusively the Chinese (Complex Characters) language edition. No part of the publication may be reproduced or distributed by any means, or stored in a database or retrieval system, without the prior written permission of the publisher.
Copies of this book sold without a Taylor & Francis sticker on the cover are unauthorized and illegal.

本書原版由Taylor & Francis出版集團旗下，Routledge (or CRC Press)出版公司出版，並經其授權翻譯出版。版權所有，侵權必究。
本書繁體中文翻譯版授權由五南圖書股份有限公司獨家出版。未經出版者書面許可，不得以任何方式複製或發行本書的任何部分。
本書封面貼有Taylor & Francis公司防偽標籤，無標籤者不得銷售。

5I35

全球生產網路：營運設計和管理

主　　編 — Ander Errasti
作　　者 — Tim Baines, Claudia Chackelson, Donatella Corti, Migel Mari Egana, Jose Alberto Eguren, Carmen Jaca, Bart Kamp, Sandra Martinez, Miguel Mediavilla, Kepa Mendibil, Torjorn Netland, Raul Pler, Martin Rudberg, Javier Santos
譯　　者 — 余坤東　林泰誠　陳秀育　蔡豐明　盧華安
發 行 人 — 楊榮川
總 編 輯 — 王翠華
主　　編 — 王正華
責任編輯 — 金明芬
封面設計 — 陳翰陞
出 版 者 — 五南圖書出版股份有限公司
地　　址：106台北市大安區和平東路二段339號4樓
電　　話：(02)2705-5066　　傳　　真：(02)2706-6100
網　　址：http://www.wunan.com.tw
電子郵件：wunan@wunan.com.tw
劃撥帳號：01068953
戶　　名：五南圖書出版股份有限公司

法律顧問　林勝安律師事務所　林勝安律師

出版日期　2016年5月初版一刷
定　　價　新臺幣480元